經營顧問叢書 ㉜

內部控制規範手冊（增訂二版）

陳明煌　編著

憲業企管顧問有限公司　發行

《內部控制規範手冊》增訂二版

序　言

加強內部控制，是企業當前的工作重點之一。企業內部的失誤，不只會造成損失，甚至可能會導致企業的倒閉。

本書是針對企業的內部控制工作，而專門撰寫的實務工具書，原來是企管培訓班<企業如何架設內部控制系統>的多年授課講義，經過多年授課修正、補充內容，適合各部門主管、內控部門、高階幕僚、總經理、經營者閱讀，提供企業建立內部控制制度的思路和具體有效方法。

近年來，一系列企業造假醜聞和內部控制失控的重大惡性事件，引發全球的內部控制風暴。

巴林銀行案例：1995 年 2 月 26 日聲名顯赫、信譽良好、歷史悠久、擁有 59 億英鎊總資產，創建於 1763 年的世界首家「商業銀行」英國巴林銀行宣告破產，起因是一名 26 歲的期貨交易員尼克·李森利用被人忽視的「錯誤帳號」「88888」製造假賬手法，最終導致巴林銀行損失高達 86000 萬英鎊(2 月中旬，巴林銀行全部的股份資金只有 47000 了英鎊），一個人的失誤，使百年銀行「巴林銀行」一夕之間倒閉，就是這位尼克· 李森，在監獄裏還寫了一本書，書名為《我如何弄垮巴林銀行》，還有點洋洋得意、幸災樂禍的味道。

安然公司案例：2001 年 12 月 2 日，一個居世界 500 強第七，2000 年營業規模超千億美元的能源巨人——美國安然能源公司，幾乎在一夜之間轟然倒塌。

安達信會計事務所案例：創立於 1913 年，總部設在芝加哥的全球五大會計事務所之一，赫赫有名的安達信(Andersen)，它代理著美國 2300 家上市公司的審計業務，在全球 84 個國家設有 390 個分公司，擁有 4700 名合夥人，2000 家合作夥伴，專業人員達 8.5 萬人，2001 年財政年度收入為 93.4 億美元，像這樣一個表面上看似堅不可摧的龐然大物，由於內部控制不嚴，犯了「低級錯誤」而公司全軍覆沒。

新聞媒體報導常有人貪汙幾百萬、幾千萬甚至幾億元的消息時，常在想，這個單位有內部控制嗎？有會計嗎？有制度嗎？怎麼可以肆無忌憚地隨心所欲？白花花的金錢是怎麼流出來的？這一切都發人深思！

扁鵲是中國古代著名的神醫之一，他出身於醫學世家。因為治癒了眾多的危重病人而聲名遠揚，家喻戶曉。

魏文王問扁鵲：「你們家兄弟三人，都精於醫術，你的名聲遠遠大於你的兩位哥哥，那麼你的醫術一定是你們兄弟中最好的了。」

扁鵲搖搖頭：「不，我們兄弟三人的醫術，大哥最好，三哥次之，我最差。」

魏文王感到很詫異：「既然如此，為什麼你卻被眾人所知，而你的兩位哥哥卻不能呢？」

扁鵲答說：「我們兄弟三人，治病選擇的時機不同。我大哥是治病於病情發作之前。由於一般人不知道他事先能剷除病因，所以他的名氣無法傳出去，只有我們家的人才知道；我二哥是治病於病情初起之時。一般人以為他只能治輕微的小病，所以他的名氣只及於本鄉裏。而我扁鵲是治病於病情嚴重之時。一般人都能看到我在經脈上穿針管來放血等大手術，所以以為我的醫術高明，名氣因此響遍全國。」

文王點頭稱是：「你說得沒錯，管理國家也應如此啊！」

最好的內部控制不是能夠「力挽狂瀾」，而是能夠「防患於未然」，將問題消滅在萌芽狀態。事後控制不如事中控制，事中控制不如事前控制。

企業的經營者含辛茹苦地辦起了企業，積累著資本，從內心發出一種渴望：自己的企業能持續發展、基業常青，力爭實現「百年老店」的夢想。但他們所處的市場環境卻是充滿競爭的，路途坎坷，到處是風險，數年間被扼殺的企業不計其數，曇花一現的也數不勝數。

究其原因，就是企業主和管理者雖然明白內部控制的重要性，但還遠遠沒有掌握其真諦。企業想要打下百年基業，就要探索如何制定出適合自身管理要求的內控制度，並保證其實施的有效性。

由於企業融入市場的深度和廣度大大增加，面臨的市場競爭將會更加激烈，為了適應複雜的競爭環境，企業必須加強內部控制的工作建設。

本書基本涵蓋了企業內部控制的工作內容，以企業主要的內部控制事項為章節，每章都以內容、流程、管理辦法開始，涵蓋了資金、採購、存貨、銷售、固定資產、無形資產、長期股權投資、籌資、擔保、合約等企業內部控制工作事項的內容。

本書通過這些內控設計，不但構建了企業內控精細化管理的框架，形成了企業內控管理的體系。強化企業的內部控制，嚴格執行各項控制措施，確保內部控制體系的有效運行，對貴公司掌握企業內部控制有所幫助。

本書上市後，承蒙各企業、讀者喜愛而踴躍購買，本書是2018年12月增訂二版，作者重新審視，更增補一部份企業內部控制內容，使全書更具有實務操作價值。

2018年12月

《內部控制規範手冊》增訂二版

目　錄

第三章　採購控制的內部控制重點 / 70

企業應當建立採購業務的授權制度、審核批准制度、驗收和付款制度，明確各崗位責任制，按照採購規定的權限和程序辦理各種採購業務。

第四章　存貨控制的內部控制重點 / 117

企業應當保證存貨合於企業所需，存貨符合採購要求，對入庫存貨的品質、數量、技術規格等方面進行檢查與驗收，並建立存貨明細賬，做到賬實相符。

第五章　銷售控制的內部控制重點 / 161

只有建立銷售業務授權制度和審核批准制度，並按照規定的權限和程序辦理銷售業務，才能保證銷售與收款業務按照內部控制的要求進行，確保銷售業務的品質及其合法性、合理性和經濟性。

第六章　固定資產的內部控制重點 / 205

固定資產對企業的經營會產生大影響，企業應當按照統一的會計準則制度的規定，明確固定資產的採購、審批、交付使用驗收和管理控制程序。

第七章　無形資產的內部控制重點 / 239

無形資產的管理主要是圍繞資金變動而進行，從價值的角度進行資產管理。企業制定無形資產業務流程，明確無形資產投資預算編制、取得與驗收、使用與保全、處置和轉移環節的控制要求，確保無形資產的業務全過程得到有效控制。

第八章　長期投資的內部控制重點 / 278

長期股權投資涉及的業務繁多，企業應當加強投資可行性研究、評估、審核與決策環節的控制，並按照規定的權限和程序辦理長期投資業務。

第九章　籌資控制的內部控制重點 / 315

企業應當建立籌資業務的控制制度，確保籌資方式符合成本效益原則，籌資決策科學、合理。

籌資的決策環節是籌資業務流程的起點，直接關係到籌資的成功與否。籌資決策控制，直接影響到籌資決策的執行和籌資的償付控制。

第一章

企業內部控制的設計原理

企業往往好不容易在激烈的市場競爭中發展起來，名聲大了，但很快就可能發生風險、在市場角逐中失敗。有不勝枚舉的案例來說明企業曇花一現的情景，我們不禁要問，企業為什麼往往會「短命」呢？

其關鍵原因不僅在於企業市場競爭力弱，而且其風險防範能力差。不僅中小企業短命，大企業稍不小心，也是「非常短命」的。究其根源，在於企業的內部控制。

內部控制設計能達到一個基本目標，即在保證企業經濟效益最大化的前提下，確保企業順暢運轉而又不失控制，同時還應對非常規業務進行有效的反映，運用內部控制檢查和評價方法，保證企業內部控制能實現有效的自我調節功能。

企業內部控制監督是指企業對其內部控制的健全性、合理性和有效性進行監督檢查與評估，形成書面報告並採取必要的糾正措施的過程。

企業實施監督的主要目的是對內部控制的設計與執行環節進行監視、督促和管理，使其結果能夠達到預定的控制目標。

第一節　內部控制的目標

內部控制的目標是合理保證企業經營管理合法合規、資產安全、財務報告及相關信息真實完整，提高經營效率和效果，促進企業實現發展戰略。我們可以把企業內部控制的總目標概括為：以防範風險為主要的控制措施下實現企業可持續發展和企業價值最大化。

1. 保證企業的生產經營活動合法合規

為保證有秩序的發展，維護交易各方的合法權益，降低整個社會的運行成本，必須制定一系列法律、法規和行業監管規定，要求企業必須嚴格遵守。倘若企業違反法規和監管規定，沒有做到守法經營，輕則受到處罰，損害企業聲譽，給企業發展帶來不良影響；重則發生危機，促使企業倒閉。儘管如此，由於利益的誘惑，還是有許多企業以身試法，後果淒慘。所以，企業必須制定內部控制措施，主動地抑制從高管層到基層員工的違法違規行為，從這種意義上說，內部控制制度是保證企業合法合規運行的制度。

2. 保證企業資產安全、完整

企業的資產是創造財富的基礎和前提條件，稍有不慎就會被貪污、盜竊、濫用和意外損壞。因此，企業必須透過實施內部控制，保護其安全、完整。在內部控制施行中採取不相容職務分離、授權批准、限制無關人員接近、會計賬簿控制和定期盤點等措施，建立起一個嚴密的控制系統和完整的監控鏈條，堵塞貪污、盜竊漏洞、防止浪費、無效率使用、不當決策等導致的損失。

3. 保證財務報告的真實、可靠

企業財務報告是兩權分離條件下管理者向股東報告受託責任完

成情況，是企業為相關會計信息使用者提供決策有用的信息，企業財務報告必須真實、可靠，否則就失去意義。但如果操作人員缺乏責任心，可能會發生錯誤，也可能操作人員受某些利益誘惑，發生造假等舞弊現象。

由於內部控制在活動過程中採取了程序控制、手續控制和憑證編號、覆核、核對等一系列措施，使得業務與會計處理相互聯繫、相互制約、從內部進行牽制與監督，有效防止了差錯與舞弊發生。即使無意識的錯誤發生，也非常易於檢查和糾正。可見，內部控制的運行是財務報告真實、可靠的保證。

4.提高企業的經營效率和效果

現代企業經營日益多元化，企業的管理層次和經營環節增多，但進入信息社會後，信息量顯著增加，要求企業的各管理層次之間、經營環節之間必須加強溝通與協調，才能保證整個企業高效運轉。內部控制透過明確責任與分工，使每一個人都有崗位與責任，不能推卸責任，從而形成協調的業務流轉，大大提高效率；內部控制要求建立信息系統，加強信息溝通，可保證企業的信息流快速地在各管理層次間、各經營業務環節間流動，從而提高經營決策速度和執行指令的效率；高效率的經營信息傳遞與協調的經營運作，必然帶來良好的經營效果。

第二節　內部控制的設計原則

企業在設計內部控制時，應當遵循下列八項原則：

1. 全面性原則

企業內部控制是一個全方位的整體，必須滲透到企業纖營管理的各項業務過程和各個操作環節，涵蓋所有的部門和崗位。企業管理者應該針對各要素及各業務活動領域，在綜合考慮行業背景、經營規模、業務特點等基礎上，設計較全面的企業內部控制，實現對企業基層、中層及高層所有崗位的全員控制。企業的每個崗位既是內部控制的責任單元，又是接受內部控制體系監控的控制節點。在設計流程上，要充分考慮各控制要素、控制過程之間的相互關聯，使各業務循環或部門的子控制系統有機構成一個科學、合理的管理系統，保證企業經營活動在預定的軌道上進行。

2. 合法性原則

企業內部控制的設計必須首先符合並嚴格執行有關法律、法規和統一的會計準則和制度，然後結合企業自身特點和財務管理的要求進行設計。企業從事的經營活動應在法律法規規定的範圍內，不能進行違法經營，更不能借助內部控制來從事非法活動，或透過內部控制來逃避政府法規的監管。

3. 重要性原則

企業內部控制應關注重要業務和高風險領域，關注關鍵的成本費用項目、關鍵的業務環節、重要的要素或資源。

一個有效的內部控制系統，能夠防止意外事件或不良後果的產生，具有及時發現和揭示出已經產生的差錯、舞弊和其他不規範行為的能力，以及確保及時採取適當的糾正措施。企業內部控制的重點應放在避免和減少效率低下、違法亂紀事件的發生上。

4. 適應性原則

企業內部控制是一個動態的平衡系統，應當與企業經營規模、業務範圍、競爭狀況和風險管理水準相適應，在新環境下，要用新的方式考慮內部控制可能出現的問題，並設計出適應企業發展的內部控制，即在相對穩定的同時保持一定的靈活性，以便適應未來的修訂和補充。

5. 制衡性原則

企業內部控制應當在治理結構、機構設置、權責分配及業務流程等方面形成相互制約、相互監督，同時兼顧運營效率。制衡性原則要求一項完整的經濟業務活動，必須分配給具有互相制約關係的兩個或兩個以上的崗位分別完成。即在橫向關係上，至少要由彼此獨立的兩個部門或人員辦理，以使該部門或人員的工作接受另一個部門或人員的檢查和制約；在縱向關係上，至少要經過互不隸屬的兩個或兩個以上的崗位和環節，以使下級受上級監督，上級受下級牽制。

6. 協調性原則

協調配合原則，是指在各項經營管理活動中，各部門或人員必須相互配合，各崗位和環節應協調同步，各項業務程序和處理手續需要緊密銜接，從而避免扯皮和脫節現象，減少矛盾和內耗，以保證經營管理活動的連續性和有效性。協調配合原則，是對制衡性原則的深化和補充。

7. 成本效益原則

企業內部控制的構建和運行會發生成本，如內部控制的設計成本、內部控制執行中的人力、物力與財力支出，以及不適當的控制措施對企業產生的不良影響等。企業內部控制應當權衡實施成本與預期效益，以適當的成本實現有效控制。成本效益原則要求企業力爭以最小的控制成本取得最大的控制效果。因此，企業實施內部控制所承擔的成本，與由此而產生的經濟效益之間應保持適當的比例。

8. 程序定位原則

程序定位原則要求企業應該根據各崗位業務性質和人員要求，相應地賦予作業任務和職責權限，規定操作規程和處理手續，明確紀律規則和檢查標準，使責、權、利相結合。崗位工作程序化，要求做到事事有人管，人人有專職，辦事有標準，工作有檢查，以此定獎罰，增加每個人的事業心和責任感，從而提高工作品質和效率。

第三節　內部控制的設計流程

一般而言，企業設計內部控制的流程主要包括：明確控制目標、整合控制流程、鑑別控制環節、確立控制措施以及形成內控文件等方面。

1. 明確控制目標

控制目標既是企業管理經濟活動的基本要求，又是實施內部控制的最終目的，也是評價內部控制的最高標準。在實際工作中，企業管理人員應根據控制目標建立和評價內部控制系統。因此，設計企業內部控制，應該首先根據經濟活動的內容特點和管理要求提煉內部控制目標，然後據此選擇具有相應功能的內部控制要素，最後形成控制系統。

內部控制的基本目標應自上而下層層展開，把目標逐步分解落實到組織內部的各個單元，直到落實到每個員工。

2. 整合控制流程

企業的控制流程是指依次貫穿於某項業務活動始終的基本控制步驟及相應環節。控制流程通常同業務流程相吻合，主要由控制點組成。當企業的業務流程存在控制缺陷時，則需要根據控制目標和控制原則加以整合和優化。整合控制流程的主要目的在於讓企業關注所有的風險控制點，刪除不必要的環節，使整個內部控制更加有效率。

3. 鑑別控制環節

企業實現控制目標主要是控制容易發生偏差的業務環節。通常將可能發生錯弊而需要控制的業務環節，稱為控制環節或控制點。鑑別控制環節，需要根據重要性原則，鑑別出關鍵控制點和一般控制點。關鍵控制點和一般控制點在一定條件下可以相互轉化。那些在業務處理過程中發揮作用最大、影響範圍最廣，甚至決定全局成效的控制點，對於保證整個業務活動的控制目標具有至關重要的影響，即為關鍵控制點；相比之下，那些只能發揮局部作用，影響特定範圍的控制點，則為一般控制點。

例如，材料採購業務中的「驗收」控制，對於保證材料採購業務的完整性、實物安全性等控制目標起著重要的保障作用，所以屬於關鍵控制點。相對而言，「審批控制」、「簽約控制」「登記控制」等，則屬於一般控制點。

4. 確定控制措施

企業控制點的功能是透過設置具體的控制技術和處理手續而實現的。這些為預防、發現錯弊而在某控制點所運用的各種控制技術和處理手續等，通常被概括為控制措施。

例如，現金收付款業務的「對賬」這個控制點包括：現金日記賬與現金付款業務的原始憑證及記賬憑證互相核對，做到賬證相符；現金日記賬與現金總賬核對，做到賬賬相符。

銀行存款收付業務的對賬工作有三個環節：銀行存款日記賬與銀行存款收付款業務的原始憑證及記賬憑證互相核對，做到賬證相符；銀行存款日記賬與銀行存款總賬核對，做到賬賬相符；銀行存款日記賬與銀行對帳單核對。雖然都是「對賬」這個控制點，但兩者由於控制的業務內容不同，所要實現的控制目標不同，因而相匹配的控制措施也不同。因此，在執行內部控制中，必須根據控制目標和對象設置相應的控制技術和處理手續。

5. 形成內控文件

企業在經過整合流程、鑑別控制環節、確定控制措施後，應形成書面的制度，以文件的形式表現出來。對於內部控制的描述，一方面以流程圖、文字敘述或調查表的形式描述其控制流程，明確關鍵控制點和一般控制點；另一方面，將制度化的內部控制以章程、制度、辦法、措施的形式反映，作為企業內部參考標準，並不斷地透過內部控制的評價意見進行調整和完善。

第四節　內部控制的監督方式

對內部控制的監督，企業可以採用日常監督和專項監督兩種方式。日常監督的程度越大，內部控制就會越有效，所需的專項監督也越少。一般而言，根據風險評估結果以及日常監督的有效性，企業可以確定專項監督的範圍和頻率。

企業內部控制監督可以採用日常監督和專項監督方式。這兩種方式在某種程度上可以合併使用，使內部控制體系隨著時間的變化而保持其有效性。

1. 企業日常監督

企業日常監督是指企業對設計與執行內部控制的整體情況進行的常規、持續、全面、系統以及動態的監督檢查，也稱為持續監督。日常監督存在於企業的管理活動中，能較快地辨別問題。日常監督的程度越大，內部控制的有效性就越高。企業的日常監督包括兩層意思：

⑴持續改進。隨著企業經營環境和業務規模的變化，控制措施要持續地提升和跟進，以期對企業的內部控制進行不斷地改進。

⑵檢查督促。在持續改進過程企業要對提升、改進措施的執行情況進行檢查，並督促其嚴格執行，從而保證企業運營過程的效率性、效果性。

2. 企業日常監督的內容

日常監督是在企業運營過程中發生，主要包括例行管理和監督活動，以及其他員工為履行職責所採取的行動，一般包括以下內容：

⑴外部利益相關者的信息溝通，可以驗證內部信息的正確性，並能及時反映存在的問題。

⑵管理層獲得能使內部控制系統持續發揮功能的證據資料。當營運報告、財務報告與他們所得到的資料有較大偏離時，可以對報告提出質疑。

⑶適當的組織機構及監督活動，可以辨識控制活動的缺失。

⑷不相容職務的分離，使不同員工之間可以彼此相互檢查，以防止舞弊。

⑸將信息系統所記錄的會計信息同實際資產相核對。

⑹內部與外部審計人員定期提出強化內部控制系統的建議。

⑺透過培訓課程、規劃會議和其他會議，將控制是否行效的重要信息回饋給適當的管理層級。

⑻定期考核員工，要求員工陳述他們是否瞭解企業的行為準則，遵寺情況如何。對於負責重要業務和財務活動的員工，則要求他們陳述某些特定控制是否都已經執行，管理層或內部審計人員還必須驗證這些陳述是否確實。

3. 企業內部控制監督的執行

一般而言，日常監督可以有效地評價企業的內部控制體系，但企業有時需要進行專項監督，從而直接監督、檢查內部控制系統的有效性。專項監督的範圍和頻率可以根據風險評估結果以及日常監督的有效性予以確定。

日常監督與專項監督之間存在反向關係，即日常監督的程度越大且越有效，則企業所需的專項監督就越少。

企業內部控制監督活動通常是由企業的財務會計部門、人力資源部門或內部審計部門執行，這些部門定期或不定期地對內部控制的設計與執行情況進行檢查和評價，與有關人員溝通內部控制是否有效的信息，並提出改進意見，以保證企業內部控制能夠隨環境的變化而不斷改進。

企業管理層採用不同的監督方式可以執行內部控制的監督。對於一個有效的內部控制系統而言，內部控制要素應該設計齊全，而且運行有效。有效的監督活動通常可以彌補其他要素中的缺陷，降低內部控制評價的工作量，從而全方位地提升企業的經營效率。

在評價企業內部控制監督效果時，通常考慮的是利用具有「代表性」的常見控制措施來評價控制效果，這些控制措施可能與企業的控制目標，或者與這些目標相關的風險有關。企業管理層常常根據以前年度發生的財務報告系統的變化，確定需要執行更進一步監督的控制環節，主要是對會計系統的控制環節進行評價，並對會計系統的資料進行歸檔。只有關注企業管理層為經營活動和環境所設立的控制目標，才能持續地提高內部控制的監督效果。

第五節 內部控制的具體技巧

一、職責分工的控制方式

職責分工控制要求根據企業目標和職能職務，按照科學、精簡、高效的原則合理設置職能部門和工作崗位，明確各部門、各崗位的職責權限，形成各司其職、各負其責、便於考核、相互制約的工作機制。職責分工控制應考慮兩個因素：一是企業法人治理（也稱為公司治理）結構，涉及董事會、監事會、總經理的設置及其相互關係；二是管理部門設置及其相互關係，對財務管理來說，就是確定財務管理的寬度和深度，由此而產生集權管理與分權管理的企業管理模式。職責分工控制一個特別重要的問題是不相容職務分離控制，達到內部牽制的制衡作用。

職責分工講究「不相容職務分離控制」，所謂不相容職務，是指那些如果由一個人管理，既可以弄虛作假，又能夠自己掩飾作弊行為的職務。不相容職務分離是指對不相容職務分別由不同部門或人員來擔任。不相容職務分離基於這樣的理念，即兩個或兩個以上的部門或人員無意識犯有同樣錯誤的可能性很小，而有意識的合夥舞弊的可能性低於一個部門或人員舞弊的可能性。不相容職務必須分離是任何內部控制的基本原則。

1. 業務處理的分工

業務處理的分工是指一項業務全過程不應由一個人或一個部門單獨辦理，應分割為若干環節分屬不同的崗位或人員辦理。其具體業務又可以分為：授權進行某項業務和執行某項業務的職務相分離；執行某項業務和審查該項業務的職務相分離；執行某項業務和記錄該項業務的職務相分離；記錄某項業務和審核該項業務的職務相分離，等等。

2. 資產記錄與保管的分工

資產記錄與保管分工的目的在於保護資產的安全與完整。其具體要求是：保管某項物資和記錄該項物資的職務相分離；保管物資與核對該項物資賬實是否相符的職務相分離；記錄總賬與記錄明細賬的職務相分離；登記日記賬與登記總賬的職務相分離；貴重物品倉庫的鑰匙由兩個人分別持有，等等。

3. 各職能部門具有相對獨立性

具體表現為：各職能部門之間是平等關係，而非上下級隸屬關係；各職能部門的工作有明確的分工，等等。

保證不相容職務分離作用的發揮，需要各個職務分離的人員各司其職。如果擔任不相容職務的人員之間相互串通勾結，則不相容職務分離的作用將會消失殆盡。因此，對不相容職務分離的再控制也是企業需要加以考慮的。

二、授權批准的控制方式

授權就是上級把權力轉授給下級或者部門，得到權力的個人或部門必須在所授予的權力範圍內審批或下達行動指令。授權批准控制指對企業內部部門或人員處理業務的權限控制。授權控制可以保證下級按既定的方針執行業務，防止濫用權力，打亂正常的運營秩序。有效的內部控制要求業務事項的開展必須經過適當的授權。授權標準按照重要性分為兩種：常規授權與特殊授權。

常規授權又稱為一般授權，是對辦理一般業務時權力等級和批准條件的規定。常規授權在管理部門通常採用政策說明書或者指令，還可以是任命書、崗位責任制度規定等形式賦予，得到權力的部門或個人按所授權限辦理業務。這種授權可以使企業內部員工在日常業務處理中按照規定的權限範圍和有關職責自行辦理或執行各項業務。

常規授權在企業中常見，例如，股東將權力授予董事會，董事會將權力授予總經理、副總經理等高層管理者，經理們再任命主管，授權於主管，這就是最基本的常規授權。又如，關於企業開支批准，制度規定：1000 元以下，主管批准；1000 元以上 5000 元以下分管副總經理批准；5000 元以上 50000 元以下總經理批准；50000 元以上 100 萬元以下經理辦公會議批准；100 萬元以上的開支，董事會決定。

特殊授權是對特定業務處理的權力等級和批准條件的規定。這種授權通常由管理部門對特定業務活動採取逐個審批辦法來進行。特殊授權的對象往往是一些例外的業務，一般難以預料，因而不能按照規定的措施來處理。因此，發生這樣的業務應當經過有關部門的特殊批准才能進行。特殊授權的時效一般比較短。

三、預算的控制方式

預算控制又稱計劃控制，是指對企業各項業務編制詳細的預算或計劃，並透過授權由有關部門對預算或計劃執行情況進行的控制。預算控制是企業普遍採用的現代控制機制。預算是以金額、數量、其他加值等形式綜合反映企業未來(通常為 1 年)業務的詳細計劃。預算是企業管理的重要內容，更是一種權力的安排機制，使經營管理各層次、各責任單元的權力以數據化、表格化的形式表現出來。從某種意義上講，預算控制是在年度開始之前根據預測結果對全年的授權批准控制。預算控制的作用如下：

⑴明確生產經營奮鬥目標。透過各種決策活動，企業有了生產經營總體奮鬥目標，但這一目標的實現需要企業各部門的共同努力。企業預算控制可以使企業總體奮鬥目標得以分解、落實，使各部門、各單位以及工作人員清楚地認識到各個目的的具體任務。

⑵控制業務活動。透過企業預算，各部門、各單位可以經常對比、分析自身業務活動與各自奮鬥目標的差距以及與企業總體目標的差距，從而及時採取有效措施加以改進，以保證企業預算控制圓滿完成。

⑶協調工作關係。企業計劃的編制是從全局出發，圍繞企業總體目標，協調各部門和各單位工作的結果。它可以促使各部門和各單位管理人員檢查自身的活動和其他各部門之間的關係，充分估計可能發生的障礙和阻力，以及可能出現的薄弱環節，從而從自身做起，加強同各部門和各單位的聯繫，使各部門和各單位的工作得到協調。

⑷評價工作業績。透過對各部門和各單位完成預算情況的分析，可以考核工作的好壞，找出原因，分清責任，以便制定改進措施，提高工作品質。

四、財產保護的控制方式

財產保護控制就是限制未經授權的人員對財產直接接觸和處置，採取財產記賬、實物保管、定期清查盤點、賬實核對、財產保險等措施確保財產的安全完整。財產保護控制要求企業建立財產日常管理制度和定期清查制度，採取財產記錄、實物保管、定期盤點、賬實核對等措施，確保財產安全。財產保護控制可以分為財產賬務保護控制與財產實物保護控制兩類。第一種是「財產賬務保護控制」，介紹如下：

1. 財務部門

會計賬務應當全面反映企業所有的財產，有些屬於低值品的如果在會計賬上沒有反映的，應當建立備查賬，同時要定期拷貝軟體或相關文件資料，避免記錄受損、被盜、被毀的風險。

2. 行政部門

行政部門應當建立房屋、傢俱和電子設備等資產管理台賬，定期與財務部門對賬。

3. 生產部門

生產部門應當建立機器設備管理台賬，定期與財務部門對賬。

4. 倉庫

對存貨進出應當及時開具票據、登記賬務，定期與財務部門對賬。

另一個是「財產實物保護控制」，如下：

財產實物保護控制主要包括限制未經授權的人員對財產直接接觸、財產處置、實物保管、定期盤點、賬實核對、財產保險等措施，介紹如下。

1. 限制直接接觸

除財產實物保管部門或人員可以接觸財產實物外，其他部門或人員不可直接接觸財產。

2. 財產處置

財產增減應當嚴格按照審核、審批控制要求辦理手續，一般由實物保管部門經辦、由財務部門審核和企業負責人審批後，才能處置。

3. 實物保管

現金由出納保管，其他人員未經批准不得代收現金；機器設備由生產部門負責管理，由工廠、班組協助管理；房屋、傢俱和電子設備由行政部門負責管理，由各部門協助管理；存貨由倉庫負責管理，所有產品都應當辦理入庫後，再按照審核、審批控制要求辦理出庫手續。

4. 定期盤點

企業應當重視賬賬相符管理，只有確保賬賬相符的前提下，盤點才有意義。盤點應當根據實際需要定期和不定期舉行，應當建立盤點制度和盤點流程，明確責任人，確保財產安全。盤點可以採用先盤點實物再核對賬務的形式，也可以採用先核對賬務再確認實物的形式。盤點中出現的財產差異應進行調查、分析和處置(包括對責任人的獎懲)，並修正相關制度。

5. 財產保險

主要財產應當投保(如火災險、盜竊險、責任險等)，降低企業經營風險，確保財產安全、保值、增值。

五、會計的控制方式

會計控制要求企業依據制定適合本企業的會計制度、財務制度，明確會計憑證、賬簿、報表以及相關會計信息披露的處理程序，規範會計政策的選用標準和審批程序，建立、完善會計檔案保管和會計人員交接辦法，實行會計崗位責任制，確保財務報告真實、可靠和完整。

1.基礎控制

基礎控制即透過基本的會計活動和會計程序來保證完整、準確地記錄一切合法的業務，及時發現處理過程和記錄中出現的錯誤。基礎控制是確保會計控制目標實現的首要條件，是其他會計控制的基礎。基礎控制主要包括以下幾個方面：

⑴憑證控制。憑證控制就是利用會計憑證對業務進行的控制。會計憑證是證明業務、明確責任的原始憑據，是企業實施內部控制的重要工具。良好的憑證控制制度是其他內部控制有效運作的前提。

⑵賬簿控制。賬簿是全面地、連續地、系統地進行歸類和整理活動數據的重要手段，是編制會計報表的依據。因此賬簿控制對保證會計報表的品質具有重要的意義。

⑶報表控制。會計報表是企業會計信息的主要載體，會計報表的品質直接決定著會計信息的品質，因此，報表控制的作用不言而喻。

⑷核對控制。它是利用記錄與記錄之間的鉤稽關係以及記錄與實物之間的對應關係對企業活動進行的控制，包括賬實、賬證、賬賬、賬表及表表之間的核對。完善的核對制度對有效保護資產的安全完整，保證會計信息的品質具有重要意義。

2.紀律控制

紀律控制是會計控制的前提，但要使其充分發揮作用，必須切實地加以貫徹執行。紀律控制就是為保證基礎控制能充分發揮作用而進行的控制。

⑴內部牽制。內部牽制是一種以事務分管為核心的自檢系統，透

過職責分工和業務程序的適當安排，使各項業務內容能自動被其他作業人員核對查證，從而起到相互制約、相互監督的作用。它主要透過兩種方式實現：從縱向看，每項業務的處理都要經過上、下級有關人員之手，從而使下級受上級監督，上級受下級制約；從橫向看，每項業務的處理至少要經過彼此不相隸屬的兩個部門的處理，從而使每個部門的工作或記錄受另一個部門的牽制。

⑵內部稽核。從廣義上講，內部稽核包括由單位專設的內部審計機構進行的內部審計和由會計主管及會計人員進行的內部審核。與內部審計不同，內部審核是由會計主管及會計人員事前或事後、定期或不定期地檢查有關會計記錄，進行相互核對，確保會計記錄正確無誤的一種內部控制制度。除了內部牽制和內部稽核外，紀律控制的內容還包括來自企業主管、其他橫向職能部門及廣大職工的內部監督。

六、內部報告的控制方式

所謂內部報告控制，是指企業對生產經營活動各管理職能部門或者重要的崗位，建立的一種定期、不定期報告運營情況的制度。建立內部報告制度，目的就是使高層及時得到指令執行的信息，及時發現生產經營中的問題或缺陷，及時解決問題，防止風險和不利情況發生。

第六節　案例

【案例】職責分離控制的失控

某企業的出納員已經在出納崗位上工作了 9 年，深受財務經理的信任。由於業務較多、人手緊，為了節約人力成本，該企業長期以來一人兼多職，財務經理安排出納員負責登記期間費用賬，在收款的同時她還負責開具銷售票據，以及編制銀行存款餘額調節表。長期以來，一直沒有人審查銀行對帳單。後來，在一個偶然的機會，該企業管理層發現出納員有舞弊嫌疑，經過調查，發現出納員近五年來利用職務之便，共貪污錢款 200 萬元，使企業遭受了直接的損失。

該企業缺乏崗位輪換制，如果定期輪換崗位，出現員的舞弊行為很容易暴露。上級的信任是不能取代內控制度的，否則很容易出現漏洞。該企業沒有做到職責分離的控制要求，出納不應登記期間費用等賬目。同樣，出納收款並開具銷售票據很容易出現舞弊，出現員還可以編造對帳單來為自己的貪污行為作掩護。如果該企業能夠健全其內部控制制度，加強貨幣資金管理，就可以及時發現員工舞弊行為。

【案例】百年老店爆發會計舞弊行為

2015 年 2 月日本電機大廠東芝（TOSHIBA）爆發相關人士向日本「證券交易監督委員會」舉報東芝內部有不當會計之嫌疑。從 4 月開始，東芝接受一連串內部調查委員會及第三方委員會的審查，並證實東芝自 2008 年起到 2014 年第三季為止，不當會計金額總計高達 1562 億日圓（約新台幣 395 億元）。東芝股價也從接受調查前的 530 日圓，一路暴跌至 8 月中的 370 日圓，中途更曾在 5 月 11 日因內部調查發現會計疑慮，當天股價重創 17%。受此事件影響，東芝社長田中久雄及多位高層主管為此引咎辭職。而具有會計監督責任的「新日本監察法人」及東芝的審計委員會亦被質疑未能善盡職責。

東芝是具有 140 年歷史、品牌形象優良的老企業。2003 年東芝變更為設置委員會公司，聘外部董事，組成審計、薪酬與提名委員會。然而，今年 2 月東芝遭內部人士向「證券交易監督委員會」舉發存在不當會計。4 月 3 日東芝宣布籌組「內部特別調查委員會」調查處理帳目的會計方法是否有問題，此消息顯然傷害投資者對其信心，隔週一（4 月 6 日）東芝盤中一度重挫 9%至 466 日圓，創二年半來最大跌幅。此次內部調查主要是針對佔東芝營業利益中約 11%的電力與社會基礎設施事業。5 月 11 日東芝承認基礎設施建設項目中的不當會計行為，並撤銷盈利預期，市值蒸發 28 億美元，當天股價跌至 403 日圓，暴跌 17%。

隨後，5 月 15 日成立由東京高檢廳前檢察長上田廣依律師為主席的「第三方委員會」，並於 7 月 20 日調查結果出爐。第三方委員會查出，不當會計主要出現在四大部份，首先為內部調查結果已發現的「基礎設施工程進行基準」477 億日圓，其他三者分別為「電腦事業的零件交易」592 億日圓、「半導體事業的存貨評價」360 億日圓、「影像事業經費列計」88 億日圓，總計 1518 億日圓，加上自行查核的部份，總共浮報 1562 億日圓的營業利益。

調查結果出爐後，7 月 21 日傍晚，東芝社長田中久雄在記者會上為此不當會計事件鞠躬道歉，並引咎辭職。同時，提出辭職的還有曾任社長的現任副會長佐佐木則夫以及顧問西田厚德，而這三位就是東芝一連串不當會計事件發生期間經手的三代社長。在十六名董事中有八人辭職，暫由會長室町正志兼任社長。日本公司體制的會長是董事會主席，而社長如同美國體制的執行長（CEO）。

從 2008 年到 2014 年期間內，東芝的稅前利潤為 5650 億日元，而會計業務違規的金額卻約佔 30%。在虛報的 1518 億日圓利潤中，最早被查到的是內部自行調查後公布的「基礎設施工程進行基準」477 億，東芝於一開始就過度低估工程成本總額，藉以不列計工程損失準備金，東芝亦坦承高速公路電子收費系統與電子儀錶業務可能虧損，卻未實際登入帳簿。

第二部份是會計違規項目中金額最大的「電腦事業的零件交易」，總計 592 億。東芝採用「buy-sell 模式」，東芝向供應商採購零件，再以四到八倍價格提供給台灣的 ODM 代工業者（原始設計製造廠），東芝再買回成品、鋪貨到市場。上述浮報價差成為製造成本的減項，如同產生利益。但若成品在市場上沒賣掉，會變成只是暫時浮報利益而已。電腦事業在季末時都出現營業利益高過於營收的異常數值。

第三部份是「半導體事業的存貨評價」，浮報金額為 360 億日圓，主要是由於在半導體、相關零組件跌價之後未提列適當的庫存損失。

第四部份則是「影像事業經費列計」總計 88 億日圓，主要發生在電視事業，東芝請往來廠商延後請款，把廣告費、物流費延到下一季列計。

第二章

資金控制的內部控制重點

第一節　資金的內部控制重點

一、資金的授權批准控制

企業應當對資金業務建立嚴格的授權批准制度和審核批准制度，明確審批人員對資金業務的授權批准方式、權限、程序、責任和其他相關控制措施，規定經辦人辦理資金業務的職責範圍和工作要求。嚴禁未經授權的部門或人員辦理資金業務或直接接觸資金。

企業應當建立資金業務的崗位責任制，明確相關部門和崗位的職責權限，確保辦理資金業務的不相容崗位相互分離、制約和監督。

資金業務的不相容崗位至少應當包括：資金支付的審批與執行；資金的保管、記錄與盤點清查；資金的會計記錄與審計監督。

在對資金業務控制中，企業應設置以下具體的授權批准控制環節。

1.支付申請

企業有關部門或個人用款時，應當提前向經授權的審批人提交資金支付申請，註明款項的用途、金額、預算、限額和支付方式等內容，並附有效合約協議、原始單據或相關證明。

2.支付審批

審批人根據其職責、權限和相應程序對支付申請進行審批，不得超越審批權限。對不符合規定的資金支付申請，審批人應當拒絕批准，性質或金額重大的，還應及時報告有關部門。

3.支付覆核

覆核人應當對批准後的資金支付申請進行覆核，覆核資金支付申請的批准範圍、權限、程序是否正確，手續及相關單證是否齊備，金額計算是否準確，支付方式、支付企業是否妥當等。覆核無誤後，交由出納人員等相關負責人員辦理支付手續。

4.辦理支付

出納人員應當根據覆核無誤的支付申請，按規定辦理資金支付手續，及時登記現金和銀行存款日記賬。

審批人應當根據資金授權批准制度的規定，在授權範圍內進行審批，不得超載審批權限。經辦人應當在職責範圍內，按照審批人的批准意見辦理資金業務。對於審批超越授權範圍審批的資金業務，經辦人有權拒絕辦理，並及時向審批人的上級授權部門報告。

二、現金的內部控制

1. 現金限額控制

企業應當根據《現金管理暫行條例》的規定，結合本企業的實際情況，確定本企業的現金開支範圍和現金支付限額。不屬於現金開支範圍或超過現金開支限額的業務應當透過銀行辦理轉賬結算。

核定後的現金庫存限額標準，出納人員必須嚴格遵守，若發生意外損失，超限額部份的現金損失由出納員承擔賠償責任。需要增加或減少現金的庫存限額時，應申明理由，經會計人員、財會經理審批後，向主辦銀行提出申請，由主辦銀行重新核定。庫存的現金不准超過銀行規定的限額，超過限額要當日送存銀行。如有特殊原因滯留超額現金過夜的(如待發放的獎金等)，必須經批准，並做好保管工作。

2. 現金內部控制的內容

企業支付給個人的款項，超過使用現金限額的部份，應當以支票或者銀行本票支付；確需全額支付現金的，經會計及財務主管同意後，報開戶銀行審核後，方可予以支付現金。

3. 現金收入與支出

企業現金收入應當及時存入銀行，不得坐支現金。企業借出款項必須執行嚴格的審核批准程序，嚴禁擅自挪用、借出貨幣資金。

企業取得的貨幣資金收入必須及時入賬，不得私設小金庫，不得賬外設賬，嚴禁收款不入賬的行為。有條件的企業，可以實行收支兩條線和集中收付制度，加強對貨幣資金的集中統一管理。

在現金收支管理業務過程中，首先，業務經辦人員對發生的相關現金收支業務，應該按照財務會計制度的規定填制或取得有關原始憑證作為現金收支業務的書面證明。其中一部份原始憑證直接作為出納人員收支現金的憑據，另一部份作為有關人員向出納人員交納現金或現金報銷的憑據。其次，經辦人員應在填制或取得的現金收支原始憑證上簽字蓋章，以明確責任，必要時還要說明業務的內容及用途等。該憑證還需要部門負責人審核後簽字蓋章。財會部門收到現金收支業務的原始憑證後，由會計主管人員或指定分管人員負責進行審核，對於不符合規定的憑證採取相應的控制環節。會計人員根據審核無誤的原始憑證編制現金收支業務的記賬憑證，簽章後由出納人員辦理現金收支事項。對現金收支憑證都必須要連續編號。再次，出納人員根據經覆核無誤的現金收支業務的記賬憑證，收入現金或支付現金(包括現金報銷)。負責稽核的會計人員審查收付款憑證，審查無誤後在憑證上簽章並進行傳遞。最後，出納人員根據覆核無誤的現金記賬憑證逐筆登記現金日記賬。分管會計人員根據有關原始憑證及記賬憑證登記有關明細賬。總賬會計人員根據審簽合格的現金記賬憑證登記現金總賬。

4.現金盤點與監督

企業應當定期和不定期地進行現金盤點，確保現金賬畫餘額與實際庫存相符。發現不符，及時查明原因，做出處理。企業應當按照會計準則制度的規定對現金進行核算和報告。

每日營業終了時，出納人員應進行現金清點，將實際庫存現金數與現金日記賬的現金結存數進行核對保證賬實相符。企業還應當組成由會計主管人員、內部審計人員及稽核人員組成的清查小組，對庫存現金進行定期或不定期的清查，檢查現金賬實相符的情況，編制現金盤點報告單，反映現金的帳面結存與實際結存的情況。

三、銀行存款的內部控制

1. 銀行存款帳戶管理

銀行存款是企業存放在銀行或其他金融機構的貨幣資金、按照現金管理制度的規定，企業除根據核定的庫存現金限額留存一部份現金以備日常零星開支，超過限額的現金必須按規定及時送存銀行；除了在規定的範圍內可以用現金直接收支的款項外，在經營過程中所發中的資金收支業務，都必須透過銀行結算帳戶進行結算。所以，企業必須在當地銀行申請開立銀行結算帳戶，用以辦理企業存放在銀行的貨幣資金的存取和轉賬結算。

銀行結算帳戶是銀行為存款人開立的用於辦理現金存取、轉賬結算等資金收付活動的活期存款帳戶。

銀行帳戶的開立應當符合企業經營管理實際需要，不得隨意開立多個帳戶，禁止企業內設管理部門自行開立銀行帳戶。企業應當定期檢查、清理銀行帳戶的開立及使用情況，發現未經審批擅自開立銀行帳戶或者不按規定及時清理、撤銷銀行帳戶等問題，應當及時處理並追究有關責任人的責任。

2. 銀行存款業務管理

企業應當加強對銀行對帳單的稽核和管理。出納人員一般不得同時從事銀行對帳單的獲取、銀行存款餘額調節表的編制等工作。確需出納人員辦理上述工作的，應當指定其他人員定期進行審核、監督。企業應當嚴格遵守銀行結算紀律，不得簽發沒有資金保證的票據或遠期支票，套取銀行信用；不得簽發、取得和轉讓沒有真實交易和債權債務的票據；不得無理拒絕付款，任意佔用他人資金；不得違反規定開立和使用銀行帳戶。

企業應當加強對銀行結算憑證的填制、傳遞及保管等環節的管理與控制。首先，企業各部門的業務或日常費用付款，需預先領用支票或匯票的，申請人應填寫付款申請單，由相關部門審批後，交由出納辦理，申請單中至少要列明用途、金額和收款單位，銀行票據應分別加蓋財務章及法定代表人名章。持票人領取票據後，須在票據存根上簽字確認。其次，出納人員在辦理結算業務時應選擇合適的結算方式或結算工具，並在辦理業務後取得結算憑證，如銀行回單聯等。會計人員根據相關的原始憑證與結算憑證編制記賬憑證。出納員應逐日逐筆登記銀行日記賬，並每日結出餘額。出納人員不慎將結算憑證丟失後，應及時上報以方便財務部門採取掛失止損等補救措施。否則若給企業造成損失，由出納人員自己承擔。最後，企業應當指定專人定期核對銀行帳戶，每月至少核對一次，對於銀行存款日記賬與銀行對帳單核對過程中發現的未達賬項，應該編制銀行存款餘額調節表進行調節。

在編制銀行存款餘額調節表時，特別要注意：已列於上月銀行存款餘額調節表的銀行上月底未記賬在途存款，是否已包括在本月的銀行對帳單中。銀行上月底未記賬的在途存款，理應在本月初收妥入賬，該在途存款若未包括在本月的銀行對帳單中，應引起高度重視，必要時應進行追查。銀行存款日記賬與銀行對帳單核對及銀行存款餘額調節表的編制，為加強內部控制，應授權出納人員以外的會計人員進行。編制銀行存款餘額調節表，並指派對賬人員以外的其他人員進行審核，確定銀行存款帳面餘額與銀行對帳單餘額是否調節相符。如調節不符，應當查明原因，及時處理。

3. 網上銀行存款管理

實行網上交易、電子支付等方式辦理資金支付業務的企業，應當與承辦銀行簽訂網上銀行操作協議，明確雙方在資金安全方面的責任與義務、交易範圍等。

操作人員應當根據操作授權和密碼進行規範操作。使用網上交易、電子支付方式的企業辦理資金支付業務，不應因支付方式的改變而隨意簡化、變更支付貨幣資金所必需的授權批准程序。企業在嚴格實行網上交易、電子支付操作人員不相容崗位相互分離控制的同時，應當配備專人加強對交易和支付行為的審核。

四、資金的票據管理

票據有兩種解釋，一種是指發票人依法簽發的，無條件約定自己或委託他人以支付一定金額為目的的有價證券，如匯票、本票和支票等；二是指出納或運送貨物的憑證。這裏的票據是指出納憑證。

企業應當加強與資金相關的票據的管理，明確各種票據的購買、保管、領用、背書轉讓、注銷等環節的職責權限和處理程序，並專設登記簿進行記錄，防止空白票據的遺失和被盜用。

企業因填寫、開具失誤或者其他原因導致作廢的法定票據，應當按規定予以保存，不得隨意處置或銷毀。對超過法定保管期限、可以銷毀的票據，在履行審核批准手續後進行銷毀，但應當建立銷毀清冊並由授權人員監銷。

企業應當設立專門的賬簿對票據的轉交進行登記；對收取的重要票據，應留有影本並妥善保管；不得跳號開具票據，不得隨意開具印章齊全的空白支票。

五、公司印章的管理

企業應當加強銀行預留印鑑的管理。財務專用章應當由專人保管，個人名章應當由本人或其授權人員保管，不得由一個人保管支付款項所需的全部印章。各種印章應該分處存放，分專人保管；委託其他人保管個人印章的要辦理授權手續；重要印章的保管，可以設置雙重或多重保管制度，並且實行內部牽制制度。印章保管人若管理不慎使印章遺失、被盜或損毀，需立即上報管理部門，登記後申明作廢並製作新的印章。印章保管人員離職或調動時，必須將保管的印章及相關文件交接完畢，否則不允許離職或調動。

按規定需要由有關負責人簽字或蓋章的業務與事項，必須嚴格履行簽字或蓋章手續，用章必須履行相關的審批手續並進行登記。

需要將企業印章帶離企業的，應經過有關部門主管人員的批准，印章保管人員要作備查記錄，並負責及時收回；印章的領用者在取得印章時應在印章領用簿上簽字，以明確領用交回的責任。

第二節　資金的內部控制流程與說明

一、資金的支付流程圖

1. 資金支付業務流程圖

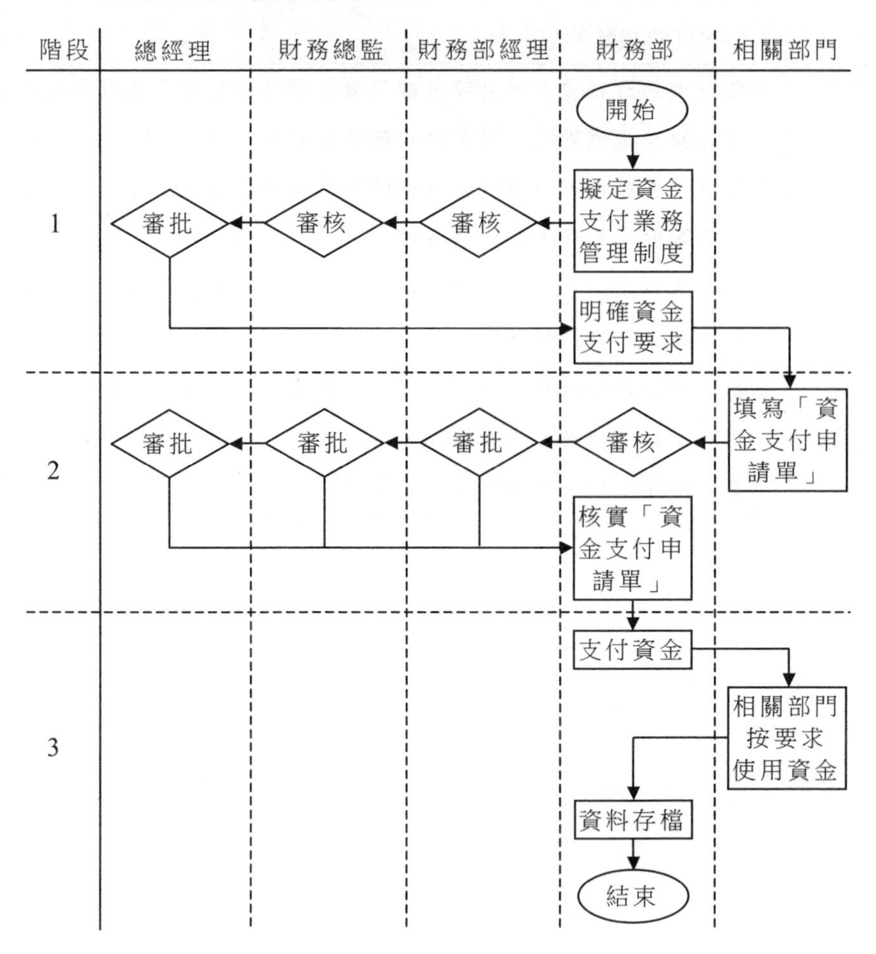

2. 資金的支付業務流程控制表

階段	說　明
1	1. 企業財務部要根據法律、法規並結合自身情況，擬定資金支付業務管理制度 2. 財務部根據資金支付業務管理制度的相關規定，進一步提出資金支付的相關要求
2	3. 財務部經理根據其自身審批權限審批相應的額度，審批額度超出自身審批權限的，需要由財務總監審批 4. 財務總監根據其自身的審批權限審批相應的額度，超出自身審批權限的，需要由總經理審批 5. 審批人簽署「資金支付申請單」後，資金專員要核實申請單是否符合企業的相關規定
3	6. 透過資金專員審核之後，根據「資金支付申請單」上批准的額度，出納支付資金給申請部門 7. 資金申請部門按照要求使用資金

二、資金的授權審批流程

1. 資金的授權審批流程

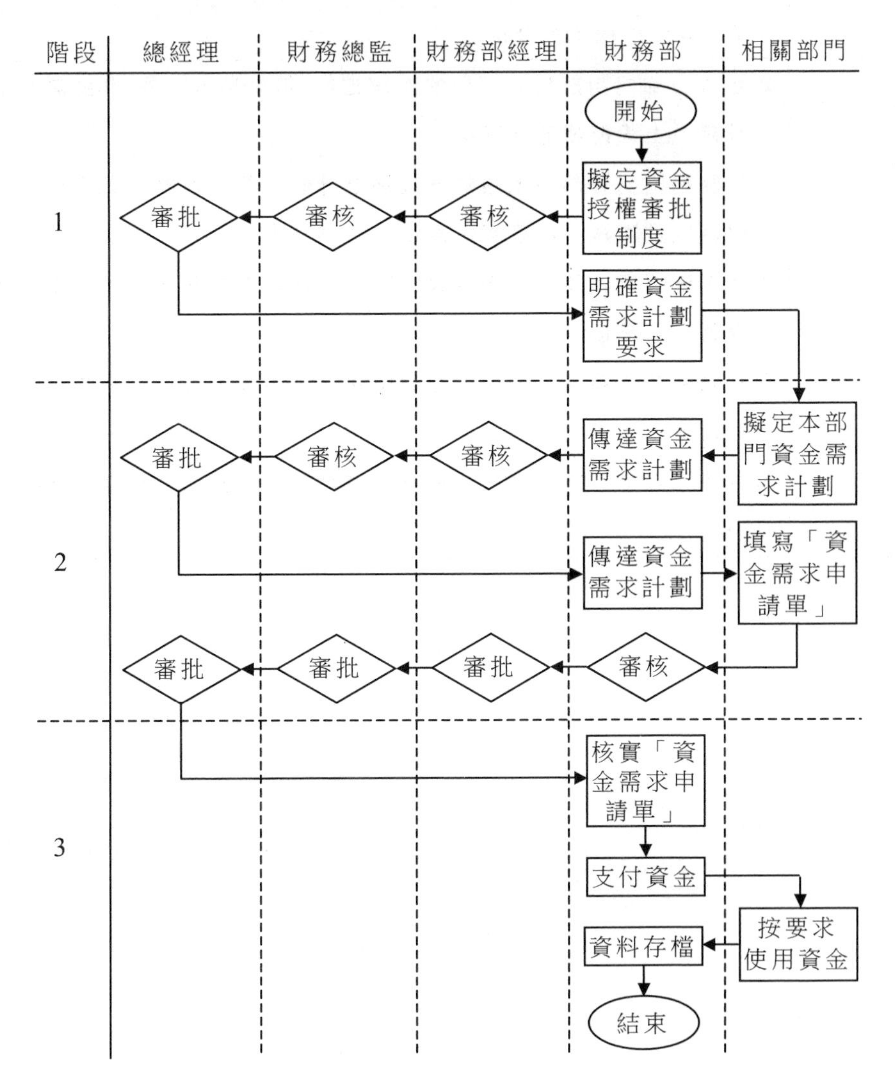

2. 資金的授權審批流程控制表

階段	說　明
1	1. 企業財務部要根據企業內部控制的相關規範並結合自身情況，擬定資金授權審批制度
2	2. 企業各部門制訂出本部門的階段性(1 年、半年、季)資金需求計劃並上報財務部門審核 3. 財務部匯總各部門上報的資金需求計劃，並上報財務部經理、財務總監審核，由總經理審批 4. 相關部門申請資金的額度超過財務部經理審批權限的，需要由財務總監審批 5. 相關部門申請資金的額度超過財務總監審批權限的，需要由總經理審批
3	6. 根據「資金需求申請單」批准的額度，出納支付資金給申請部門

三、資金的票據管理流程

1. 資金的票據領用管理流程圖

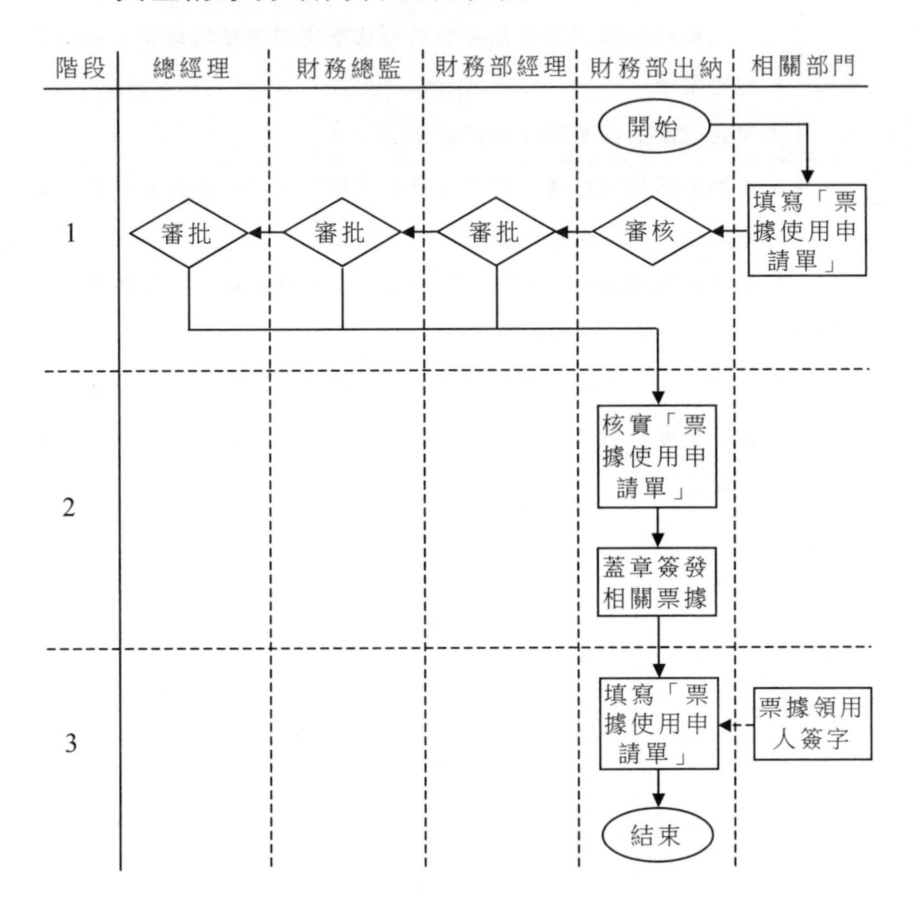

2.資金的票據領用管理流程控制表

階段	說　明
1	1. 本流程圖所指票據主要是轉賬支票、現金支票等 2. 相關部門領取的票據額度超過財務部經理審批權限時，需財務總監審批 3. 現金支票的使用需經總經理審批
2	4. 出納必須逐項核實「票據使用申請單」上的內容與相關管理人員的審批意見以及票據的金額及用途等 5. 出納審核無誤後，簽發相關票據。出納必須按照票據的序號簽發，不得換本或者跳號簽發
3	6. 出納應在「票據簽發登記簿」上註明票據編號、領用日期及注銷日期等事項，票據領用人應在「票據簽發登記簿」中領用人一欄簽字

四、資金的用章審批登記流程

1. 資金的用章審批登記流程圖

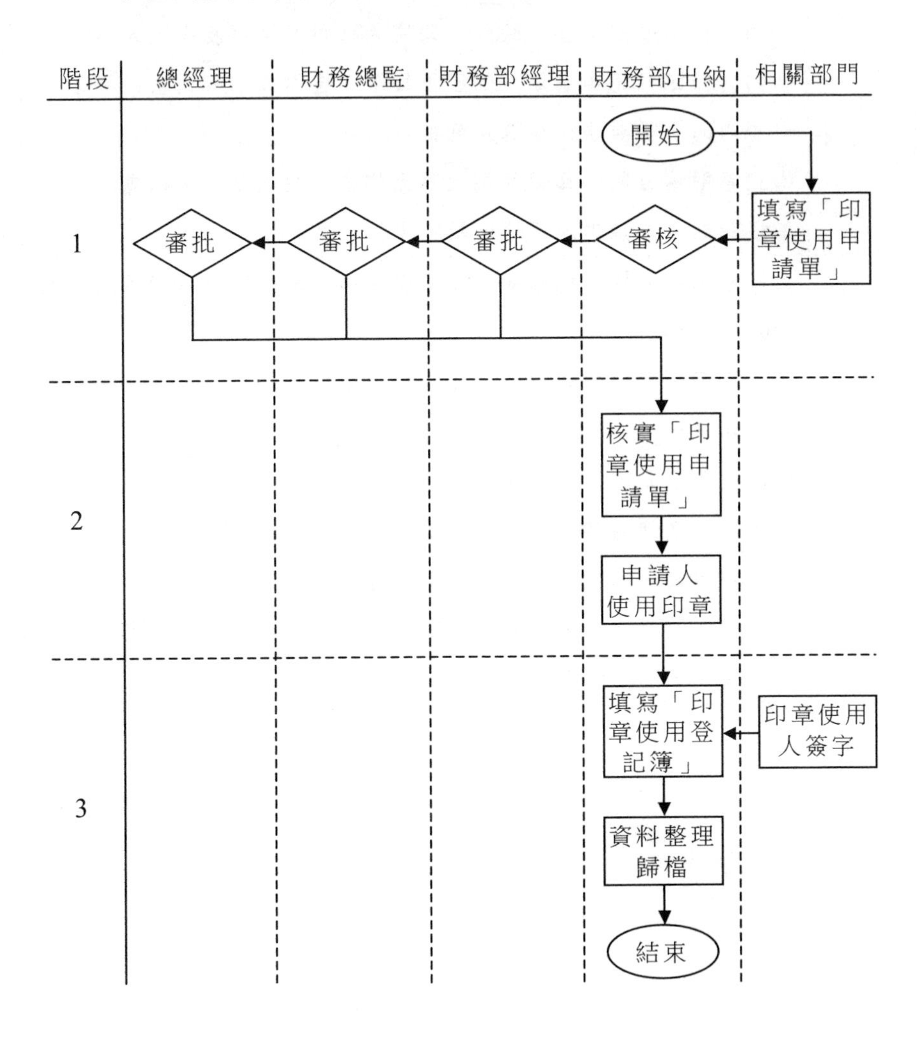

2.資金的用章審批登記流程控制表

階段	說　明
1	1. 使用印章時，印章使用人必須填寫「印章使用申請單」，說明使用印章的事由、起止時間、印章的種類、材質及申請人 2. 對「印章使用申請單」的審批權限不在財務部經理審批權限範圍內的，需要報財務總監審批 3. 企業財務方面的印章原則上不允許帶出企業使用，確需帶出企業使用的，必須由總經理審批，由兩人共同用印
2	4. 印章保管人要仔細核實「印章使用申請單」的事項和相關管理人員的批示 5. 印章使用人使用印章時，連同需用印蓋章的文件一同交印章保管人蓋章
3	6. 印章保管人在「印章使用登記簿」上說明使用印章的事由、適用對象及使用時間等事項，印章使用人應在「印章使用登記簿」中領用人一欄簽字加以確認，同時印章保管人也要簽字 7.「印章使用申請單」由各蓋章人員保存，且於每月月底匯總並交企業相關部門存檔

第三節　資金的內部控制辦法

一、現金管理控制制度

第 1 章　總則

第 1 條　為規範企業的現金管理，防範在現金管理中出現舞弊、腐敗等行為，確保企業的現金安全，特制定本制度。

第 2 條　本制度適用於現金收付業務辦理、庫存現金管理等。

第 3 條　企業所有往來，除本制度規定的範圍可以使用現金外，其他均應當透過開戶銀行進行轉賬結算。

第 4 條　企業的現金管理按照賬款分開的原則，由專職出納人員負責。出納與會計崗位不能由同一人兼任，出納也不得兼管現金憑證的填制及稽核工作。

第 2 章　現金收取、支付範圍規定

第 5 條　現金的收取範圍。

1. 個人購買公司的物品或接受勞務。
2. 個人還款、賠償款、罰款及備用金退回款。
3. 無法辦理轉賬的銷售收入。
4. 不足轉賬起點的小額收入。
5. 其他必須收取現金的事宜。

第 6 條　在下列範圍內可以使用現金，不屬於現金開支範圍的業務應當根據規定透過銀行辦理轉賬結算。

1. 員工薪酬，包括員工薪資、津貼、獎金等。
2. 各種勞保、福利費用及規定的對個人的其他支出。

3. 支付給企業外部個人的勞務報酬。

4. 出差人員必須隨身攜帶的差旅費及應予以報銷的出差補助費用。

5. 結算起點以下的零星支出。

6. 向股東支付紅利。

7. 根據規定允許使用現金的其他支出。

第 7 條　企業支付給個人的款項，超過使用現金限額的部份，應當以支票或者銀行本票支付；確需全額支付現金的，經會計及財務主管同意後，報開戶銀行審核後，方可予以支付現金。

第 3 章　現金限額管理

第 8 條　企業按規定建立現金庫存限額管理制度，超過庫存限額的現金應及時存入銀行。

第 9 條　財務部要結合本企業的現金結算量和與開戶行的距離合理核定現金的庫存限額。

第 10 條　現金的庫存限額以不超過 2～3 個工作日的開支額為限，具體數額由財務部向主辦銀行提出申請，主辦銀行核定。

第 11 條　核定後的現金庫存限額標準，出納員必須嚴格遵守，若發生意外損失，超限額部份的現金損失由出納員承擔賠償責任。

第 12 條　需要增加或減少現金的庫存限額時，應申明理由，經會計人員、財務部經理、總裁審批後，向主辦銀行提出申請，由主辦銀行重新核定。

第 13 條　庫存的現金不准超過銀行規定的限額，超過限額要當日送存銀行。如因特殊原因滯留超額現金過夜的（如待發放的獎金等），必須經批准，並做好保管工作。

第 4 章　現金收取與支出

第 14 條　現金收支工作總體規定。

1. 現金收支必須堅持收有憑、付有據，堵塞由於現金收支不清、手續不全而出現的一切漏洞。

2. 除財務部或受財務部門委託的出納員外，任何單位或個人都不得代表企業接受現金或與其他單位辦理結算業務。

3. 出納員不准以白條抵充現金。現金收支要堅持做到日清月結，不得跨期、跨月處理現金賬務。

4. 出納員不得擅自將企業現金借給個人或其他單位，不得謊報用途套取現金，不得利用銀行帳戶代其他單位或個人存入或支取現金，不得將單位收入的現金以個人名義存入銀行，不得保留賬外公款。

5. 出納員因特殊原因不能及時履行職責時，必須由財務部經理指定專人代其辦理有關現金業務，出納員不得私自委託。

第 15 條　有關現金收取工作的規定。

1. 出納員在收取現金時，應仔細審核收款單據的各項內容，收款時堅持唱收唱付，當面點清；應認真鑑別鈔票的真偽，防止假幣和錯收。若發生誤收假幣或短款，由出納員承擔一切損失。

2. 因業務需要，在企業外部收取大量現金的，應及時向企業財務部和企業負責人彙報，並妥善處置，任何人不得隨意帶回自己的家中；否則，發生損失由責任人賠償。

3. 現金收訖無誤後，出納員要在收款憑證上加蓋現金收訖章和出納員個人章，並及時編制會計憑證。

4. 企業每天的現金收入應及時足額送存銀行，不得坐支，不得用於直接支付本企業自身的支出；應及時入賬，不得私設小金庫，不得賬外設賬，嚴禁收款不入賬。

5. 非現金出納代收現金時，要及時登記《現金收付款項交接簿》，辦理交接手續，《現金收付款項交接簿》要同現金日記賬一起保管歸檔。

第 16 條　有關現金支付工作的規定。

1. 企業支付現金，可以從本企業現金的庫存限額中支付或者從開戶銀行提取，不得從本企業的現金收入中直接支付(即坐支)。因特殊情況需要坐支現金的，必須經會計、財務部經理和總裁同時批准同意。

2. 對於需支付現金的業務，會計人員必須審查現金支付的合法性與合理性，對於不符合規定或超出現金使用範圍的支付業務，會計人員不得辦理。

3. 辦理現金付款手續時，會計人員應認真審查原始憑證的真實性與正確性，審查是否符合企業規定的簽批手續，審核無誤後填制現金付款憑證。

4. 出納員必須根據審核無誤、審批手續齊全的付款憑證支付現金，並要求經辦人員在付款憑證上簽上自己的名字。

5. 支付現金後，出納員要在付款憑證上加蓋現金付訖章和十納員個人章，並及時辦理相關賬務手續。

6. 任何部門和個人都不得以任何理由私借或挪用公款，個人因公借款，按《員工借款管理制度》的規定辦理。企業職員因工作需要借用現金，需填寫《借款單》，註明借用現金的用途，經部門經理批准後，送財務部會計人員審核，經財務部經理審批後方可支取。各業務人員應及時清理借款，企業應視業務需要制定還款期限及措施。

7. 辦理現金報銷業務，經辦人要詳細記錄每筆業務開支的實際情況，填寫《支出憑單》，註明用途及金額。出納員要嚴格審核應報銷的原始憑證，根據成本管理、費用管理有關審批權限審核無誤後，辦理報銷手續。

8. 因採購地點不確定、交通不便、銀行結算不便，且生產經營急需或特殊情況必須使用大額現金時，由使用部門向財務部提出申請，經財務部經理及總裁同意後，准予支付現金。

第 5 章　現金保管

第 17 條　現金保管的責任人為出納員。出納人員應由誠實可靠、工作責任心強、業務熟練的會計人員擔任，連續擔任出納崗位一般不得超過 5 年。

第 18 條　超過庫存限額的現金應由出納員在下班前送存銀行。企業的現金不得以個人名義存入銀行。銀行一旦發現公款私存，可以對相關企業處以罰款，情節嚴重的，可以凍結單位現金支付。

第 19 條　為加強對現金的管理，除工作時間需要的少量備用金可放在出納員的抽屜內，其餘則應放入出納員專用的保險櫃內，不得隨意存放。保險櫃應存放於堅固實用、防潮、防水、通風較好的房間，房間應有鐵欄杆、防盜門。

第 20 條　限額內的現金當日核對清楚後，一律放在保險櫃內，不得放在辦公桌內過夜。保險櫃密碼由出納員自己保管，並嚴格保密，不得向他人洩露，以防為他人利用。出納員調動崗位，新出納員應使用新的密碼。

第 21 條　保險櫃鑰匙、密碼丟失或發生故障，應立即報請主管處理，不得隨意找人修理或修配鑰匙。

第 22 條　紙幣和鑄幣，應實行分類保管。出納員對庫存票幣分別按照紙幣的票面金額和鑄幣的幣面金額，以及整數(即大數)和零數(即小數)分類保管。

第 23 條　現金應整齊存放，保持清潔，如因潮濕黴爛、蟲蛀等問題發生損失的，由出納員負責。

第 24 條 出納員向銀行提取現金，應當填寫《現金提取單》，並寫明用途和金額，由財務部經理批准後提取。

第 6 章 現金盤點與監督管理

第 25 條 出納員要每天清點庫存的現金，登記現金日記賬，做到按日清理、按月結賬、賬賬相符、賬實相符。

1. 按日清理，是指出納員應對當日的業務進行清理，全部登記日記賬，結出庫存現金的帳面餘額，並與庫存現金的實地盤點數進行核對，以確認賬實是否相符。

2. 按日清理的主要工作內容如下。

⑴清理各種現金收付款憑證，檢查單證是否相符，並檢查每張單證是否已經蓋齊「收訖」、「付訖」的戳記。

⑵登記和清理現金日記賬。

⑶現金盤點。

⑷檢查現金是否超過規定的庫存限額。

第 26 條 每月會計結賬日後，出納員應及時與負責賬務處理的其他會計人員就「現金日記賬」和「現金明細賬」進行相互核對，並編制《現金核對記錄表》，由財務部經理、出納員、會計人員三方簽字，以確保賬賬相符。

第 27 條 出納員有義務配合財務部經理或其他稽查人員隨時、不定期地抽查「現金盤點」工作，並確保所抽查現金沒有差異。

第 28 條 財務部經理、資金主管應定期監盤現金，確保賬賬相符、賬實相符。發現長款或短款的，應及時查明原因，按規定程序報批次處理。因出納員自身責任造成的現金短缺，出納員負全額賠償責任，造成重大損失的，應依法追究責任人的法律責任。

第 29 條　財務部經理、資金主管應高度重視現金管理，對現金收支進行嚴格審核，不定期進行實地盤點，對現金管理出現的情況和問題提出改進意見，報主管批准後實施。

二、資金的授權審批制度

第 1 章　總則

第 1 條　為規範資金支付審批程序，明確審批權限，有效控制企業成本費用及資金風險，保障各項經營活動高效、有序地進行，特制定本制度。

第 2 條　企業所有的支出依照已批准的預算及審批程序核准後支付。

第 3 條　企業對資金的支付實行分級授權批准制度。

第 4 條　本制度所稱的貨幣資金是指企業在資金運作過程中停留在貨幣階段的那一部份資金，是以貨幣形態存在的資產，包括現金、銀行存款和其他貨幣資金。

第 5 條　本制度適用於企業各職能部門。

第 2 章　貨幣資金管理的原則與依據

第 6 條　為加強企業對貨幣資金的管理，本企業實行資金預算制度，資金預算的編制和審批嚴格遵循資金預算流程的規定。

1. 企業根據實際情況，制定年度資金預算，對企業的資金管理工作起指導性作用。

2. 企業根據年度資金預算和月工作計劃，編制月資金預算，作為企業月資金管理的指令性標準。

第 7 條　企業財務部設資金管理崗，負責收集各部門的月資金收支計劃，編制企業的月資金預算，並提交企業月工作會議討論批准。

第 8 條 批准後的月資金預算是企業下月資金使用的準則，必須嚴格遵守。預算外資金的使用由使用部門申請，副總裁、總裁共同批准後，財務部方可辦理。

第 3 章 資金支付的程序規定

第 9 條 企業各職能部門應按照規定的程序辦理貨幣資金支付業務。

1. 支付申請。各職能部門或個人用款時，應提前向審批人提交貨幣資金支付申請，註明款項的用途、金額、預算、支付方式等內容，並應隨附有效合約或相關證明。

2. 支付審批。審批人應當根據貨幣資金授權批准權限的規定，在授權範圍內進行審批，不得超越審批權限。對不符合規定的貨幣資金支付申請，審批人應當拒絕批准。

3. 支付覆核。財務部覆核人應當對批准後的貨幣資金支付申請進行覆核，覆核貨幣資金支付申請的批准程序是否正確、手續及相關單證是否齊備、金額計算是否準確、支付方式是否妥當等。覆核無誤後，交由出納人員辦理支付手續。

4. 辦理支付。出納人員應當根據覆核無誤的支付申請，按規定辦理貨幣資金支付手續，及時登記現金和銀行存款日記賬冊。

第 4 章 貨幣資金支付申請的授權審批規定

第 10 條 企業資金支出申請的審批權限類別。

1. 審核：指有關管理部門及職能部門主要負責人對該項開支的合理性提出初步意見。

2. 審批：指主管根據審核意見進行批准。

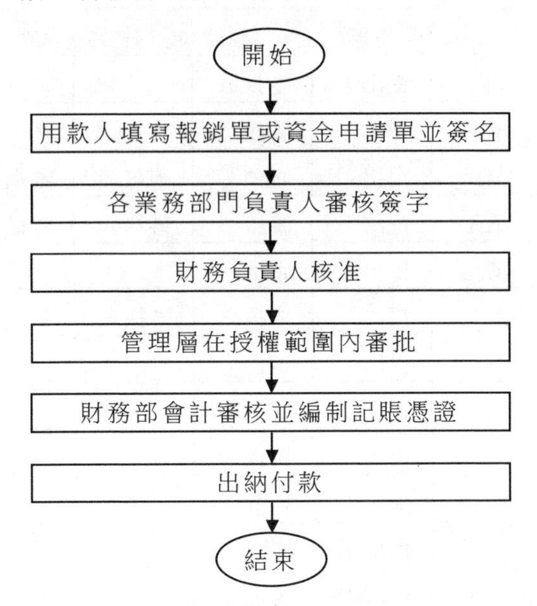

3. 核准：指財務部負責人或指定人員根據財務管理制度對已審批的支付款項從單據和數量上核准並備案。

第 11 條　企業預算內資金審批權限規定。

各職能部門資金支出申請按規定經審批後須由財務部門核准。具體各類用款的審批權限如下表所示。

企業預算內資金審批權限說明表

工作事項		使用部門	部門經理	財務總監	總裁	董事會
固定資產購置	___萬元以內	提出①	審批②			
	___～___萬元	提出①	審核②	審批③		
	___～___萬元	提出①	審核②	審核③	審批④	
	___～___萬元	提出①	審核②	審核③	審核④	審批⑤
貨款支付	___～___萬元	提出①	審批②			
	___～___萬元	提出①	審核②	審核③	審批④	
辦公費		提出①	審批②			
招待費		提出①	審批②			
差旅費		提出①	審批②			
培訓費		提出①	審批②			
通信費		提出①	審批②			
廣告宣傳費用	____元以內	提出①	審批②			
	____元以上	提出①	審核②		審批③	
利息支出		提出①	審核②	審批③		
薪資、獎金、福利		提出①	審核②		審批③	
對外捐款贊助		提出①	審核②	審核③	審核④	審批⑤
對外單位借款		提出①	審核②	審核③	審核④	審批⑤

第 12 條 企業預算外資金審批權限規定。

企業預算外資金支出的審批程序為：使用部門提出申請，財務部審核，財務總監審批；如果有重大事項支出，應報總裁審批。

第 13 條 企業貨幣資金支出必須逐級審批，各級經手人必須簽署審批意見並簽字，嚴禁越級審批。

第 14 條 超過______萬元的資金使用，必須經過股東大會審議、批准後財務部方可辦理。

第 15 條　財務部資金管理專員負責保管財務印章，嚴格按照上述資金支出審批權限與程序監督各項資金支出的執行情況，同時資金主管應定期向財務總監、總裁彙報資金收付情況。

三、銀行存款控制制度

第 1 章　總則

第 1 條　為規範企業的銀行存款業務，防範因銀行存款管理不規範給企業帶來資金損失，確保企業資金的安全與有效使用，特制定本制度。

第 2 條　本制度適用於涉及銀行存款業務的相關事項。

第 3 條　本制度中的銀行存款是指企業存放在銀行或其他金融機構的貨幣資金。

第 2 章　銀行帳戶管理規定

第 4 條　企業銀行帳戶開戶工作統一由財務部負責，日常管理也由財務部指定專人負責管理。

第 5 條　企業開設帳戶的審批程序，如下圖所示。

資金管理專員申請 → 資金主管核准 → 財務經理審核 → 財務總監/總裁審批

第 6 條　企業銀行帳戶應依據有關規定開立，並用於辦理結算業務、資金信貸和現金收付，具體可設基本存款帳戶、一般存款帳戶、臨時存款帳戶與專用存款帳戶，各帳戶功能如下。

1. 基本存款帳戶：辦理企業日常轉賬結算與現金支付的帳戶，如日常經營活動的資金支付，薪資、獎金等現金的支取等。

2. 一般存款帳戶：辦理企業的借款轉存、借款歸還和其他結算的資金收付，此帳戶只可辦理現金繳存，不可辦理現金支付。

3. 臨時存款帳戶：辦理臨時機構或存款人臨時經營活動發生的資金收付，在現金管理的規定範圍內可辦理現金支取。

第 7 條 資金管理人員開設企業銀行帳戶時要根據上述審批程序進行，需有各級管理人員的審批意見，不得私自以企業名義開設帳戶。特殊情況下需開立的，須經總裁批准。

第 8 條 開立銀行帳戶，開戶銀行要儘量選擇大銀行。

第 9 條 銀行帳戶的帳號必須保密，非因業務需要不准外洩。財務部應定期檢查銀行帳戶開設及使用情況，對不再需要使用的帳戶，及時清理銷戶。檢查中一旦發現問題，應及時處理，

第 10 條 企業銀行帳戶的開戶、存儲資金的分配、銷戶要立足於和銀行發展長期的合作關係，不得因個人關係隨便轉移。

第 11 條 由財務經理牽頭組織資金主管與審計人員組成審查小組，不定期地審查銀行帳戶，發現私開帳戶或未按規定及時清理、撤銷帳戶等問題時嚴肅處理，涉及犯罪的移交司法機關處理，追究當事人的責任。

第 3 章 銀行存款業務辦理管理

第 12 條 銀行存款業務辦理人員要嚴格遵守有關規定與企業資金管理的各項規定，銀行帳戶僅供企業收支結算使用，不得出借銀行帳戶給外單位或個人使用，不得為外單位或個人代收代支、轉賬套現。

第 13 條 企業與銀行簽訂的結算合約中需要明確款項收付的結算工具、結算方式、結算時間等內容。

第 14 條 財務人員、業務人員應嚴格審查收到的支票或銀行匯票等票據的合法性，以免收進假票或無效票。

第 15 條　企業各部門的業務或日常費用付款，需預先領用支票或匯票的，申請人應填寫付款申請單，由相關審批後，交由出納辦理，申請單中至少要列明用途、金額和收款單位，銀行票據應分別加蓋財務章及法定代表人名章。持票人領取票據後，須在票據存根上簽字確認。

第 16 條　出納人員在辦理結算業務時應選擇合適的結算方式或結算工具，並在辦理業務後取得結算憑證，如銀行回單聯等。

第 17 條　會計人員根據相關的原始憑證與結算憑證編制記賬憑證。

第 18 條　出納員應逐日逐筆登記銀行日記賬，並每日結出餘額。

第 19 條　出納人員不慎將結算憑證丟失後，應及時上報以方便財務部門採取掛失止損等補救措施。否則若給企業造成損失，由出納人員個人承擔。

第 20 條　資金管理專員定期透過企業銀行存款日記賬與銀行對帳單逐筆勾銷的方式對賬，每月至少核對一次。查明未達賬項及其原因，編制《銀行存款餘額調節表》。《銀行存款餘額調節表》及對帳單應每月裝訂入冊。

第 21 條　企業與銀行對賬時發現錯誤的處理辦法。

1. 記賬錯誤的處理辦法：上報財務經理，查明原因進行處理、改正。

2. 收付款結算憑證在企業與銀行之間傳遞需要時間，由此造成記賬時間上的先後，即一方記賬而另一方未記賬。處理辦法：編制銀行存款餘額表進行調節。

第 22 條　財務經理安排人員組成清查小組，不定期地審查企業銀行存款餘額與銀行存款相關賬目是否一致。

第 23 條　審計人員負責審核銀行存款結算業務，具體的審核內容如下。

1. 銀行存款業務的原始憑證、記賬憑證、結算憑證是否一致。

2. 銀行存款業務的手續是否齊備。

3. 銀行存款業務的相關憑證與相關賬目是否一致。

4. 銀行存款總賬與企業的銀行存款相關賬目、銀行存款餘額調節表是否一致。

第 4 章　網上銀行存款的管理

第 24 條　開辦網上銀行的帳戶嚴格按照開設銀行帳戶的審批流程審批。

第 25 條　網上銀行的銀行存款業務審批與管理嚴格按照普通銀行存款的相關管理規定執行。

第 26 條　網上銀行的銀行存款業務至少設操作員、覆核員與轉賬員三級。

第 27 條　電子銀行卡與密碼的保管人員不得將卡交予其他人員，密碼需定期更換，電子銀行卡丟失需及時掛失、上報，否則後果由保管人員承擔。

四、票據管理規範

第 1 章　總則

第 1 條　為加強對與資金相關票據的管理，規範各種票據的領用、保管、使用等事項，特制定本規範。

第 2 條　本規範適用於與資金相關票據的業務辦理。

第 2 章　票據的領用、保管與使用

第 3 條　出納人員在向開戶銀行領購支票時，必須得到資金主管與財務經理的授權審批。

第 4 條　出納人員領取的票據額必須在銀行存款的額度內。

第 5 條　出納人員負責建立票據登記簿，保管相關的票據。

第 6 條　企業的各類業務往來原則上使用轉賬支票，確需簽發現金支票的，則需上報財務經理批准。

第 7 條　有關部門或人員領用票據時要填寫「票據領用單」，註明領用票據的日期、金額、用途等事項並報相關管理人員批准。

第 8 條　出納人員簽發票據前要逐項審核票據領用單上的內容與相關管理人員的審批意見，審核無誤後蓋章簽發，並在「票據簽發登記簿」上記錄。

第 9 條　出納人員必須按照支票的序號簽發支票，不得換本或跳號簽發，否則後果由出納人員承擔。

第 10 條　出納人員對填寫錯誤的支票要加蓋「作廢」戳記，並與存根一起保存。

第 11 條　票據領用人在「票據簽發登記簿」中的領用人欄中簽字，未使用的票據與使用過的票據存根、相關使用憑證應在天之內交予出納人員進行票據注銷登記。

第 12 條　出納人員應在「票據注銷登記簿」上註明票據編號與注銷日期，逾期不辦理票據注銷業務的票據領用人，出納人員有權停止對其部門及個人簽發票據。

第 13 條　票據領用人妥善保管相關票據，不得將票據折疊、汙損、丟失。

第 14 條　票據領用人不得將票據借給他人或擅自改變用途及使

用限額，否則財務人員不予報銷，由此引發的後果由領用人承擔。

第 15 條　出納人員不得簽發印章齊全的空白支票，確需簽發的應該得到財務經理的批准，並在支票上註明收款單位名稱、款項用途、簽發日期、最高限額及報銷日期，不能確定收款單位名稱的，必須註明簽發日期、最高限額與報銷日期，逾期未用的轉賬支票需及時收回注銷。

第 16 條　出納人員簽發票據時用碳素筆填寫，數字一律採用銀行規定的大寫漢字表示，日期、金額、用途、單位應填寫齊備並加蓋預留銀行印鑑，票據填寫日期必須是支票簽發當日，不得提前或延後，因不按規定填寫被人塗改冒領的，由簽發人負全責。

第 17 條　出納人員不得簽發沒有資金保證的票據或遠期支票，套取銀行信用；不得簽發、取得和轉讓沒有真實交易和債權債務的票據；不得無理拒絕付款或任意佔用他人資金。

第 18 條　為方便企業財務報表的編制，財務部定於每月______日停止簽發票據，各相關票據領用人要安排好票據的使用，提前或延後請簽。

第 3 章　票據的遺失處理與核銷

第 19 條　票據的保管。領用人員必須保管好票據，若不慎遺失，由當時的持票人負全責。

第 20 條　部份票據遺失時的處理方法。

1. 持票人的現金支票不慎丟失時，持票人應立即上報財務部，財務部及時聯繫銀行採取措施。

2. 持票人持有的轉賬支票不慎丟失時，持票人應立即聯繫收款單位請求協助防範。

3. 持票人的銀行匯票若遺失，持票人立即向兌付銀行或簽發銀行請求掛失。銀行不予掛失的，填明收款單位與收款人的銀行匯票，持票人遺失此類銀行匯票時，立即通知收款單位、收款人、兌付銀行、簽發銀行並請求協助。

第 21 條　票據的核銷必須經過相關管理層的批准並指定核銷日期，任何人不得擅自銷毀票據。

第 22 條　票據核銷時由財務經理、審計人員與票據保管員共同審核票據的金額、數量等，確保票據是使用過的或已繳款的，並編制核銷票據登記簿進行記錄。

第 23 條　票據核銷後，票據保管人應蓋上「作廢」章並隨同記賬憑證，按照票據的本號與序號的相應順序裝訂成冊，妥善保存，在保存期之前禁止銷毀。

第 24 條　核銷後的票據保存期限為年，與票據相關的領用憑證、核銷憑證的保存期限不低於 10 年。

第 4 章　票據的結算

第 25 條　業務中使用票據結算時，經手人必須審核票據的內容，確認其為有效票據。具體的審核內容如下。

1. 票據填寫是否清楚。
2. 票據內容是否齊全。
3. 是否在簽發單位處加蓋單位印鑑。
4. 票據上的金額及收款人是否有塗改跡象。
5. 票據是否在有效期內。
6. 有背書的票據其背書是否正確。

第 26 條　使用支票結算時，有效支票的標準內容應該具備以下條件。

1. 收款人名稱是否正確，要求不能寫錯或遺漏一個字。

2. 填寫的日期必須在 10 日以內。

3. 交款企業的財務專用章、企業法人章、財務負責人章齊全、清晰。

4. 支票用碳素筆填寫，內容清晰、無塗改。

5. 支票金額的大小寫一致。

第 27 條　票據背書的規範。

1. 背書要連續，背書粘單上的簽章符合規定，背書人的簽章符合規定。

2. 背書人為個人的身份證件。

3. 背書粘單上必須加蓋企業財務專用章、企業法人章或財務負責人章。

第 28 條　財務部相關人員收到的現金支票、銀行現金本票等要及時存入銀行，當日不能存入銀行的，需請示財務經理後妥善保管，於第二日存入。

第 29 條　若銀行退票，票據業務經手人應立即到簽發單位進行更換，同時企業將對經手人與出納的工作過失進行嚴肅處理。

第 30 條　票據管理員需注意承兌匯票的日期，在到期之前提醒財務經理。承兌匯票到期後，財務經理對匯票進行背書，由出納人員交到銀行委託銀行收款。

第 5 章　票據管理的其他規範

第 31 條　企業票據與印鑑的保管分開，出納員不得保管相關印鑑。

第 32 條　企業在同城結算時可以使用銀行本票。

第 33 條　各種票據的結算日期。

1. 支票的結算日期為出票日起 10 日內。

2. 銀行本票的付款期限為自出票之 13 起最長不超過 2 個月。

3. 銀行匯票的付款期限為自出票之日起 1 個月內。

4. 商業匯票的最長補款期限不超過 6 個月，提示付款期限自匯票到期日起 10 日內。

第 34 條　出納人員離職或調職時，必須辦理移交手續，移交不清的禁止其離職或調職。

五、印章管理制度

第 1 章　總則

第 1 條　為規範企業財務印章管理，減少因印章使用不當給企業帶來的損失，特制定本制度。

第 2 條　本制度適用於涉及使用印章的所有相關人員。

第 2 章　印章的製作、保管、廢止

第 3 條　企業財務相關方面的印章由企業指定的部門統一製作，相關人員嚴禁私自製作印章。

第 4 條　經相關管理人員授權後由行政部負責制作財務方面的印章，印章具體分事項印章、財務專用章與人名章三類。

第 5 條　企業財務方面相關的事項印章由財務部指定專人進行保管，人名章由本人保管或本人授權他人保存，財務專用章由財務總監負責保管，未經授權的人員一律不得接觸、使用印章。

第 6 條　印章的保管人員一律不得將印章轉借他人，否則所造成的後果由印章保管人員負責。

第 7 條　企業總裁可以使用企業的所有印章。

第 8 條　印章保管人若管理不慎使印章遺失、被盜或損毀，需立

即上報行政部，由行政部登記後申明作廢並製作新的印章。

第 9 條　財務部制訂財務方面的印章登記簿，說明印章製作時間、內容、印章發放時間、保管人等。

第 10 條　出納人員要將財務的有關印簽簿交予銀行，當印章變動時要及時與銀行聯繫，更新印簽簿。

第 3 章　印章的使用

第 11 條　使用印章時，使用人必須填寫「印章使用申請單」，說明使用印章的理由、起止時間、印章的種類、材質及申請人等。

第 12 條　印章使用申請單經有關審批後，連同需用印蓋章的文件一同交予印章保管人蓋章。

第 13 條　印章保管人要仔細審核印章使用申請單的事項和相關管理人員的批示，若認為不符合相關規定，可拒絕蓋章。

第 14 條　經授權的印章代理人員使用完印章後，要將蓋章依據與印章使用申請單交予印章管理人進行審核。

第 15 條　企業財務方面的印章原則上不允許帶出，確需帶出企業使用的，必須填寫印章使用申請單說明事由，經總裁批准後方可帶出，由兩人共同使用。

第 16 條　印章使用申請單由各蓋章人員保存，每月月底匯總後交予企業指定部門存檔。

第 17 條　印章保管人在使用完印章後，填寫印章使用登記簿，說明印章使用事由、使用對象、蓋章時間等並由申請人簽字確認。

第 4 章　印章使用的其他規定

第 18 條　印章保管人員離職或調動時，必須將保管的印章及相關文件交割，否則不允許離職或調動。

第 19 條　企業中任何涉及財務印章的使用事項均需按本制度規

定程序執行，嚴禁擅自使用印章。

第 20 條　未經授權，擅自使用企業財務方面印章所造成的後果由使用者與印章保管人共同承擔，後果嚴重者將移交司法機關進行處理。

第四節　案例

【案例 1】現金支票控制的失控

某企業財務人員在一個月內私自用現金支票提取銀行存款多筆，共計 210 萬元，但未在財務賬上體現，於是當月又截留收入 200 萬元，也未在財務賬上體現，這樣操作之後，銀行對帳單的餘額與出納銀行賬的餘額至少出現 10 萬元的差異，於是此財務人員又採取在職工支取備用金時，在現金支票存根聯的金額及財務賬銀行存款上均減少金額 15 萬元，而現金支票的另一聯即實際到銀行支取的現金為 5 萬元。

本案是透過截留收入、收付款項在銀行對帳單上一進一出而不在大賬上體現的方法，將之前多取的 10 萬元進了大財務，個人實際獲得款項 200 萬元。

對於這種情況，透過將企業銀行存款日記賬與銀行對帳單每筆業務進行勾兌即可發現問題。如果編制銀行存款餘額調節表的責任人直接從銀行取得銀行對帳單，並同負責現金收支或編制支付憑證的人員職責分離，調節銀行往來賬時核對銀行帳單上所有的借、貸項記錄和帳戶記錄，審核付訖支票的簽署就可以及時發現情況。

【案例 2】桃園農會主任盜空白支票，險被領走 20 億

桃園市復興區農會最近發生 20 億鉅款冒領案，大園區聯邦銀行下午收到 5 張由復興農會開出合計 20 億元支票，因為總幹事等印章與印鑑不符，銀行未兌現，復興農會和桃園市政府接到銀行通報才驚覺出問題，矛頭指向信用部主任廖學麟涉案，廖知道紙包不住火，傍晚向大溪警分局投案。

桃園市政府農業局長表示，復興區農會信用部主任廖學麟於 105 年 1 月與某育樂開發公司接洽，以開發復興區土地為由，提取復興區農會 11 張空白支票，廖學麟疑似私自偷蓋會計主任印章，偽刻總幹事印鑑，把這些支票交給該公司，初步追查 11 張支票合計開出金額約 45 億元。

農會人員表示，信用部存款連公庫不過 22 億元，支票上總幹事的印章是偽刻很容易被識破，根本領不出來，不解廖學麟為什麼要這麼做，廖在農會服務 26 年，下午事發後隨即請假，並告訴同事沒臉再回農會後就離開，傍晚向大溪警分局投案。

據指出，這家育樂開發公司以開發復興區為由和農會接洽，總幹事請信用部等所屬評估，該公司提到有基金會要存入農會數十億元，但農會以法令不允許拒絕，後來開發案就不了了之，沒想到廖學麟領出 11 張空白支票並發生冒領案。

初步瞭解今天中午有一名身份不明男子到聯邦銀行大園分行，要求兌現 5 張復興區農會支票總金額 20 億元，由於支票的總幹事印鑑不符無法兌現，遭聯邦銀行查扣，並通報桃園市政府與桃園市復興區農會，男子見狀趕緊離開不知去向。

桃園市長指示成立緊急事件處理小組調查，也通報中央主管機關，農業局要求復興區農會立即將廖學麟調離職務，並將全案

移送偵辦。農業局並且對於其他農漁會信用部全面查核。

為避免影響其他善意第三者，農業局已公布這些違法開立的 11 張復興區農會空白支票，號碼為#LM4368430 至#LM4368440，提醒民眾勿受騙上當。

心得欄 ------------------------------------

第三章

採購控制的內部控制重點

第一節　採購的內部控制重點

一、採購的授權批准控制

企業應當建立採購業務的授權制度和審核批准制度，並按照規定的權限和程序辦理採購業務。有條件的企業或企業集團，採購職責權限應當儘量集中，以提高採購效率、堵塞管理漏洞、降低成本和費用。

企業應當建立採購業務的崗位責任制，明確相關部門和崗位的職責、權限，確保辦理採購業務的不相容崗位相互分離、制約和監督。企業採購業務的不相容崗位至少包括：請購與審批；供應商的選擇與審批；採購合約協議的擬訂、審核與審批；採購、驗收與相關記錄；付款的申請、審批與執行。

企業要明確審批人對採購與付款業務的授權審批方式、權限、程序、責任和相關的控制措施，規定經辦人辦理採購與付款業務的職責範圍和工作要求。審批人應當根據採購審核批准制度的規定，在授權範圍內進行審批，不得越權審批。經辦人員應當在職責範圍內，按照審批人的批准意見辦理採購與付款業務。對於審批人超越授權範圍審批的採購與付款業務，經辦人有權拒絕辦理，並及時向審批人的上級授權部門報告。

企業應當按照請購、審批、採購、驗收、付款等規定的程序辦理採購業務，並在採購與付款各環節設置相關的記錄、填制相應的憑證，建立完整的採購登記制度，加強請購手續、採購訂單或採購合約協定、驗收證明、入庫憑證、採購發票等文件和憑證的相互核對工作。

企業可以根據具體情況對辦理採購業務的人員定期進行崗位輪換，防範採購人員利用職權和工作便利收受商業賄賂、損害企業利益的風險。

二、採購的請購控制

企業應建立採購申請制度，依據購置商品或服務的類型，確定歸口管理部門，授予相應的請購權，並明確相關部門或人員的職責權限及相應的請購程序。

企業採購需求應當與企業生產經營計劃相適應，需求部門提出的採購需求，應當明確採購類別、品質等級、規格、數量、相關要求和標準、到貨時間等。有條件的企業應當設置專門的請購部門，對需求部門提出的採購需求進行審核，並進行歸類匯總，統籌安排企業的採購計劃。

一個企業可以根據不同物資的特點設置若干不同的請購制度，並根據不同的請購內容採用相應的控制程序和控制制度。

1. 原材料或零配件購進

對於原材料或零配件購進，一般由生產部門根據生產計劃或即將簽發的生產通知單。材料保管人員接到請購單後，應將材料保管卡上記錄的庫存數同生產部門需要的數量進行比較。只有當企業生產所需材料和倉儲所需後備數量合計已超過庫存數量時，才同意請購。

2. 臨時性物品的購進

臨時性物品的購進，通常由使用者而不需經過倉儲部門直接提出，由於這種需要很難列入計劃中，因此，使用者在請購單上需要描述採購原因，解釋其目的和用途。請購單須由使用者的部門主管審批同意，並須經資金預算的負責人員同意簽字後，採購部門才能辦理採購手續。

3. 經常性服務項目

有同一服務機構或公司所提供的某些經常性服務項目，例如，公用事業、期刊雜誌、保安等服務項目，請購手續的處理通常是一次性的。也就是說當使用者最初需要這些服務時，應提出請購單，由負責資金預算的部門進行審批。

4. 特殊服務項目

特殊服務項目，如保險、廣告、法律和審計服務等，通常需要企業最高負責人審批(有的單位根據公司章程應由董事會或股東大會審批)。可參照過去的服務品質和收費標準，分析由專人提供的需要的內容，包括選定的廣告商、事務所及費用水準等是否合理，經其批准後，這些特殊服務項目才能進行採購。

5. 資本支出和租賃合約

資本支出和租賃合約，單位通常要求作特別授權，只允許指定人員提出請購。對重要的、技術性較強的，應當由專家進行論證，實行集體決策和審批，防止出現決策失誤而造成嚴重損失。

三、採購的審批制度

企業應當建立嚴格的請購審批制度。對於超預算和預算外採購項目，應當明確審批權限，由審批人根據其職責、權限以及企業實際需要對請購申請進行審批。有關的審批人應當按照規定的權限，依據單位預算、實際需要、市場供應等情況審批請購需求。對不符合規定的請購申請，審批人應當要求請購人員調整採購內容或拒絕批准。

在單位所有採購中，申請必須先由領用部門主管簽字批准。採購部門應當負責檢查採購申請書上的申請項目是否屬於該主管職權範圍內的，即該主管有權審核、批准的項目。超過限額的大宗採購應由管理層集體決策、審批後，再交採購部門執行。

四、採購的驗收控制

企業應當建立採購與驗收環節的管理制度，對採購方式確定、供應商選擇、驗收程序及計量方法等做出明確規定，確保採購過程的透明化以及所購商品在數量和品質方面符合採購要求。

企業應當根據規定的驗收制度和經批准的訂單、合約協定等採購文件，由專門的驗收部門或人員、採購部門、請購部門以及供應商等各方共同對所購物品或服務的品種、規格、數量、品質和其他相關內容進行驗收，出具檢驗報告、計量報告和驗收證明。

對驗收過程中發現的異常情況，負責驗收的部門或人員應當立即向有關部門報告；有關部門應當查明原因，及時處理。

貨物驗收不能流於形式，不僅要關注貨物的數量，更要注意其品質，從貨物的外觀到其內部性能均應進行檢驗，對於大批量非常貴重的貨物可以採取抽樣的方式，對驗收過的貨物作必要的記錄，已驗和未驗的貨物要分別存放，驗收完畢正常貨物應交由倉管員或相關人員進行記錄、保管或使用，有異常的貨物作專項處理。

貨物的驗收應由獨立於請購、採購和會計部門的人員來承擔，其職責是檢驗收到的貨物的數量和品質。貨物驗收制度一般應包括以下內容。

1. 待收貨

貨物驗收人員在採購部門交來已核准的訂購單時，按供應商、交貨日期分別依序排列，並於交貨前安排存放的庫位以方便貨物作業。

2. 貨物驗收

貨物進單位後，貨物驗收人員應會同檢驗單位依裝箱單、訂購單、合約等採購文件對貨物名稱、規格進行驗收，並清點數量或過磅、測量重量，並將到貨日期計算及實收數量填入訂購單。同時，驗收人員填寫驗收報告單並在上面簽字。

驗收中如發現所載的貨物與裝箱單、訂購單或合約所載內容不符的，應通知辦理採購的人員及採購部門進行處理。

驗收過程發現貨物有傾覆、破損、變質、受潮等異常情況而且達到一定程度時，驗收人員應及時通知採購人員聯絡公證處前來公證或通知代理商前來處理，並盡可能維持其狀態以利公證作業。

對於由公證或代理商確認、驗收人員開立的索賠處理單呈主管核實後，送會計部門及採購部門督促辦理。

3. 超交處理

貨物交貨數量超過訂購量部份應予退回，但屬自然溢餘的，由貨物管理部門在收貨時在備註欄註明自然溢餘數量或重量，經請購部門主管同意後進行收貨，並通知採購人員。

4. 短交處理

交貨數量未達到訂購數量時，以要求補足為原則，由驗收人員所在貨物管理部門通知採購部門聯絡供應商處理。

5. 急用品收貨

緊急貨物到達單位，若尚未收到請購單，驗收人員應先詢問採購部門，確認無誤後，按收貨作業辦理。

6. 貨物驗收規範

品質管理部門應當就貨物的重要性及特性等，適時召集使用部門及其他有關部門，按照所需貨物研究制定「貨物驗收規範」作為採購及驗收的依據。

7. 貨物檢驗結果處理

⑴合格品

檢驗合格的貨物，檢驗人員於外包裝上貼上「合格」標籤，以示區別。貨物管理部門人員再將合格品入庫定位。

⑵不合格品

驗收不合標準的貨物，檢驗人員於貨物包裝上貼上「不合格」標籤，並在「材料檢驗報告單」上註明不合格原因，經主管核實處理後轉給採購部門處理並通知請購單位，再送回貨物管理部門憑此辦理退貨。

8. 退貨作業

對於檢驗不合格的貨物退貨時，應開立「貨物交運單」並附「貨物檢驗報單」呈主管審核批准後，作為異常貨物辦理退貨。

五、採購的付款控制

採購付款業務與企業的採購業務密切相關，採購付款的控制也相應涉及採購、驗收與儲存、財會等部門。健全、有效的採購付款內部會計控制制度應包括以下內容：

財會部門應當參與商定對供應商付款的條件。企業採購部門在辦理付款業務時，應當對採購合約協議約定的付款條件以及採購發票、結算憑證、檢驗報告、計量報告和驗收證明等相關憑證的真實性、完整性、合法性及合規性進行嚴格審核，並提交付款申請，財務部門依據合約協議、發票等對付款申請進行覆核後，提交企業相關權限的機構或人員進行審批，辦理付款。

企業應當建立預付賬款和定金的授權批准制度，加強預付賬款和定金的管理。企業應當加強對大額預付賬款的監控，定期對其進行追蹤核查。對預付賬款的期限、佔用款項的合理性、不可收回風險等進行綜合判斷；對有疑問的預付賬款及時採取措施，儘量降低預付賬款資金風險和形成損失的可能性。

企業應當加強應付賬款和應付票據的管理，由專人按照約定的付款日期、折扣條件等管理應付款項。企業應當定期與供應商核對應付賬款、應付票據、預付賬款等往來款項。如有不符，應當查明原因，及時處理。

企業應當建立退貨管理制度，對退貨條件、退貨手續、貨物出庫、退貨貨款回收等做出明確規定，及時收回退貨貨款。

六、付款的單據審核

企業財會部門在辦理付款業務時，應當對採購發票、結算憑證、驗收證明等相關憑證的真實性、完整性、合法性及合規性進行嚴格審核。

應對原始憑證的正確性進行審核，即審核原始憑證的摘要和數字是否填寫清楚、正確，數量、單價、金額的計算有無錯誤，大寫與小寫金額是否相符等。

單位財會部門對於經審核完全符合真實性、完整性、合法性及合規性要求的採購發票、結算憑證、驗收證明等相關憑證才能據以付款；對於審核中發現有問題的上述原始憑證應採取以下方法進行處理：對於不真實、不合法的原始憑證有權不予接受，並應當報告單位負責人；對記載不準確、不完整的原始憑證予以退回，並要求有關業務事項的經辦人按統一會計制度規定更正、補充，待內容補充完整、手續完備後，再予以辦理。

1. 真實性審核

真實性審核是指審核原始憑證本身是否真實，以及原始憑證反映的業務事項是否真實兩個方面，即確定原始憑證是否虛假、是否存在偽造或者塗改等情況，核實原始憑證所反映的業務是否發生過、是否反映了業務事項的本來面目等。

2. 合法性審核

合法性審核是審核原始憑證所反映的業務事項是否符合有關法律、法規、政策和統一會計制度的規定，等等。

3. 合規性審核

合規性審核是指審核原始憑證是否符合有關規定，如是否符合預算，是否符合有關合約規定，是否符合有關審批權限和手續，以及是否符合單位的有關規章制度，有無違章亂紀、弄虛作假現象，等等。

4. 完整性審核

完整性審核是根據原始憑證所反映的基本內容的要求，審核原始憑證的內容是否完整，手續是否齊備，應填寫的項目是否齊全，填寫方式、填寫形式是否正確，有關簽章是否正確齊全等。

七、付款的退貨管理制度

企業應當建立退貨管理制度，對退貨條件、退貨手續、貨物出庫、退貨貨款回收等做出明確規定，及時收回退貨貨款。

1. 退貨條件

企業應該建立各種貨物的驗收標準。驗收標準必須在採購合約中加以明確規定，不符合驗收標準的貨物為不合格貨物。不合格貨物應辦理退貨。

對於數量上的短缺，採購人員應該與供應商聯繫，要求供應商予以補足，或價款上予以扣減。對於品質上的問題，應該首先通知使用部門不能使用該批貨物，與使用部門、品質部門、相關部門聯繫，決定是退貨還是要求供應商給予適當的折扣。經採購部經理審閱、財務總監審核、總裁審批後與供應商聯繫退貨事宜。

2. 退貨手續

檢驗人員對於檢驗不合格的貨物，應貼上「不合格」標籤，並在「貨物檢驗報告」上註明不合格的原因，經主管審核後轉給採購部門處理並通知請購單位。

3. 貨物出庫

當決定退貨時，採購部門應編制退貨通知單，並授權運輸部門將貨物退回，同時，將退貨通知單副本寄給供應商。運輸部門應於貨物退回後，通知採購部門和會計部門。

4. 退貨貨款回收

採購部門在貨物退回後，應當編制借項憑單，其內容包括退貨的數量、價格、日期、供應商名稱以及金額等。借項憑單應由獨立於購貨、運輸、存貨職能的人員檢查。會計部門應根據借項憑單來調整應付賬款或辦理退貨貨款的回收手續。

八、付款的賬款控制

企業應當加強應付賬款和應付票據的管理，由專人按照約定的付款日期、折扣條件等管理應付款項。已經到期的應付款項須經有關授權人員審批後方可辦理結算與支付。

1. 應付賬款的控制

應付賬款是單位因購買材料、商品、物資或接受勞務等而應付給供應商的款項。應付賬款的真實與否對企業財務狀況有較大影響。同時，債務人的應付賬款即為債權人的應收賬款，任何應付賬款的不正確記錄和不按時償還債務，都會導致債權人和債務人的債務糾紛。因此，應加強應付賬款的管理和控制。應付賬款的內部控制應包括下列內容：

(1)應付賬款必須由專人管理

應付賬款的管理和記錄必須由獨立於請購、採購、驗收付款職能以外的人員專門負責，實行不相容崗位的分離。應按付款日期、折扣條件等規定管理應付賬款，以保證採購付款內部控制的有效實施，防止欺詐、舞弊及差錯的發生。

⑵**應付賬款的確認和計量應真實、可靠**

應付賬款的確認和計量必須根據審核無誤的各種必要的原始憑證。這些憑證主要是供應商開具的發票、驗收部門的驗收證明、銀行轉來的結算憑證等。負責應付賬款管理的部門人員必須審核這些原始憑證的真實性、合法性、完整性、合規性及正確性。

⑶**應付賬款必須及時登記**

負責應付賬款記錄人員應當根據審核無誤的原始憑證及時登記應付賬款明細賬。應付賬款明細賬應分別按照供應商進行明細核算，在此基礎上還可以進一步按購貨合約進行明細核算。

⑷**及時沖抵預付賬款**

企業在收到供應商開具的發票以後，應該沖抵預付賬款。

⑸**正確確認、計量和記錄折扣與折讓**

企業應當將可享受的折扣和可取得的折讓按規定的條件加以確認、計量和記錄，以正確確定實際支付的款項。防止單位可獲得的折扣和折讓被隱匿和私吞。

⑹**應付賬款的授權支付**

已到期的應付賬款應當及時支付，但必須經有關的授權人員審批後才能辦理結算與支付。

⑺**應付賬款的結轉**

應付賬款總分類賬和明細分類賬應按月結賬，並相互核對，出現差異時，應編制調節表進行調節。

(8)**應付賬款的檢查**

按月向供應方取得對帳單、與應付賬款明細賬或未付憑單明細表相互調節，若有差異應查明發生差異的原因。如果追查結果表明本單位無會計記錄錯誤，則應及時與債權人取得聯繫，以便調整差異。從供應商取得對帳單並進行核對調節的工作應當由會計負責人或其授權的、獨立於登記應付賬款明細賬的人員辦理，以貫徹內部牽制的原則。

2. 應付票據的控制

應付票據是單位採用商業匯票結算方式進行延期付款交易時簽發、承兌的尚未到期的商業匯票。商業匯票簽發後，承兌單位具有到期無條件付款的責任。其控制制度主要有以下方面：

(1)票據的簽發必須經兩個或兩個以上的人員的批准。

(2)設置應付票據賬簿，並認真做好應付票據的核算工作。票據的登記人員不得兼管票據的簽發。

(3)專人管理空白、作廢、已付訖退回的商業匯票。

(4)設置獨立於票據記錄之外的人員定期核對應付票據。

(5)指定專人覆核票據的利息核算。

(6)應付票據要定期與訂貨單、驗收單、發票進行核對。

(7)應付票據要按照號碼順序保存。

企業應當建立預付賬款和定金的授權批准制度，加強預付賬款和定金的管理。防止利用預付賬款進行詐騙和營私舞弊等行為的發生。

第二節　採購的內部控制流程與說明

一、請購的審批流程

1. 請購的審批業務流程圖

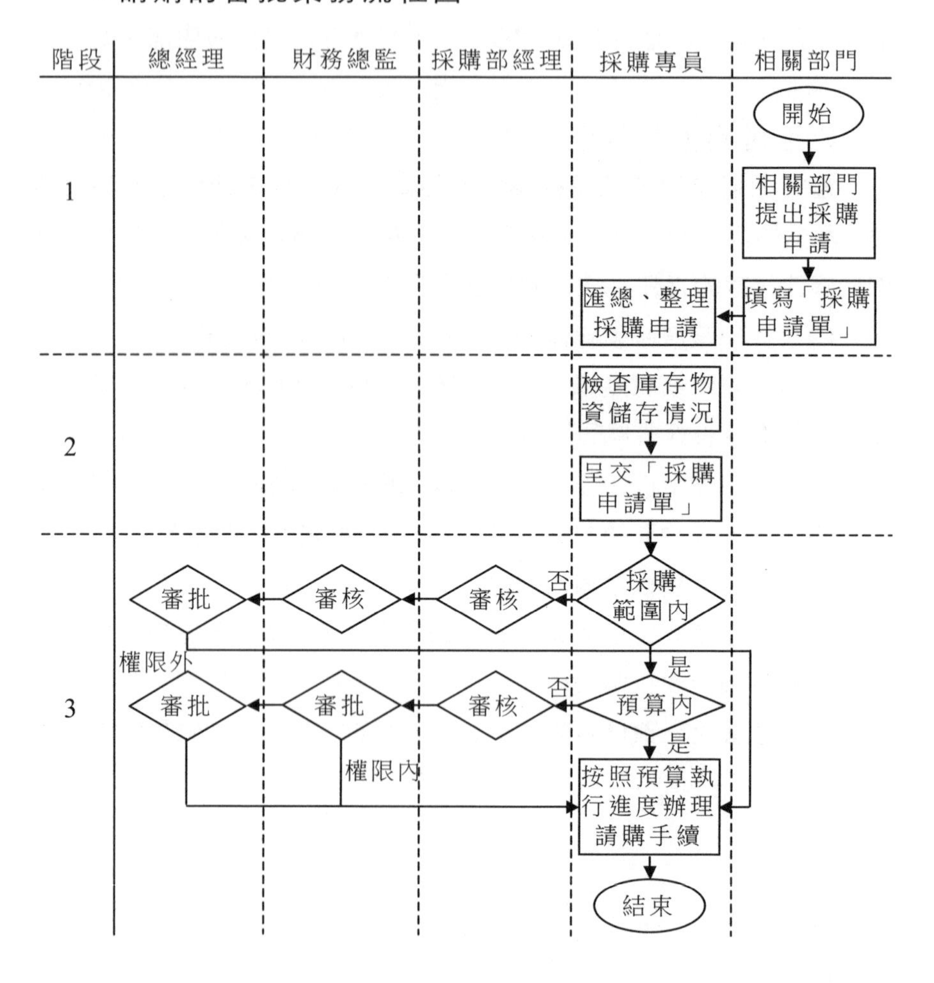

2. 請購的審批業務流程控制表

階段	說　明
1	1. 生產部和倉儲部等物資需求部門根據企業相關規定及實際需求提出採購申請 2. 請購人員應根據庫存量基準、用料預算及庫存情況填寫「採購申請單」，需要說明請購物資的名稱、數量、需求日期、品質要求以及預算金額等內容
2	3. 採購部核查採購物資的庫存情況，檢查該項請購是否在執行後又重覆提出，以及是否存在不合理的請購品種和數量 4. 如果採購專員認為採購申請合理，則根據所掌握的市場價格，在「採購申請單」上填寫採購金額後呈交相關審批
3	5. 如果採購事項在申請範圍之外的，應由採購部經理、財務總監逐級審核，最終由總經理審批；如果採購事項在申請範圍之內但實際採購金額超出預算的，經採購部經理審核後，財務總監和總經理根據審批權限進行採購審批；在採購預算之內的，採購部按照預算執行進度辦理請購手續 6. 採購專員按照審批後的「採購申請單」進行採購

二、採購的預算業務流程

1. 採購的預算流程圖

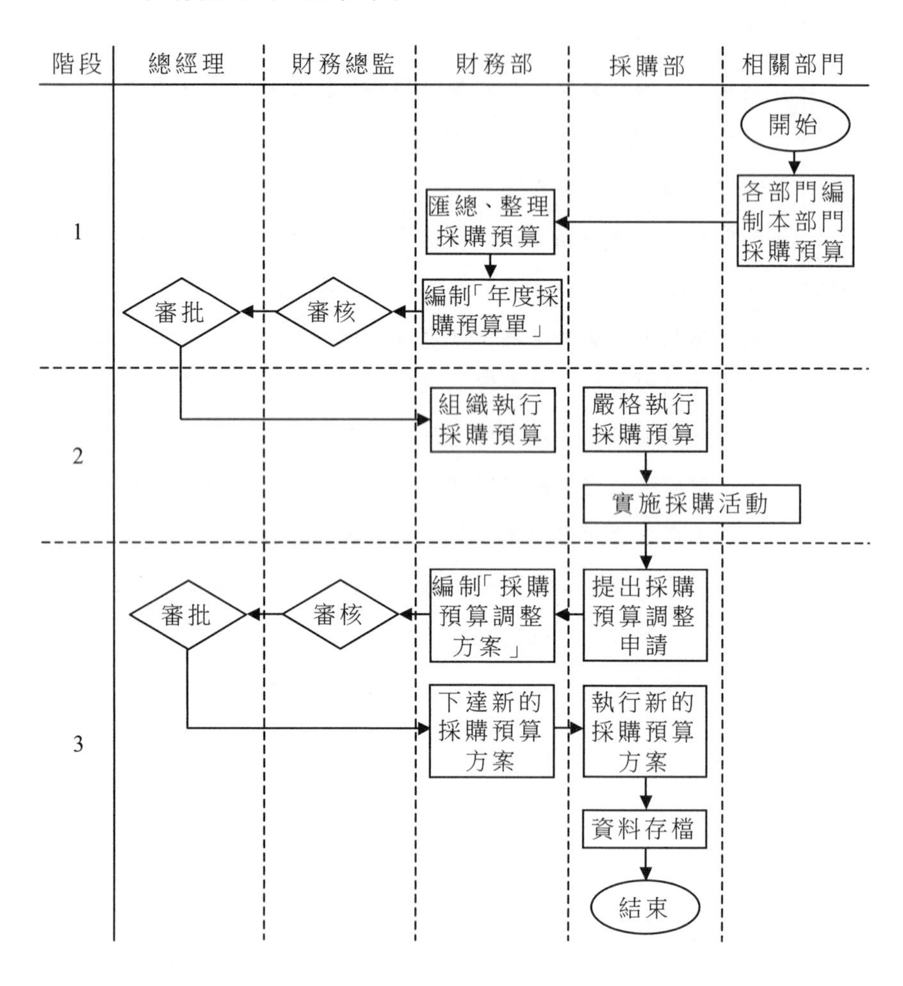

2. 採購的預算業務流程控制表

階段	說　明
1	1. 各生產單位根據年度營業目標預測生產計劃，據此編制年度物資需求計劃，並編制採購預算；倉儲部根據企業相關規定和生產用料計劃編制採購預算；研發部、行政部根據實際需求編制採購預算 2. 財務部預算專員負責匯總、整理各部門提交的採購預算 3. 財務部預算專員根據上一年度材料單價、次年度匯率、利率等各項預算基準編制企業「年度採購預算表」，財務部經理簽字確認後，報財務總監審核、總經理審批後嚴格執行
2	4. 請購部門根據實際需求提出採購申請，採購部採購專員應根據市場價格填寫採購金額，依據企業相關規定以及生產需求情況，判斷採購是否合理。如果採購申請合理，提交相關審批；不合理的採購申請，則退回請購部門
3	5. 調整採購預算的原因包括超範圍採購或超預算採購兩種。由於市場環境變化，如採購物資的價格上漲，導致實際採購金額超出採購預算或生產突發事件導致採購預算外支出等。此時，採購部必須提出採購預算調整申請，即追加採購預算 6. 財務部接到採購部的預算調整申請後，根據實際情況，參照企業的相關規定進行核對，並編制採購預算調整方案，提交財務總監審核、總經理審批

三、採購的業務招標流程

1. 採購的業務招標流程圖

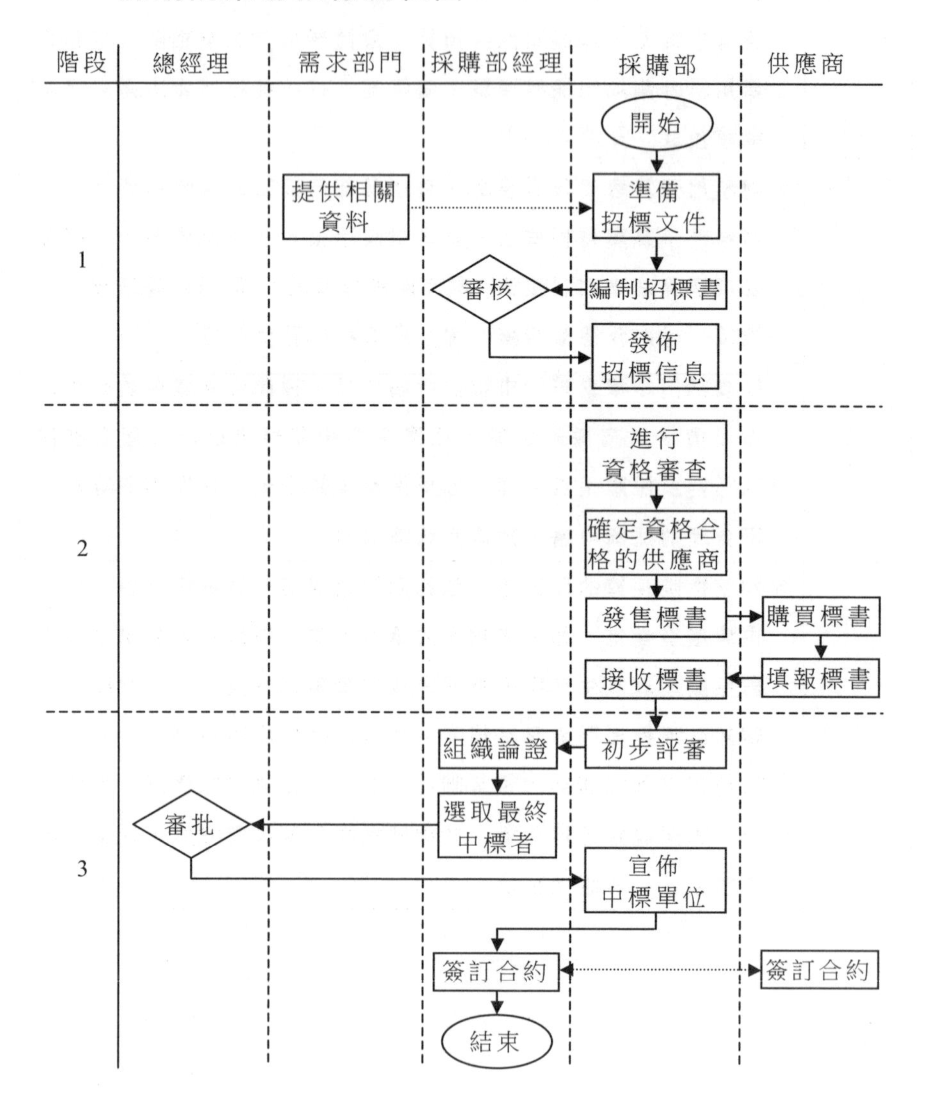

2. 採購的業務招標流程控制表

階段	說　明
1	1. 對需要進行招標的採購業務，採購部準備採購招標文件，編制《採購招標書》，報採購部經理審核 2. 採購部發佈招標信息，包括招標方式、招標項目(含名稱、用途、規格、品質要求及數量或規模)、履行合約期限與地點、投標保證金、投標截止時間及投標書投遞地點、開標的時間與地點、對投標單位的資質要求以及其他必要的內容
2	3. 採購部收到供應商的資格審查文件後，對供應商資質、信譽等方面進行審查 4. 採購部透過審查供應商各方面指標確定合格的供應商 5. 採購部向合格的供應商發售標書，供應商填寫完畢後遞交到採購部
3	6. 採購部對供應商的投標書進行初步審核，淘汰明顯不符合要求的供應商 7. 採購部經理組織需求部門、技術部門、財務部門等相關人員或專家對篩選透過的投標書進行論證，選出最終的中標者 8. 最終中標者經總經理簽字確認後，由採購部相關人員宣佈中標單位 9. 採購部經理代表招標方簽訂《採購合約》

四、採購的供應商評選流程

1. 供應商的評選流程圖

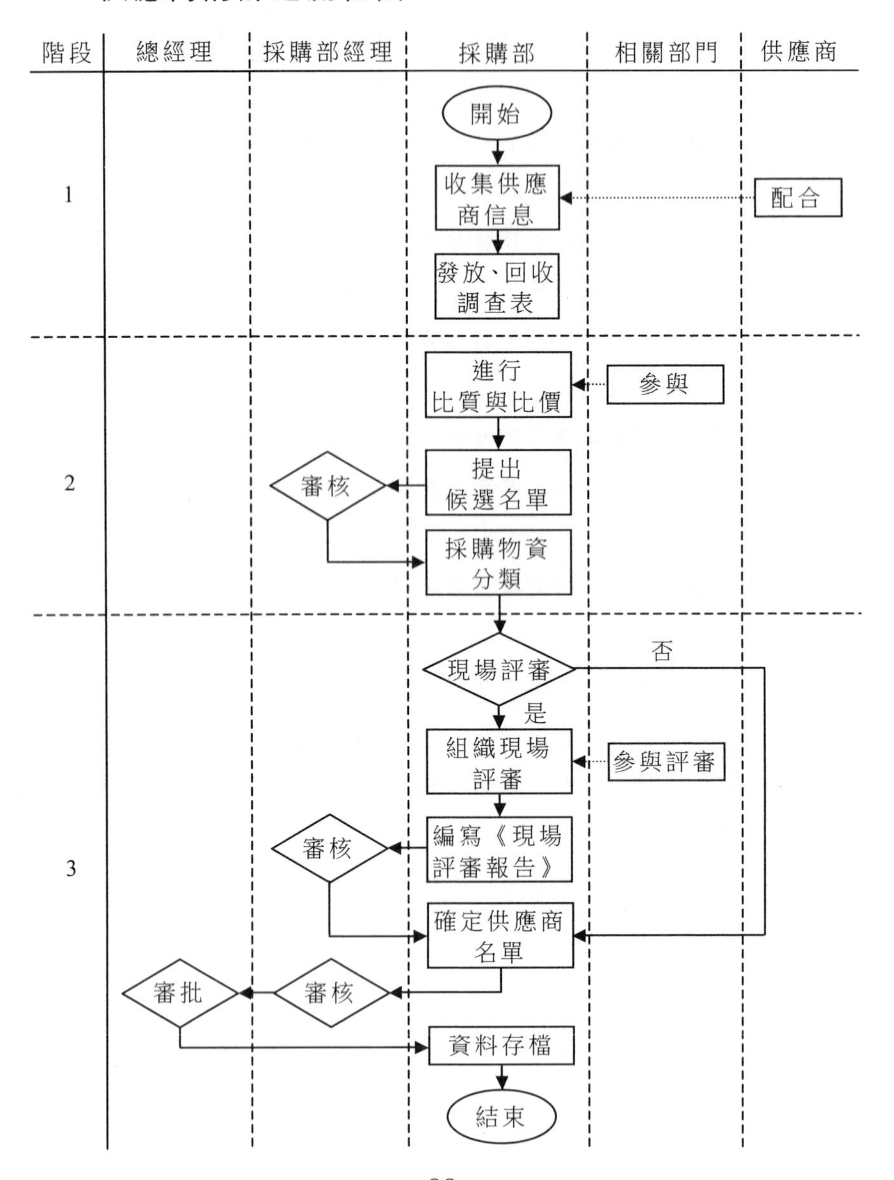

2. 供應商的評選流程控制表

階段	說　明
1	1. 採購部透過不同途徑，如面談、調查問卷等收集供應商信息，主要包括供應商信譽、供貨能力等方面的信息
2	2. 採購部和使用部門依據收集到的供應商信息，參照企業比質、比價採購制度等相關文件，對供應商進行比質與比價 3. 採購部根據比質與比價結果，參照供應商選定標準，提出候選供應商名單，報採購部經理審核
3	4. 採購部透過採購物資的分類，根據實際需要，判斷是否需要組織現場評審。需要進行現場評審的，採購部組織現場評審，請購部門、生產部門、財務部門、倉儲部門以及質檢部門等相關部門參與；對無需現場評審的供應商，可直接提出其等級排序名單 5. 現場評審後，採購部匯總評價結果，並編寫《現場評審報告》 6. 採購部根據採購部經理的審核結果確定供應商名單，並報採購部經理審核、總經理審批

五、採購的驗收業務流程

1. 採購的驗收業務流程圖

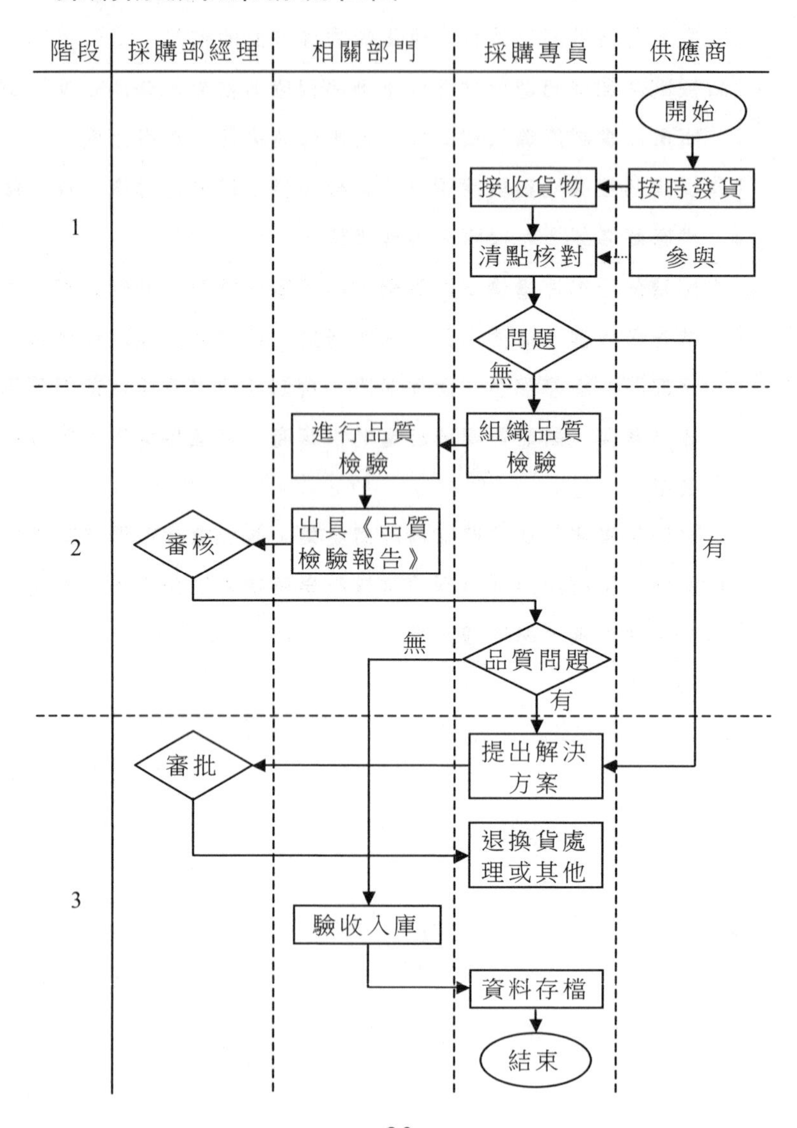

2. 採購的驗收業務流程控制表

階段	說　明
1	1. 根據採購合約的相關規定，供應商按時發貨，採購專員接到供應商「發貨通知單」後準確接收貨物 2. 採購專員依據採購合約、訂單等，與供應商的「送貨單」進行核對，核對項目主要包括採購貨物的品種、規格、數量等
2	3. 清點核對如不存在問題，採購專員組織質檢部和使用部門的人員進行品質檢驗，看是否符合合約、訂單要求以及生產技術要求等，品質檢驗完畢後質檢部出具《品質檢驗報告》，送採購部經理審核
3	4. 若檢驗報告顯示貨物存在品質問題，採購部經理組織採購專員進行處理。採購專員則依據合約、訂單規定提出具體解決辦法，報採購部經理審批後，聯繫供應商進行退換貨處理；若在貨物數量的清點核對階段出現問題，採購專員應根據合約、訂單規定提出解決辦法，報採購部經理審批後，及時聯絡供應商 5. 經品質檢驗，若所購貨物不存在品質問題，則由倉儲部負責入庫，填寫「入庫單」等，並與財務部協作進行賬務處理

六、特殊採購的處理流程

1. 特殊採購的處理流程圖

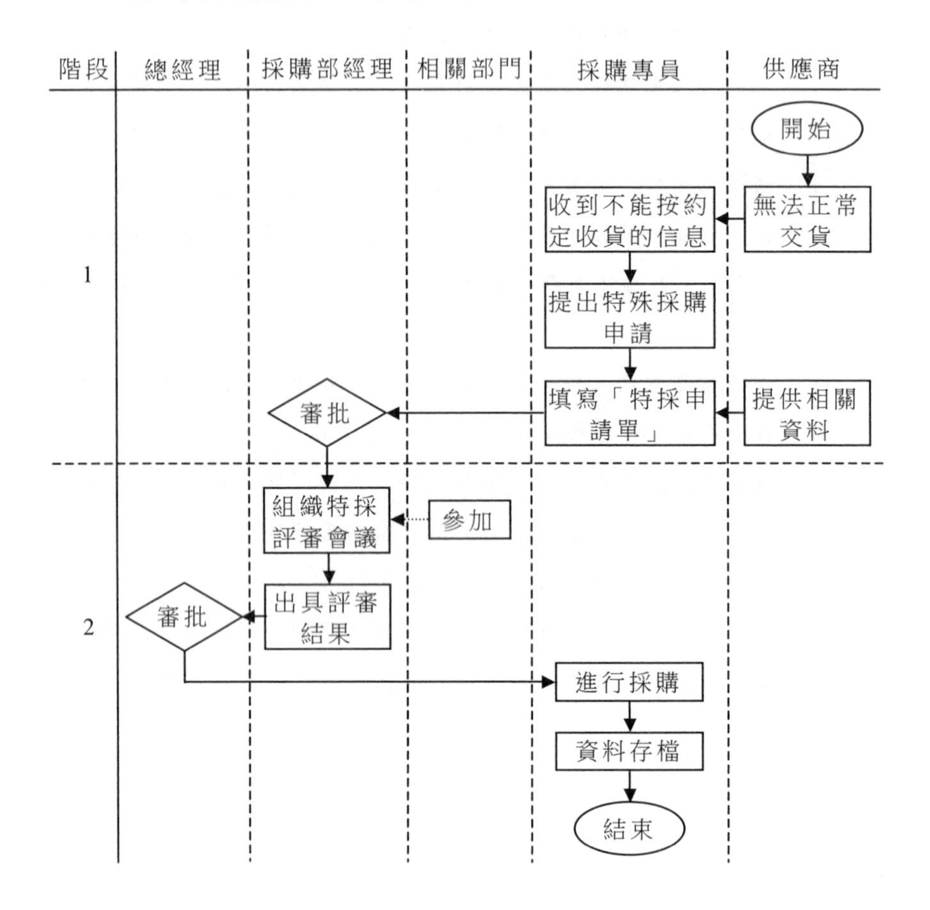

2. 特殊採購的處理流程控制表

階段	說　明
1	1. 當合格供應商發生意外事故不能按時交付物資時，或因物資品質達不到要求，以致不能按正常品質交貨 2. 採購專員在接到相關的信息後，為滿足生產急需可申請特殊採購；或者對於臨時新增供應商的物資，在來不及選擇、評定新的合格供應商時可申請特殊採購 3. 採購專員根據企業相關規定及實際情況，填寫「特採申請單」，並對採購供應商的情況進行瞭解，獲取有關質保能力以及物資品質狀況的必要資料，提交採購部經理。小額零星採購的物資，採購部經理審批即可；涉及關鍵零件或者是金額較大的物資時，需經總經理審批
2	4. 如果採購關鍵零件或者是金額較大的物資，採購部經理應組織特採評審會議，物資使用部門、質檢部、技術部等相關部門參與，並提供建議和意見 5. 採購部經理總結會議內容，出具評審結果，提交總經理審批

七、採購的付款審批業務流程

1. 付款審批的業務流程圖

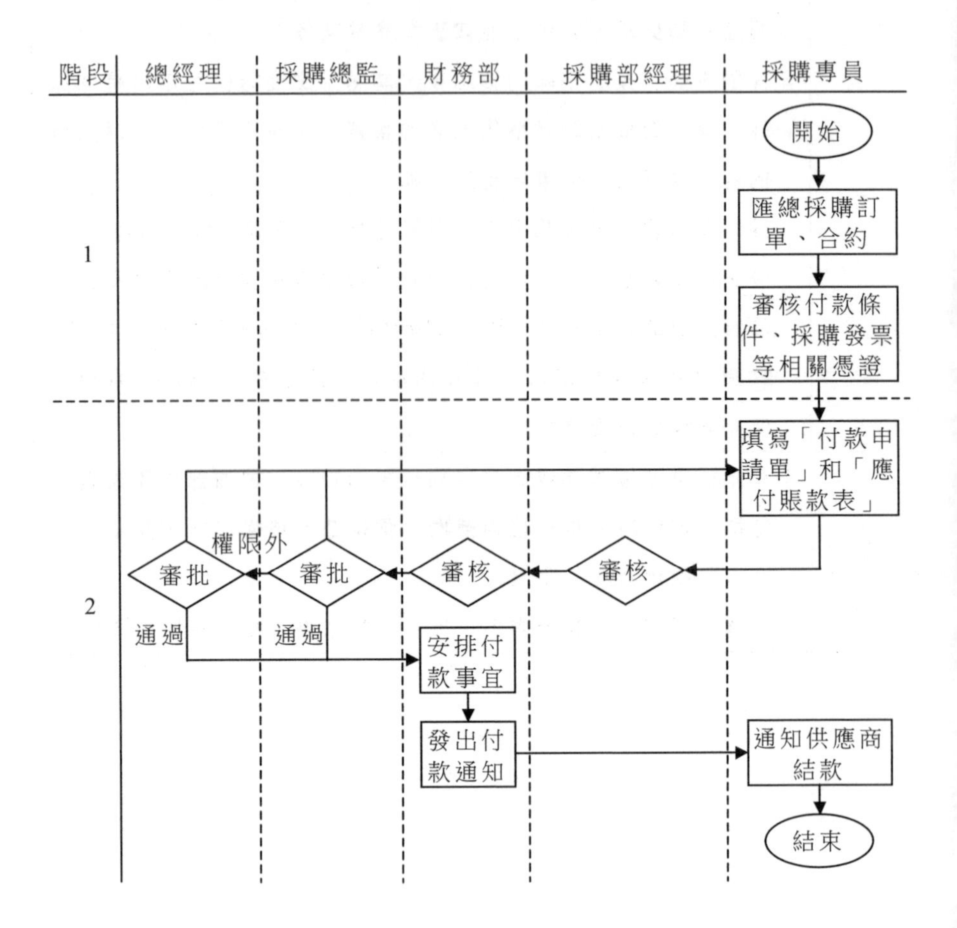

2. 付款審批的業務流程控制表

階段	說　明
1	1. 採購專員定期匯總採購合約及採購訂單，辦理付款業務 2. 採購專員對採購合約約定的付款條件以及採購發票、結算憑證、檢驗報告、計量報告和驗收證明等相關憑證的真實性、完整性、合法性及合規性進行嚴格審核，並核對合約執行情況，匯總應付賬款項
2	3. 採購專員填寫「付款申請單」和「應付賬款表」，提交採購部經理審核，確保數字準確無誤 4. 財務部出納依據採購合約相關協議、發票等對「付款申請單」進行覆核後，提交採購總監和總經理根據權限進行審批，辦理付款

八、採購的預付賬款控制流程

1. 採購的預付賬款控制流程圖

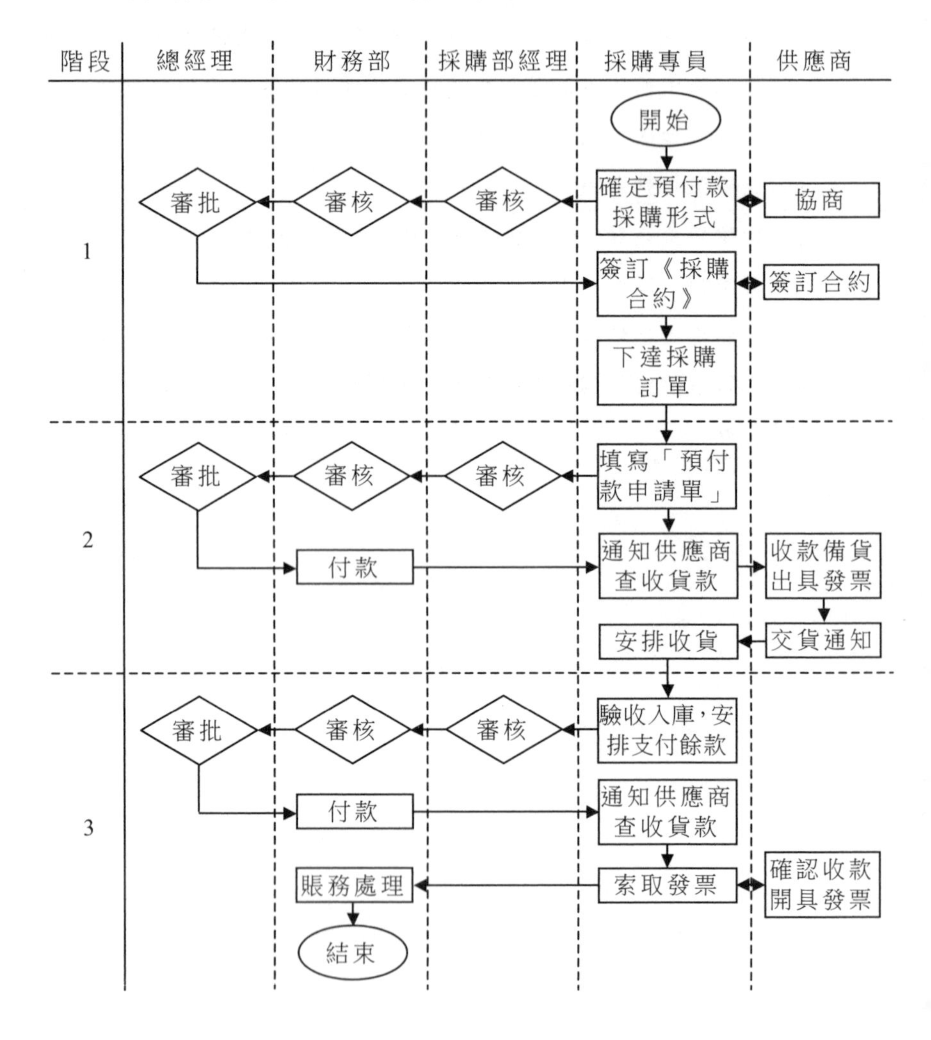

2. 預付賬款控制流程表

階段	說　明
1	1. 採購專員與選定的供應商就採購方式、付款方式、採購項目、貨品價格等進行協商、談判，雙方達成一致意見後，確定採購付款方式為預付款，交採購部經理和財務部審核、總經理審批後簽訂採購合約 2. 採購專員根據企業生產、經營的實際需求發出採購訂單，詳細說明採購貨品的數量、品質要求、技術指標要求、價格、交貨日期等內容
2	3. 採購專員依據採購訂單情況，計算預付款數額，填寫「預付款申請單」，交採購部經理、財務部審核，總經理審批 4. 財務部出納按照相應程序將貨款劃入供應商帳戶，保存好匯款或付款憑證，同時告知採購專員
3	5. 經驗收確定貨品不存在品質等問題後，採購專員根據合約規定安排支付剩餘貨款，填寫「應付賬款單」，上報採購部經理、財務部審核，總經理審批 6. 總經理審批後，財務部按照相應程序付款，保存付款憑證，由採購專員通知供應商查收貨款並索取發票 7. 財務部會計接到發票，進行會計記錄、做賬，同時保存相關憑證

九、採購的退貨業務流程

1. 採購的退貨業務流程圖

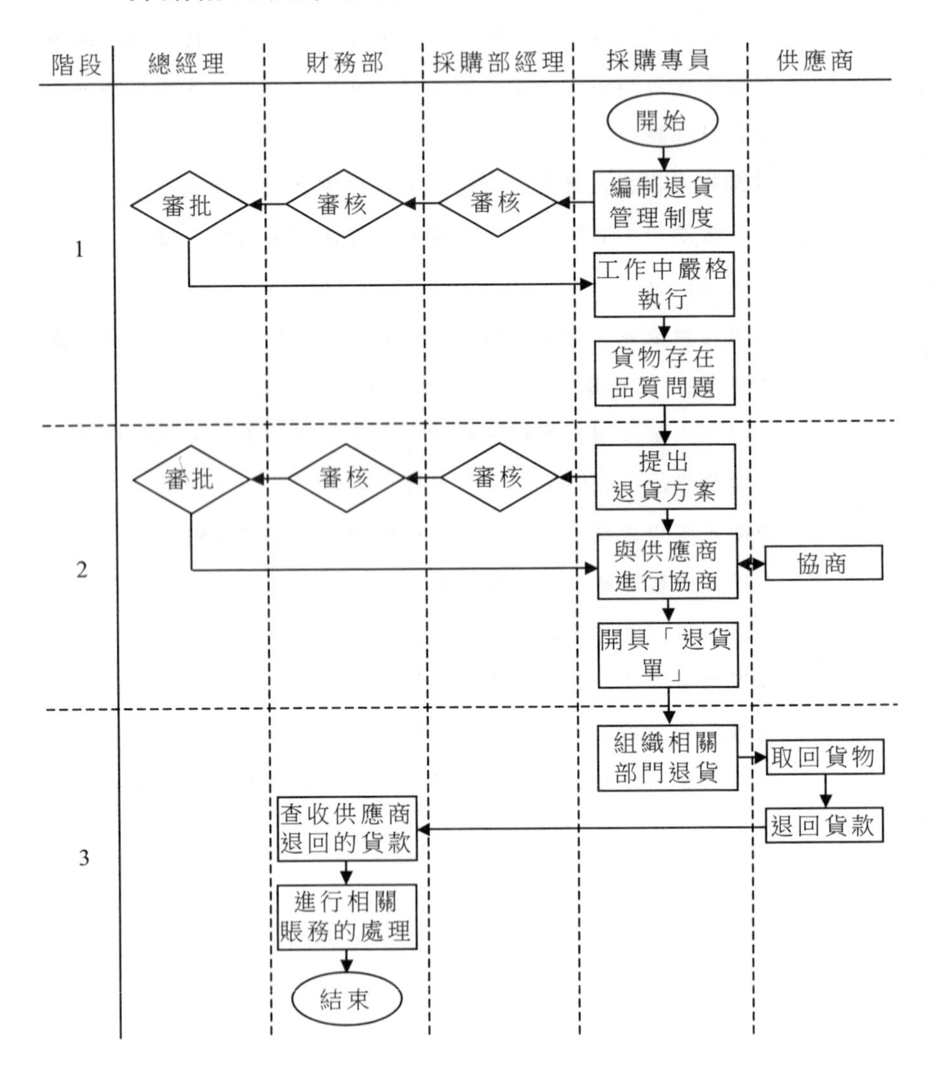

2. 採購退貨業務流程控制表

階段	說　明
1	1. 採購專員依據企業相關規定及採購貨物的性質、特點與常見供應商供貨問題等編制退貨管理制度，明確退貨條件、退貨手續、貨物出庫以及退貨款項回收等內容，經總經理審批後嚴格執行 2. 採購專員進行清點核對，數量無誤後組織質檢部進行品質檢驗；若貨物存在品質問題，辦理相關的退貨事宜
2	3. 採購的貨物存在品質問題時，採購專員依據企業相關規定及貨物的實際情況提出具體的退貨方案，上報採購部經理和財務部審核、總經理審批 4. 採購專員根據審批的退貨方案，與供應商進行協商，確定具體的退回、賠償事宜 5. 採購專員根據協商結果，開具「退貨單」，組織運輸部或倉儲部退貨
3	6. 供應商核對信息後，取回不合格的貨物 7. 根據協商結果，退回退貨貨款和賠償金額 8. 財務部出納查收供應商退貨的退貨貨款以及賠償金額，同時告知採購專員 9. 財務部會計根據企業相關規定，對退貨款項進行賬務處理

第三節　採購的內部控制辦法

一、採購的授權審批制度

第 1 條　目的。

為明確審批人對採購與付款業務的授權批准方式、權限、程序、責任和相關控制措施，規定經辦人辦理採購與付款業務的職權範圍和工作要求，特制定本制度。

第 2 條　進行授權審批。

採購業務中審批人應當在授權範圍內進行審批，不得超越審批權限。

第 3 條　嚴禁未經授權的機構或人員辦理採購與付款業務。

1. 採購員應在職權範圍內，經審批人批准辦理採購與付款業務。

2. 對於審批人超越授權範圍審批的採購與付款業務，採購員有權拒絕辦理，並及時向審批人的上級授權部門報告。

第 4 條　專家論證適用情形。

對於重要和技術性較強的採購業務，採購部應當組織專家進行論證，實行集體決策和審批，防止決策失誤而造成嚴重損失。

第 5 條　請購。

使用部門、倉儲部門及其他相關部門根據企業採購預算、實際經營需要等提出採購申請，經部門負責人簽字後，及時向採購部門提出採購申請。

第 6 條　審批。

採購經理、財務總監、總裁根據規定的職責權限和程序對採購申請進行審核、審批。

1. 採購預算內採購額在＿＿＿＿萬元以內的，由採購經理審批；年購額在＿＿＿＿萬～＿＿＿＿萬元的，由財務總監審批；年購額在萬元以上的，財務總監審核，總裁審批。

2. 採購預算及計劃外採購項目均由財務總監審核，總裁審批。

3. 對不符合規定的採購申請，審批人應當要求請購人員調整採購內容或拒絕批准。

第 7 條　採購。

1. 採購經理根據經過審批的採購申請組織採購員進行採購。

2. 採購員進行市場調查，進行比質、比價，擬定供應商名單，經採購經理審核並提出參考意見，交給總裁最終確定合格供應商名單。

3. 採購部根據合格供應商名單進行採購談判，採購員擬定採購合約後，交採購經理審初閱，報相關負責入審批後簽訂購貨合約。

⑴採購計劃範圍內金額在＿＿＿＿萬元以內的採購項目合約，由財務部審核後交採購部簽訂購貨合約即可。

⑵採購計劃範圍內金額在＿＿＿＿萬元～＿＿＿＿萬元的採購項目合約，須交財務部審核、財務總審批後交採購部簽訂購貨合約。

⑶採購計劃範圍內金額在＿＿＿＿萬元以上的採購項目合約，經財務總監審核、總裁審批後交採購部簽訂合約。

⑷採購計劃外的所有採購項目合約，須由財務部核對後，交財務總監審核、總裁審批後，簽訂購貨合約。

第 8 條　驗收。

品質管理部門根據企業有關驗收規定對採購的商品進行驗收，對於在驗收中發現的問題應及時報告採購部門，採購員根據驗收情況進行辦理。

1. 驗收過程中出現的採購商品或勞務數量不符合企業規定的情況，採購員需提出解決方案，報採購經理審批。

2. 採購的商品存在重大品質問題，採購經理須組織管理層人員、品質管理部、財務部等部門開會共同討論解決，解決方案報總裁審批後，採購部負責處理。

第 9 條　付款。

1. 財務部應付賬款會計對採購業務的各種原始憑證進行審核，具體審核採購的各種單據和憑證是否齊備，內容是否真實，手續是否齊全，計算是否正確。

2. 應付賬款在______萬元以內的，由財務總監審批；應付賬款在萬元以上的，由總裁審批。

3. 預付款與定金在萬元以內的，財務部負責人審批即可；在______萬元～______萬元的，報財務總監審批；在______萬元以上的，由總裁審批。

4. 審核無誤後交財務部應收賬款會計開具付款憑證，交出納辦理貨款支付，並通知採購員聯繫供應商。

第 10 條　賬務處理。

1. 財務部在採購單據齊全的情況下，按照《會計核算規定》及時、準確地編制記賬憑證。

2. 將請購單、訂購單、驗收單、外購物資入庫單、專用發票以及進口物資的報關單等憑證附在記賬憑證的後面，如憑證資料較多，也可另外裝訂成冊，註明索引號後存檔。

3. 每月應根據記賬憑證準確、及時地登記入「存貨」及「貨幣資金」、「應付賬款」分類明細賬中。

第 11 條　對賬。

1. 財務部門應於每月末與供應商進行貨款結算的核對。

2. 取得供應商對帳單，審核其餘額與企業「應付賬款」餘額是否一致，在考慮買賣雙方在收發貨物上可能存在時間差等因素之後，企業與供應商的月末餘額應保持一致。

二、採購的申請制度

第 1 章　總則

第 1 條　企業為明確商品或勞務採購的申請與審批規範，特制定本制度。

第 2 條　本企業內所有部門的請購，除另有規定外，均依本制度的規定辦理。

第 3 條　責權單位。

1. 採購部負責企業所需物資的採購工作。

2. 財務部負責採購物資的貨款支付工作。

3. 物資使用部門和倉庫部門提出採購申請。

4. 財務總監、總裁根據權限審批採購項目。

第 2 章　請購審批規定

第 4 條　原材料或零配件的請購。

1. 需求部門請購。

⑴ 原材料或零配件由需求部門根據採購計劃或實際經營需要提出請購申請。

⑵ 倉庫材料保管員接到請購單後，查看材料保管卡上記錄的庫存數，將庫存數與生產部門需要的數量進行比較。

⑶ 當生產所需材料和倉庫最低庫存量合計已超過庫存數量時，則

同意請購。

2. 倉儲部門請購。

⑴倉儲部門在庫存材料已達到最低庫存量時提出請購申請。

⑵倉庫主管簽字的請購單需要透過兩方面的審批。

①採購員審查請購單，檢查該項請購是否在執行後又重覆提出，以及是否存在不合理的請購品種和數量。如果採購員認為請購申請合理，則根據所掌握的市場價格，編制採購預算。

②經採購員簽署同意的請購單交財務部進行審核，如果該項請購在經營目標和採購預算範圍內，財務部簽字確認後可交採購部門辦理採購手續。

③採購部應將處理過的請購單歸檔備案。

第 5 條　臨時性商品的請購。

1. 臨時性商品的採購申請由使用部門直接提出。

2. 使用部門需要在請購單上對採購商品作出描述，解釋其目的和用途。

3. 請購單須由使用部門負責人審批同意，並須經財務部、財務總監和總裁簽字後，採購部方可辦理採購手續。

第 6 條　經常性服務項目的請購。

1. 經常性服務項目指的是由同一服務機構或企業所提供的某些經常性服務項目，例如公用事業、期刊雜誌、保安等服務項目。

2. 使用部門需要這些服務時，提出請購單，由財務部、總裁進行審核、審批。

第 7 條　特殊服務項目的請購。

1. 特殊服務項目請購是指保險、廣告、法律和審計等服務採購申請。

2. 總裁、董事會或股東大會進行審議批准。

3. 審議人員參照過去的服務品質和收費標準，分析申請人提供的需要內容，包括選定的廣告商、事務所及費用水準是否合理等，經總裁批准後，這些特殊服務項目才能進行採購。

第 8 條　資本支出和租賃合約。

1. 對於資本支出和租賃合約，應該由經辦部門提出請購，總裁、董事會或股東大會進行決策。

2. 對重要的、技術性較強的請購項目，應當組織專家進行論證、集體決策和審批，防止因決策失誤而造成嚴重損失。

第 3 章　請購單規定

第 9 條　請購單的開列和遞送。

1. 請購單的開列。

⑴ 請購經辦人員應根據庫存量管理基準、用料預算以及庫存情況開立請購單。

⑵ 請購單分為「計劃內採購請購單」和「計劃外採購請購單」。

⑶ 各部門在生產、基建、維護工作中需採購的各類物資、工具、儀器儀錶以及房屋裝修、維修等各類開支，都必須按「計劃內採購請購單」和「計劃外採購請購單」所列內容填報。

⑷ 請購單經使用部門負責人審核後，依請購核准權限報有關簽字批准，並根據內部管理要求編號，送採購部門。

2. 需用日期相同且屬同一供應商提供的統購材料，請購部門應根據請購單附表，以一單多品方式提出請購。

3. 緊急請購時，由請購部門於請購單中註明原因，並加蓋「緊急採購」章。

4. 材料檢驗必須經過特定方式進行的，請購部門應於請購單上註明要求。

5. 物料管理部門按月依耗用狀況，並考慮庫存情況填制請購單，提出請購申請。

第 10 條　免開請購單部份。

1. 總務性用品免開請購單，並可以「總務用品申請單」委託總務部門辦理採購。總務用品分類如下。

⑴禮儀用品，如花籃和禮物等。

⑵招待用品，如飲料和香煙等。

⑶書報、名片、文具等。

⑷打字、刻印、賬票等。

2. 零星採購及小額零星採購材料項目。

第 11 條　請購事項的撤銷。

1. 撤銷請購事項時應由原請購部門立即通知採購部門停止採購，同時在請購單第一、二聯加蓋紅色「撤銷」印章並註明撤銷原因。

2. 採購部門撤銷請購時，注意辦理以下事項。

⑴採購部門在原請購單上加蓋「撤銷」章後，送回原請購部門。

⑵原請購單已送物料管理部門待辦收料時，採購部門通知撤銷，並由物料管理部門將原請購單退回原請購部門。

⑶原請購單未能撤銷時，採購部門應通知原請購部門。

三、採購的驗收管理制度

第 1 條　品質管理部門和相關使用部門對所購貨物或勞務等的品種、規格、數量、品質和其他相關內容進行驗收，並出具驗收證明。

第 2 條　驗收人員對驗收過程中發現的異常情況，應當立即向採購部或有關部門報告，採購部或有關部門應查明原因，及時處理。

第 3 條　貨物的驗收由品質管理部門主導，會同倉儲部門、使用部門和採購部共同驗收，對收到貨物的數量和品質進行檢驗。

1. 貨物驗收人員在採購部門轉來已核准的「訂購單」時，按供應商、貨物交貨日期分別依序排列，並於交貨前安排存放的庫位以方便收貨作業。

2. 對於需要按重量、長度、體積等方面計量的物資，應借助稱重儀器、檢測工具、容器等進行試測驗收，不得虛估。

第 4 條　待驗貨物處理。

已經到貨、等待驗收的貨物，必須在商品的外包裝上貼上貨物標籤並詳細註明貨號、品名、規格、數量及到貨日期，並且應與已驗收的貨物分開儲存，並規劃出「待驗區」，以示區分。

第 5 條　實施驗收。

1. 貨物到貨後，貨物驗收人員應會同使用部門根據《裝箱單》、《訂購單》、「合約」等採購文件核對貨物名稱、規格並清點數量或過磅、測量重量，並將到貨日期及實收數量填入《訂購單》。同時，驗收人員填寫驗收報告單並在上面簽字。

2. 品質管理部門應當使用按順序編號的驗收報告，對那些沒有對應採購申請的商品或勞務，一律不得簽收。

3. 品質管理部門驗收完畢後，對驗收合格的商品或勞務應當編制一式多聯、預先編號的驗收證明，內容包括供應商名稱、收貨日期、貨物名稱、數量和品質以及運貨人名稱、原購貨訂單編號等，作為驗收商品或勞務的依據，並及時報告採購部門和財務部門。

4. 驗收過程中如發現所載的貨物與《裝箱單》、《訂購單》或合約所載內容不符，應通知辦理採購的人員及相關部門進行處理。

5. 驗收過程中發現貨物有傾覆、破損、變質、受潮等異常情況並達到一定程度時，驗收人員應及時通知採購人員聯絡公證處前來公證或通知供應商前來處理，並盡可能維持其狀態以利於公證作業。

6. 公證單位或供應商確認後，驗收人員開立《索賠處理單》呈部門負責人核實後，送財務部門及採購部門辦理。

第 6 條　超交處理。

1. 交貨數量超過訂購量的部份應退回供應商。

2. 屬於自然溢餘的，由物料管理部門在收貨時在「備註欄」註明自然溢餘數量或重量，經請購部門主管同意後進行收貨，並通知採購人員。

第 7 條　短交處理。

交貨數量未達到訂購數量，以要求補足為原則，由驗收人員通知採購部門聯絡供應商進行處理。

第 8 條　急用品驗收。

緊急貨物到貨後，若尚未收到《請購單》。驗收人員應先與採購部核對，確認無誤後，按收貨作業辦理。

第 9 條　貨物驗收規範。

品質管理部門應當根據貨物的重要性及特性等，適時召集使用部門及其他有關部門，按照所需貨物制定「貨物驗收規範」，作為採購及驗收的依據。

第 10 條　貨物檢驗結果處理。

根據不同檢驗結果可做以下兩個方面處理。

1. 檢驗合格的貨物，檢驗人員於外包裝上貼上合格標籤，倉庫人員再將合格品入庫定位。

2. 驗收不合標準的貨物，檢驗人員應貼上不合格標籤，並於《材料檢驗報告單》上註明不合格原因，經負責人核實後通知採購部門送回貨物，辦理退貨。

第 11 條　退換貨作業。

1. 檢驗不合格的貨物退貨時，採購員應開立《貨物交運單》並附有關《貨物檢驗報告單》，呈採購經理簽字確認後辦理退貨。

2. 貨物需要更換的要與供方協商解決，需要增減貨款的要在付款前或有效承付期內通知財務部門。

3. 對於已付款但貨物在保修期或保質期出現品質問題的要負責聯繫維修或索賠，索賠收入連同賠償物品清單及賠償原因說明等全部上繳財務部門。

四、採購的付款控制制度

第 1 章　總則

第 1 條　為規範企業商品採購付款業務的內部控制管理，特制定本制度。

第 2 條　本制度由採購部制定、修改，報總裁審批後執行。

第 3 條　企業應當按照規定辦理採購付款業務。

第 2 章　付賬控制中的單據審核

第 4 條　財務部門在辦理付款業務時，應當對採購發票、結算憑證、驗收證明等相關憑證的真實性、完整性、合法性及合規性進行嚴格審核。

第 5 條　真實性審核。

1. 應付賬款會計應確定原始憑證是否虛假，是否存在偽造或者塗改等情況。

2. 核實原始憑證所反映的業務是否發生過，是否反映業務事項的本質等。

第 6 條　合法性審核。

審核原始憑證所反映的業務事項是否符合有關法律、法規、政策和統一會計制度的規定等。

第 7 條　合規性審核。

審核原始憑證是否符合有關規定，如是否符合預算，是否符合有關合約，是否符合有關審批權限和手續，以及是否符合單位的有關規章制度，有無違章亂紀、弄虛作假現象等。

第 8 條　完整性審核。

根據原始憑證所反映的基本內容的要求，審核原始憑證的內容是否完整，手續是否齊備，應填寫的項目是否齊全，填寫方式、填寫形式是否正確，有關簽章是否具備等。

第 9 條　除對上述 5、6、7、8 條進行審核外，還應對原始憑證的正確性進行審核，即審核原始憑證的摘要和數字是否填寫清楚、正確，數量、單價、金額的計算有無錯誤，大小寫金額是否相符等。

第 3 章　付賬控制中的現金使用

第 10 條　現金使用方法。

1. 採購付款中零星的採購需要支付現金的，採購員向財務部提出申請。

2. 財務部根據企業現金使用規定從庫存現金限額中支付或者從開戶銀行提取後支付。

3. 財務人員不得從企業的現金收入中直接支付(即坐支)，需要坐支現金的需報經開戶銀行批准。

4. 因採購地點不確定、交通不便等特殊情況，辦理轉賬結算不便，必須使用現金支付時，應向開戶銀行提出書面申請，由企業財務部門負責人簽字蓋章，開戶銀行審批後，予以支付現金。

第 4 章　付賬控制

第 11 條　採購員在付款時，應得到採購經理、驗收儲存、財務部等部門負責人的相應確認或批准。

第 12 條　一切購貨業務應編制購貨訂單，購貨訂單應透過有關部門(如採購部、生產部、銷售部、總裁等)簽單批准。訂單副本應及時提交財務部門。

第 13 條　收到貨物並驗收後，驗收員應編制驗收報告，驗收報告必須按順序編號，驗收報告副本應及時送交採購部和財務部。

第 14 條　收到供應商發票後，採購員將供應商發票與購貨訂單及驗收報告進行比較，確認貨物種類、數量、價格、折扣條件、付款金額及方式等是否相符，核對無誤後交財務部。

第 15 條　財務部將收到的購貨發票、驗收證明、結算憑證與購貨訂單、購貨合約等進行覆核，檢查其真實性、合法性、合規性和正確性。

第 16 條　採購付款實行付款憑單制。有關現金支付須經採購部門填制應付憑單，並經財務經理審核，財務總監和總裁按權限審批。

第 17 條　已確認的負債應及時支付，以便按規定獲得現金折扣，加強與供應商的良好關係，並維持企業信用。

第 18 條　財務部應該按照應付賬款總分類賬和明細分類賬按月結賬，並且互相核對，出現差異時應編制調節表進行調節。

第 19 條　財務部按月從供應商處取得對帳單，將其與應付賬款明細賬或未付憑單明細表互相核對，並查明發生差異的原因。

五、採購的退貨管理制度

第 1 條　目的。

明確退貨條件、退貨手續、貨物出庫、退貨回收等規定，及時收回退貨款項。

第 2 條　退貨條件。

驗收人員應該嚴格按照企業的驗收標準進行驗收，不符合企業驗收標準的貨物視為不合格貨物。不合格貨物應辦理退貨。

1. 對於數量上的短缺，採購員應該與供應商聯繫，要求供應商予以補足，或在價款上予以扣減。

2. 對於品質上的問題，採購員應該首先通知使用部門不能使用該批貨物，然後與使用部門、品質管理部門、相關管理部門聯繫，決定是退貨還是要求供應商給予適當的折扣。

3. 經採購部經理審閱、財務總監審核、總裁審批後與供應商聯繫並辦理退貨事宜。

第 3 條　退貨手續。

檢驗人員應在檢驗不合格的貨物上貼上「不合格」標籤，並在「貨物檢收報告」上註明不合格的原因，經負責人審核後轉給採購部門處理，同時通知請購單位。

第 4 條　貨物出庫。

當決定退貨時，採購員編制退貨通知單，並授權運輸部門將貨物退回，同時，將退貨通知單副本寄給供應商。運輸部門應於貨物退回後通知採購部和財務部。

第 5 條　退貨款項回收。

1. 採購員在貨物退回後編制借項憑單，其內容包括退貨的數量、價格、日期、供應商名稱以及貨款金額等。

2. 採購部經理審批借項憑單後，交財務部相關人員審核，由財務總監或總裁按權限審批。

3. 財務部根據借項憑單調整應付賬款或辦理退貨貨款回收手續。

第 6 條　折扣事宜。

1. 採購員因對購貨品質不滿意而向供應商提出的折扣，需要同供應商談判來最終確定。

2. 折扣金額必須由財務部審核，財務總監審核後交總裁批准。

3. 折扣金額審批後，採購部應編制借項憑單。

4. 財務部門根據借項憑證來調整應付賬款。

六、應付賬款管理制度

第 1 條　應付賬款是企業因購買原材料、商品、物資或接受勞務等應付給供應商的款項。

第 2 條　應付賬款必須由財務部應付賬款會計管理。

1. 應付賬款的管理和記錄必須由獨立於請購、採購、驗收付款職能以外的財務部的應付賬款會計專門負責。

2. 按付款日期、折扣條件等項規定管理應付賬款，以保證採購付款內部控制的有效實施。

第 3 條　應付賬款的確認和計量應真實和可靠。

1. 應付賬款的確認和計量必須根據審核無誤的各種必要的原始憑證來進行，這些憑證主要是供應商開具的發票、品質管理部門的驗收證明、銀行轉來的結算憑證等。

2. 應付賬款會計須審核這些原始憑證的真實性、合法性、完整性、合規性及正確性。

第 4 條　應付賬款必須及時登記到應付賬款賬簿。

1. 應付賬款會計應當根據審核無誤的原始憑證及時登記應付賬款明細賬。

2. 應付賬款明細賬應該分別按照供應商進行明細核算，在此基礎上還可以進一步按購貨合約進行明細核算。

第 5 條　及時沖抵預付賬款。

財務部收到供應商開具的發票以後，應該及時沖抵預付賬款。

第 6 條　正確確認、計量和記錄折扣。

財務部將可享受的折扣按規定條件加以確認、計量和記錄，以確定實際支付的款項。

第 7 條　應付賬款的授權支付。

財務部接到已到期的應付賬款應及時支付，經財務部經理審核，總裁按權限審批後才能辦理結算與支付。

第 8 條　應付賬款的結轉。

財務部應該按照應付賬款總分類賬和明細分類賬按月結賬，並相互核對，出現差異時，應編制調節表進行調節。

第 9 條　應付賬款的檢查。

1. 財物部按月從供應方取得對帳單，與應付賬款明細賬或未付憑單明細表互相核對，若有差異應查明差異產生的原因。

2. 如果追查結果表明無會計記錄錯誤，則應及時與債權人取得聯繫，以便調整差異。

3. 財務部相關負責人應定期從供應商處取得對帳單，並進行核對、調節工作。

第 10 條　同應付賬款相關的應付票據的簽發必須經財務部審核，由財務總監和總裁按權限批准。

第 11 條　財務部設置應付票據賬簿，並認真做好應付票據的核算工作，票據的登記人員不得兼管票據的簽發。

第 12 條　財務部門應付賬款會計管理空白、作廢、已付訖退回的商業匯票。

第 13 條　財務部應定期核對應付票據，並覆核票據的利息核算。

第 14 條　應付票據要定期與訂貨單、驗收單、發票進行核對。

第 15 條　應付票據要按照號碼順序及時進行保存。

第四節　案例

【案例 1】採購業務有黑幕

1992 年 11 月，某企業向同協求購精疏機一套，但當時同協沒有購買此類機械的配額。頭腦活絡的林先生想出一個辦法，利用其他企業的配額到紡機總廠定購。隨後，林先生將本企業的 45 萬餘元劃入紡機總廠。然而，1993 年初，他代表企業到紡機總廠核賬時發現，紡機總廠財務出錯：把已提走的設備，當作其他企業購買，而他劃入的 45 萬餘元卻變為同協的預付款。於是，一場偷樑換柱的把戲開始上演。

1993 年 3 月至 4 月，林先生派人到紡機總廠以同協的名義購買混條機等價值 60 餘萬元的設備。因為有了 45 萬餘元的「預付款」，林先生僅向紡機總廠支付了 15 萬元。隨後，他找到了親戚經營的大發紡織器材企業，開出了同協以 67 萬元的價格購得這批設備的發票。而同協不知內情，向大發企業支付了全部購貨款，林先生從中得利 52 萬元。1993 年 7 月至 10 月期間，林先生又以相同手段騙得同協 11 萬餘元，佔為己有。1993 年底，林先生終於夢想成真，開辦了自己的企業——中島紡織機械成套設備企業，並擔任法定代表人。

2000 年上半年，紡機總廠發現 45 萬元被騙，向公安機關報案，林先生隨後被捕。法院認定林先生貪污公款 64 萬餘元，構成貪污罪，判處林先生有期徒刑 15 年。

同協在其採購經理出事後，暗下決心，防微杜漸。企業根據其生產經營的業務流轉特點，制定了企業材料採購業務內部控制制度，並經過企業董事會審議後統一實施。

【案例 2】企業採購業務內部控制的失控

查賬人員在審查某企業「庫存現金日記賬」時發現：憑證摘要為「付乙公司購印表機款」，金額為 100000 元；在「銀行存款日記賬」中發現「付乙公司購印表機款」金額為 160000 元。查賬人員懷疑該小企業可能有違規行為，財會人員有貪污的可能性。查賬人員先與銷售部門取得聯繫，發現該企業銷貨款最高單位為 100000 元。經查，發現該企業的對應憑證存根為收甲公司購貨款 100000 元，與購貨單位對應憑證不符，差額為 60000 元。在事實面前，該企業的財會人員承認和銷售人員合謀貪污了 60000 元。

該企業在印表機採購與付款過程中，由於缺乏嚴格的內部控制，導致銷售人員與財務人員合謀。當填制收入原始憑證時，在發票聯填上較大金額，在存根聯填上較小金額，貪污其差額，造成企業經濟利益受損。

第 四 章

存貨控制的內部控制重點

第一節　存貨的內部控制重點

一、存貨的授權批准控制

企業應當建立存貨業務的崗位責任制，明確內部相關部門和崗位的職責、權限，確保辦理存貨業務的不相容崗位相互分離、制約和監督。存貨業務的不相容崗位至少包括：存貨的請購、審批與執行；存貨的採購、驗收與付款；存貨的保管與相關記錄；存貨發出的申請、審批與記錄；存貨處置的申請、審批與記錄。

企業應當配備合格的人員辦理存貨業務。辦理存貨業務的人員應當具備良好的業務知識和職業道德，遵紀守法，客觀公正。企業要定期對員工進行相關的政策、法律及業務培訓，不斷提高他們的業務素質和職業道德水準。

企業應當對存貨業務建立嚴格的授權批准制度：

⑴明確審批人對存貨業務的授權批准方式、權限、程序、責任和

相關控制措施，規定經辦人辦理存貨業務的職責範圍和工作要求。

⑵審批人應當根據存貨授權批准制度的規定，在授權範圍內進行審批，不得超越審批權限。經辦人應當在職責範圍內，按照審批人的批准意見辦理存貨業務。

⑶企業內部除存貨管理部門及倉儲人員外，其餘部門和人員接觸存貨時，應由相關部門特別授權。對於屬於貴重物品、危險品或需保密物品的存貨，應當規定更嚴格的接觸限制條件，必要時，存貨管理部門內部也應當執行授權接觸。

⑷企業可以根據業務特點及成本效益原則選用電腦系統和網路技術實現對存貨的管理和控制，但應注意電腦系統的有效性、可靠性和安全性，並制定防範意外事項的有效措施。

二、存貨的請購控制

企業應當建立存貨採購申請管理制度，明確請購相關部門或人員的職責權限及相應的請購程序，存貨的申請管理應符合規定。

企業應當指定專人逐日根據各種材料的採購間隔期和當日材料的庫存量，分析確定應採購的日期和數量，或者透過電腦管理系統重新預測材料需要量以及重新計算安全存貨水準和經濟採購批量，據此進行再訂購，盡可能降低庫存或實現零庫存。

企業確定採購時點、採購批量時，應當考慮企業需求、市場狀況、行業特徵和實際情況等因素。

企業應當對採購環節建立完善的管理制度，確保採購過程的透明化。企業應根據預算或採購計劃辦理採購手續，預算外或計劃外採購需經嚴格審批。

企業應當根據倉儲計劃、資金籌措計劃、生產計劃和銷售計劃等制定採購計劃，對存貨的採購實行預算管理，合理確定材料、在產品、產成品等存貨的比例。

企業應當根據預算有關規定，結合本系統的業務特點編制存貨年度、季和月份的採購、生產、存儲、銷售預算，並按照預算對實際執行情況予以考核。

三、存貨的驗收入庫控制

1. 存貨的驗收控制

企業應當對入庫存貨的品質、數量、技術規格等方面進行檢查與驗收，保證存貨符合採購要求。

(1)外購存貨的驗收控制

外購存貨入庫前一般應經過下列驗收程序：

①檢查訂貨合約協議、入庫通知單、供貨企業提供的材質證明、合格證、運單、提貨通知單等原始單據與待檢驗貨物之間是否相符。

②對擬入庫存貨的交貨期進行檢驗，確定外購貨物的實際交貨期與訂購單中的交貨期是否一致。

③對待驗貨物進行數量覆核和品質檢驗，必要時可聘請外部專家協助進行。

④對驗收後數量相符、品質合格的貨物辦理相關入庫手續，對經驗收不符合要求的貨物，應及時辦理退貨、換貨或索賠。

⑤對不經倉儲直接投入生產或使用的存貨，應當採取適當的方法進行檢驗。

⑵自製存貨的驗收控制

擬入庫的自製存貨，生產部門應組織專人對其進行檢驗，只有檢驗合格的產成品才可以作為存貨辦理入庫手續。

由生產工廠發出至客戶、實物不入庫的產成品，以及採購後實物不入庫而直接發至使用現場的外購存貨，應當採取適當方法辦理出、入庫手續。

2. 存貨的入庫控制

企業財會部門應當按照會計準則的規定，根據驗收證明對驗收合格的存貨及時辦理入賬手續，正確登記入庫存貨的數量與金額。

存貨的存放和管理應指定專人負責並進行分類編目，嚴格限制其他無關人員接觸存貨，入庫存貨應及時記人收發存登記簿或存貨卡片，並詳細標明存放地點。

⑴財會部門對存貨入庫的控制

企業外購存貨時，由於結算方式和採購地點不同，存貨入庫和貨款的支付在時間上不一定完全同步，與此相應，其入賬處理也有所不同。一般有以下三種情況：

①發票帳單等結算憑證與存貨同時到達(簡稱單貨同到)的入賬處理。存貨到達後，先驗貨入庫，然後向供貨單位支付貨款或開出承兌商業匯票。以上工作完成後，財會部門應根據銀行結算憑證、發票帳單和存貨入庫單等憑證及時進行賬務處理。

②結算憑證先到，存貨未到(簡稱單到貨未到)的入賬處理。結算憑證先到之後，經審核無誤後付款或開出承兌的商業匯票，若存貨尚未到達或雖已經到達但尚未點驗入庫時，付款與收料的間隔時間不太長，可在付款後、收料前的這段時間內，暫不做賬務處理。待存貨到達後，按單貨同到的情況進行處理。但若到了月末，仍未收到存貨時，

則應透過「在途材料」帳戶進行核算。

③存貨已到並驗收入庫，但發票帳單未到(簡稱貨到單未到)的入賬處理。這種情況如果發生在月中，估計月末之前結算憑證可以到達的，可以暫不進行總分類核算，待收到發票帳單時再進行處理；如果等到月末，仍未收到發票帳單時，則應暫估價入賬。估價時只對存貨進行估價，不反映增值稅的內容。

⑵存貨管理部門對存貨的入庫控制

單位存貨管理部門應當設置實物明細賬，詳細登記驗收合格入庫的存貨的類別、編號、名稱、規格、型號、計量單位、數量、單價等內容，並定期與財會部門核對。

代管、代銷、暫存、受託加工的存貨，其產權不屬於代管、受託單位，應單獨記錄，避免與本單位存貨相混淆。

四、存貨的保管控制

存貨管理部門對入庫的存貨應當建立存貨明細賬，詳細登記存貨類別、編號、名稱、規格型號、數量、計量單位等內容，並定期與財會部門就存貨品種、數量、金額等進行核對。

入庫記錄不得隨意修改。如確需修改入庫記錄，應當經有效授權批准。

對於已售商品退貨的入庫，倉儲部門應根據銷售部門填寫的產品退貨憑證辦理入庫手續，經批准後，對擬入庫的商品進行驗收。因產品品質問題發生的退貨，應分清責任，妥善處理。對於劣質產品，可以選擇修復、報廢等措施。

企業應當根據自身的生產經營特點制定倉儲的總體計劃，並考慮工廠佈局、技術流程、設備擺放等因素，相應制定人員分工、實物流動、信息傳遞等具體管理制度。

企業應根據原材料、半成品、成品的出入庫情況、包裝方式等規劃所需庫位及其面積，以有效利用庫位空間。庫位配置應配合倉庫內設備(如消防設施、通風設備、電源等)及所使用的儲運工具規劃運輸通道。根據銷售類別(如成品儲存區與退貨區)、原材料類別對倉庫存貨進行分區存放，收發頻繁的成品需在進出便捷的庫位存放。將各類存貨依品名、規格、批號劃定庫位，標明於「庫位配置圖」上，並隨時顯示庫存動態。相同規格品名的存貨不能放在兩個倉庫內。

存貨堆放根據不同存貨的包裝形態及品質要求設定堆放方式及堆積層數，以避免存貨受擠壓而影響品質。存貨應於每一庫位設置貨卡標示牌，標示其品名、規格、單位包裝量和庫位數量。每次進出貨，及時更改存量，做到卡賬貨相符。依配置情況繪製「庫位標示圖」，懸掛於倉庫明顯處。對不良品設專區擺放整齊，每箱裝有清單，載明產品數量、名稱、收回原因及經辦人，待銷售部批准後予以處置。

企業應當建立存貨保管制度，倉儲部門應當定期對存貨進行檢查，加強存貨的日常保管工作。

⑴因業務需要分設倉庫的情形，應當對不同倉庫之間的存貨流動辦理出入庫手續。

⑵應當按倉儲物資所要求的儲存條件貯存，並建立和健全防火、防潮、防鼠、防盜和防變質等措施。

⑶貴重物品、生產用關鍵備件、精密儀器和危險品的倉儲，應當實行嚴格審批制度。

⑷企業應當重視生產現場的材料、低值易耗品、半成品等物資的管理控制，防止浪費、被盜和流失。

五、存貨的發出控制

1. 生產領用的控制

企業應當建立嚴格的存貨領用流程和制度。企業生產部門、基建部門領用材料，應當持有生產管理部門及其他相關部門核准的領料單。超出存貨領料限額的，應當經過特別授權。

領用環節的控制內容主要包括領料單編制和領料單審核等，具體如萄：

⑴ 領料單位應該根據生產部門的生產情況，根據原材料等需求情況進行編制，並應該進行連續的編號。

⑵ 領料單應經過相關的被授權人員的審核，倉庫人員應根據經審核的領料單進行發料，對於不符合要求的領料單不予發料。對於超額或計劃外的領料，倉庫人員應經過批准之後進行發料。

⑶ 發料應做到單據齊全，名稱、規格、計量單位等準確，並保證所發物料的品質達標。

⑷ 發料時應該當面核對並點清，交與領用人。

⑸ 發料應做到迅速及時，不影響生產的進程。

⑹ 物料出庫時應辦妥出庫手續，並進行相關的會計匯錄。

2. 發出存貨的控制

企業應當建立嚴格的存貨發出流程和制度。

存貨的發出需要經過相關部門批准，大批商品、貴重商品或危險品的發出應得到特別授權。倉庫應根據經審批的銷售通知單發出貨物，並定期將發貨記錄同銷售部門和財會部門核對。

存貨發出的責任人應當及時核對有關票據憑證，確保其與存貨品名、規格、型號、數量、價格一致。

銷售發出環節的主要控制包括發貨通知單編制和發貨通知單審核等，具體如下：

⑴發貨通知單應該根據銷售部門的銷售情況和倉儲部門的存貨情況進行編制。

⑵發貨通知單必須事先進行連續編號。

⑶發貨通知單必須經過相關的授權人員的審核，倉庫人員應根據經審核的發貨通知單，進行發料作業。

⑷產品出庫時應做到單據齊全，名稱、規格、計量單位等準確，並保證所發產品品質達標。

⑸發貨時應與客戶單位就發貨通知單的內容作進一步的核實，保證發貨的準確性。

⑹產品出庫時應辦妥出庫手續，並進行相關的會計記錄。

企業財會部門應當針對存貨種類繁多、存放地點複雜、出入庫發生頻率高等特點，加強與倉儲部門經常性賬實核對工作，避免出現已入庫存貨不入賬或已發出存貨不銷賬之情形。

六、存貨的盤點控制

為了保證存貨的安全、完整，做到賬實相符，企業應當制定並選擇適當的存貨盤點制度，明確盤點範圍、方法、人員、頻率、時間等。

企業應當制定詳細的盤點計劃，合理安排人員、有序擺放存貨、保持盤點記錄的完整，及時處理盤盈、盤虧。對於特殊存貨，可以聘請專家採用特定方法進行盤點。

存貨盤點應及時編制盤點表，盤盈、盤虧情況要分析原因，提出處理意見，經相關部門批准後，在期末結賬前處理完畢。

倉儲部門應透過盤點、清查、檢查等方式全面掌握存貨的狀況，及時發現存貨的殘、次、冷、背等情況。倉儲部門對殘、次、冷、背存貨的處置，應當選擇有效的處理方式，並經相關部門審批後作出相應的處置。

1. 存貨數量清查的辦法

⑴定期盤存法

定期盤存法是指會計期末透過對全部存貨進行實地盤點，以確定期末存貨的數量，然後分別乘以各項存貨的盤存單價，計算出期末存貨的總金額，記入各有關存貨帳戶，並倒推本期已耗用或已銷售存貨成本的一種方法。

採用定期盤存法，平時不記錄發出存貨的數量和金額，對存貨明細賬的設置也不要求非常詳細，其最大優點是簡便易行。但也有明顯的缺點：增加了期末工作量；不能隨時反映存貨收入、發出、結存的動態，不便於管理人員掌握有關情況；由於「以存計耗」和「以存計銷」倒擠成本的方式，從而使非正常銷售或耗用的存貨損失、差錯，甚至偷盜等原因所引起的短缺，全部擠入到了耗用或銷貨成本之中，容易掩蓋存貨管理中存在的問題，削弱了對存貨的控制。另外，此法只能等到期末盤點時才能結轉已耗用或銷貨的成本，而不能隨時結轉成本。因此，這一方法通常適用於那些自然損耗較大，數量不穩定的鮮活商品。

⑵永續盤存法

永續盤存法是指透過設置詳細的存貨明細賬，逐筆或逐日記錄存貨收入，發出的數量、金額，以隨時結出結餘存貨的數量、金額的一種存貨盤存方法。

永續盤存法的優點是有利於加強對存貨的管理。在各種存貨明細記錄中，可以隨時反映出每一種存貨的收入、發出、結存的情況；透過賬簿記錄中的帳面結存數，結合不定期的實地盤點，將實際盤存數與帳面結存數相核對，可以查明盈餘或短缺的原因；透過賬簿記錄還可以隨時反映出存貨是否過多或不足，以便及時合理組織貨源，避免不合理的庫存，加速資金週轉。永續盤存法的缺點是存貨明細記錄的工作量較大，存貨品種規格繁多的單位尤其如此。

2. 存貨全面清查的條件

通常在下列條件下應進行存貨的全面清查：

⑴會計決算之前，為使年度會計決算真實、準確，應對存貨進行全面調查。

⑵實行租賃、承包時，為核實淨資產的實有數額、摸清家底、分清責任，需要對存貨進行全面清查。

⑶停辦、合併、破產、改變隸屬關係時，應對存貨進行全面清查。

⑷清產核資時，需要對存貨進行全面清查。

⑸企業主要領導人(法人代表)更換、離任或上任、工作交換時，應對存貨進行全面清查。

3. 存貨清查的過程及處理

在存貨清查過程中，企業應認真做好清查記錄，並將清查結果登記在「存貨清查盤盈盤虧報告表」中。為便於歸類匯總，存貨清查盤盈盤虧報告表應按照存貨明細賬的分類和順序填寫，並由清查人員和倉庫保管人員簽章，按規定程序上報審批，及時處理，對賬外物資，要查明原因及時處理；對賬外的借入存貨要及時歸還或分清所有權歸屬；對賬內的借出物資，要及時收回。

盤點結果如果與帳面記錄不符，應於期末前查明原因，並根據企業的管理權限，經股東大會或董事會，或經理(廠長)會議或類似機構批准後，在期末結賬前處理完畢。

七、存貨的處置控制

企業應建立存貨處置的相關控制制度，確定存貨處置的範圍、標準、程序和審批權限等相關內容，保證存貨的合理利用。

企業應區分存貨不同的處置方式，採取相應的控制措施。

1. 存貨發出的處置控制

存貨的會計處理，應當符合會計準則制度的規定。企業應當根據存貨的特點及企業內部存貨流轉的管理方式，確定存貨計價方法，防止透過人為調節存貨計價方法操縱當期損益。計價方法一經確定，未經批准，不得隨意變更。

企業應當根據各類存貨的實物流轉方式、企業管理的要求、存貨的性質等實際情況，合理地選擇發出存貨成本的計算方法，以合理確定當期發出存貨的實際成本。

對於性質和用途相似的存貨，應採用相同的成本計算方法確定發出存貨成本。企業在確定發出存貨的成本時，可以採用先進先出法、移動加權平均法、月末一次加權平均法和個別計價法四種方法。企業不得採用後進先出法確定發出存貨的成本。

⑴先進先出法

先進先出法是以先購人的存貨應先發出(銷售或耗用)這樣一種存貨實物流動假設為前提，對發出存貨進行計價。採用這種方法，先購入的存貨成本在後購入存貨成本之前轉出，據此確定發出存貨和期末存貨的成本。

⑵**移動加權平均法**

移動加權平均法，是指以每次進貨的成本加上原有庫存存貨的成本，除以每次進貨數量與原有庫存存貨的數量之和，據以計算加權平均單位成本，作為在下次進貨前計算各次發出存貨成本的依據。

⑶**月末一次加權平均法**

月末一次加權平均法，是指以當月全部進貨數量加上月初存貨數量作為權數，去除當月全部進貨成本加上月初存貨成本，計算出存貨的加權平均單位成本，以此為基礎計算當月發出存貨的成本利期末存貨的成本的一種方法。

⑷**個別計價法**

個別計價法，亦稱個別認定法、具體辨認法或分批實際法，其特徵是注重所發出存貨具體項目的實物流轉與成本流轉之間的聯繫，逐一辨認各批發出存貨和期末存貨所屬的購進批別或生產批別，分別按其購入或生產時所確定的單位成本計算各批發出存貨和期末存貨的成本。即把每一種存貨的實際成本作為計算發出存貨成本和期末存貨成本的基礎。對於不能替代使用的存貨、為特定項目專門購入或製造的存貨以及提供的勞務，通常採用個別計價法確定發出存貨的成本。在實際工作中，越來越多的企業採用電腦信息系統進行會計處理，個別計價法可以廣泛應用於發出存貨的計價，並且個別計價法確定的存貨成本最為準確。

2.存貨盤點的處置控制

倉儲部門與財會部門應結合盤點結果對存貨進行庫齡分析，確定是否需要計提存貨跌價準備。經相關部門審批後，方可進行會計處理，並附有關書面記錄材料。

⑴企業通常應當按照單個存貨項目計提存貨跌價準備。在企業採

用電腦信息系統進行會計處理的情況下，完全有可能做到按單個存貨項目計提存貨跌價準備。在這種方式下，企業應當將每個存貨項目的成本與其可變現淨值逐一進行比較，按較低者計量存貨，並且按成本高於可變現淨值的差額計提存貨跌價準備。這就要求企業應當根據管理要求和存貨的特點，明確規定存貨項目的確定標準。例如，將某一型號和規格的材料作為一個存貨項目、將某一品牌和規格的商品作為一個存貨項目，等等。

⑵如果某一類存貨的數量繁多並且單價較低，企業可以按存貨類別計量成本與可變現淨值，即按存貨類別的成本的總額與可變現淨值的總額進行比較，每個存貨類別均取較低者確定存貨期末價值。

⑶存貨具有相同或類似最終用途或目的，並在同一地區生產和銷售，意味著存貨所處的經濟環境、法律環境、市場環境等相同，具有相同的風險和報酬。在這種情況下可以對該存貨進行合併計提存貨跌價準備。

第二節　存貨的內部控制流程與說明

一、外購存貨的驗收流程

1. 外購存貨的驗收流程圖

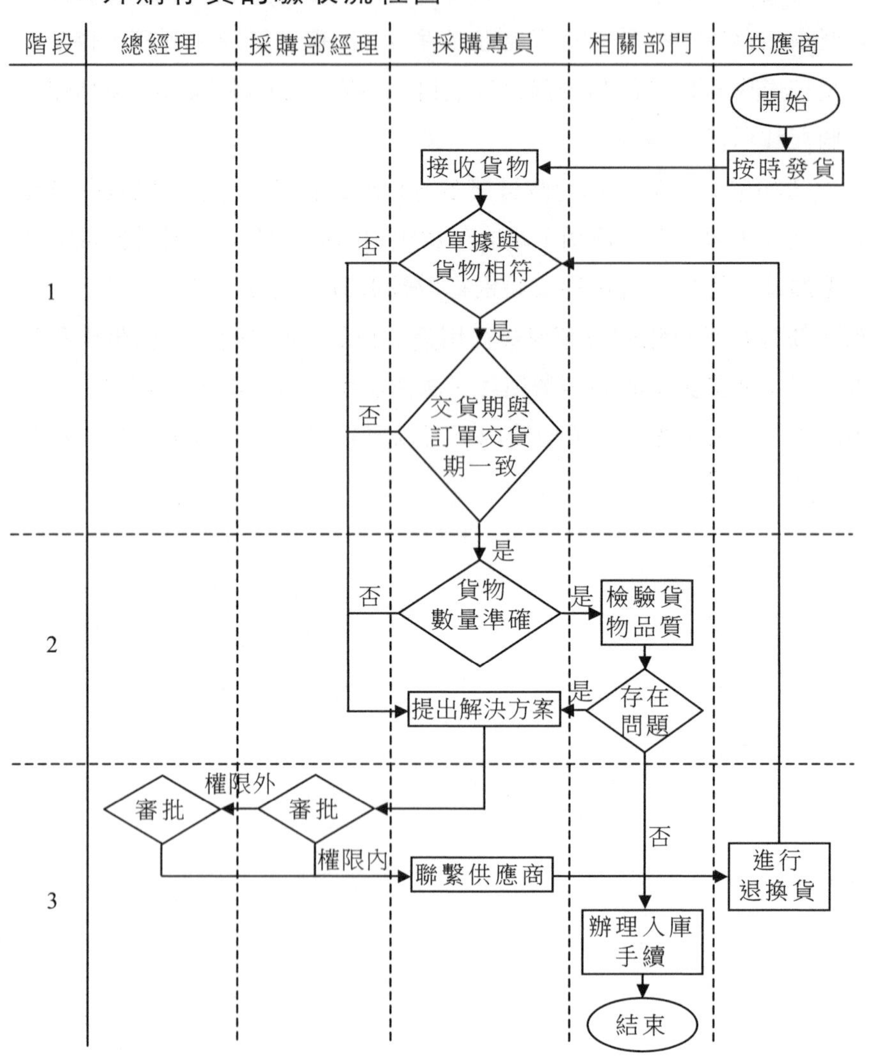

2. 外購存貨的驗收流程控制表

階段	說　明
1	1. 採購專員接到貨物後，按照採購訂單上的內容一一進行核對；核對完畢後，清點貨物的數量；數量無誤後通知質檢部進行品質檢驗
2	2. 質檢部根據存貨驗收管理制度，參照貨物的實際特點，進行品質檢驗 3. 質檢部出具《品質檢驗報告》，貨物存在品質問題的，採購專員根據企業規定及貨物的實際情況提出具體的解決方案，提交採購部經理和總經理審批；採購專員在清點核對貨物時出現問題，應提出具體解決方案，報採購部經理和總經理審批
3	4. 與供應商就具體問題協商後，進行退換貨處理 5. 驗收合格的貨物，直接由倉儲部辦理入庫手續

二、存貨的存放管理流程

1. 存貨存放的管理流程圖

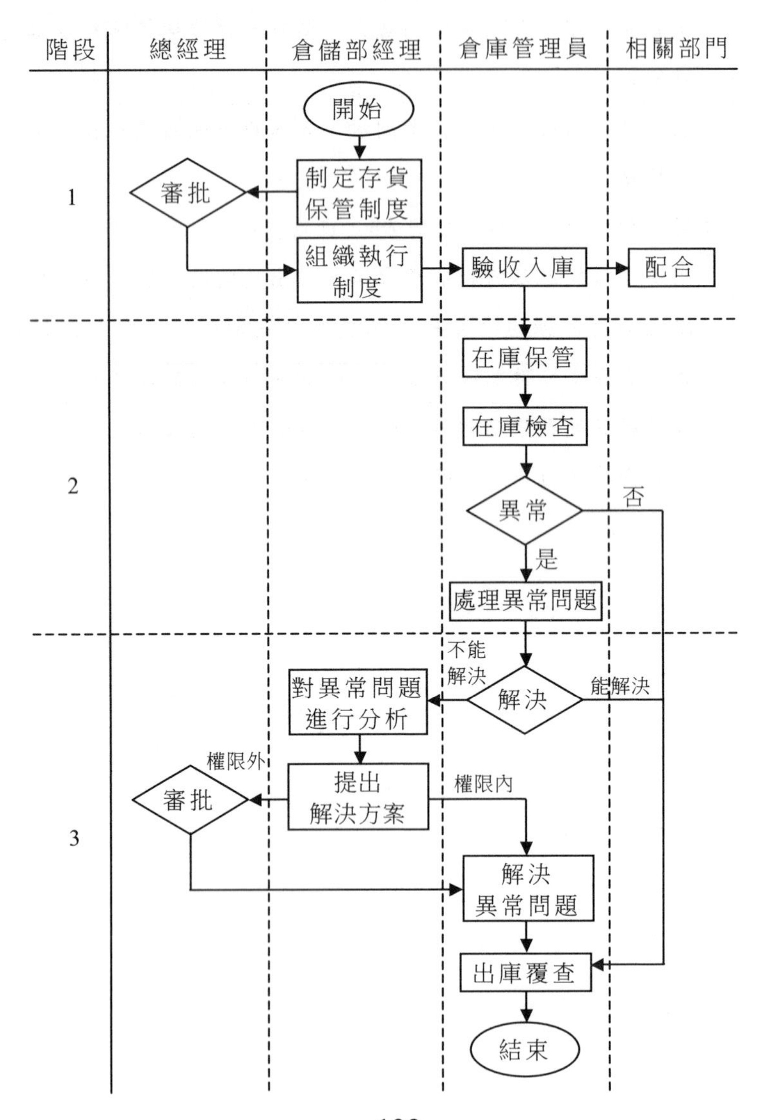

2. 存貨存放的管理流程控制表

階段	說　明
1	1. 倉儲部經理制定存貨保管制度，報請總經理審批後執行 2. 倉庫管理員在質檢部的協助下，對存貨進行驗收入庫，根據存貨的屬性、包裝、尺寸等的不同安排存放場所，並對入庫的存貨建立存貨明細賬，詳細登記存貨類別、編號、名稱、規格型號、數量、計量單位等內容，並定期與財務部就存貨品種、數量、金額等進行核對
2	3. 倉庫管理員對存貨進行在庫保管，具體包括控制倉庫溫濕度、防黴防腐、防銹、防蟲害、安全、衛生管理等內容 4. 倉庫管理員要定期或不定期做好存貨的在庫檢查工作 5. 倉庫管理員在存貨在庫檢查中發現異常情況應及時處理，對不能解決的問題要及時報請倉儲部經理進行處理
3	6. 倉儲部經理根據分析結果提出解決方案，在權限範圍內的直接交由倉庫管理員進行處理。需總經理審批的方案，經總經理審批後交倉庫管理員處理 7. 根據分析結果，調整庫存盈虧處理，填寫「庫存調整表」交總經理審批

三、存貨的領用流程

1. 存貨領用業務流程圖

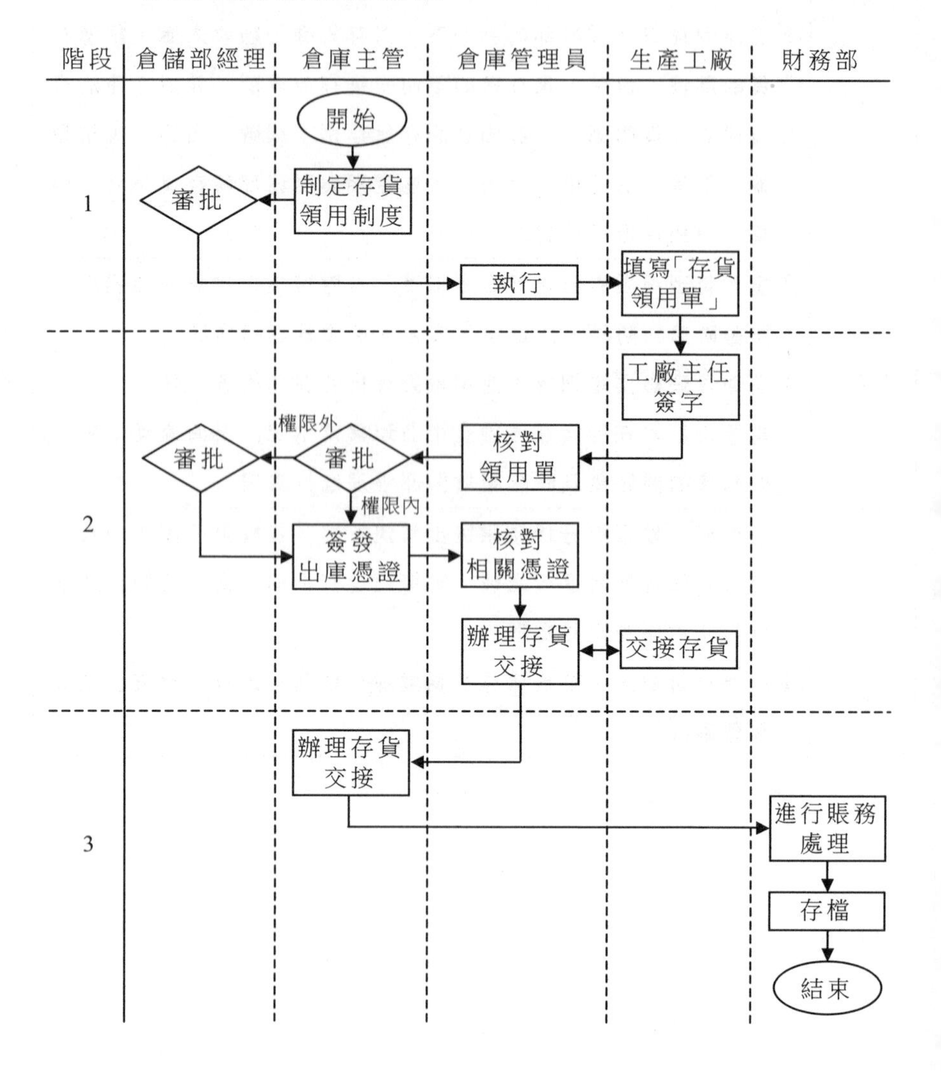

2. 存貨領用業務流程控制表

階段	說　明
1	1. 倉庫主管制定存貨領用管理制度，上報倉儲部經理審批後生效執行 2. 生產工廠根據生產需要，依照領料單填寫標準填寫「存貨領用單」
2	3. 倉庫主管和倉儲部經理依據審批權限對領用單進行審核，審核無誤後簽發「出庫憑證」 4. 倉庫管理員對「存貨領用單」和「出庫憑證」進行核對，確認無誤後開始準備發貨 5. 倉庫管理員與領用員辦理交接手續，並在相應的單據上簽字核實
3	6. 倉庫主管依據相關單據進行倉庫台賬處理 7. 財務部與倉儲部定期進行賬實核對，會計進行相關賬務處理

四、存貨的發出流程

1. 存貨的發出流程圖

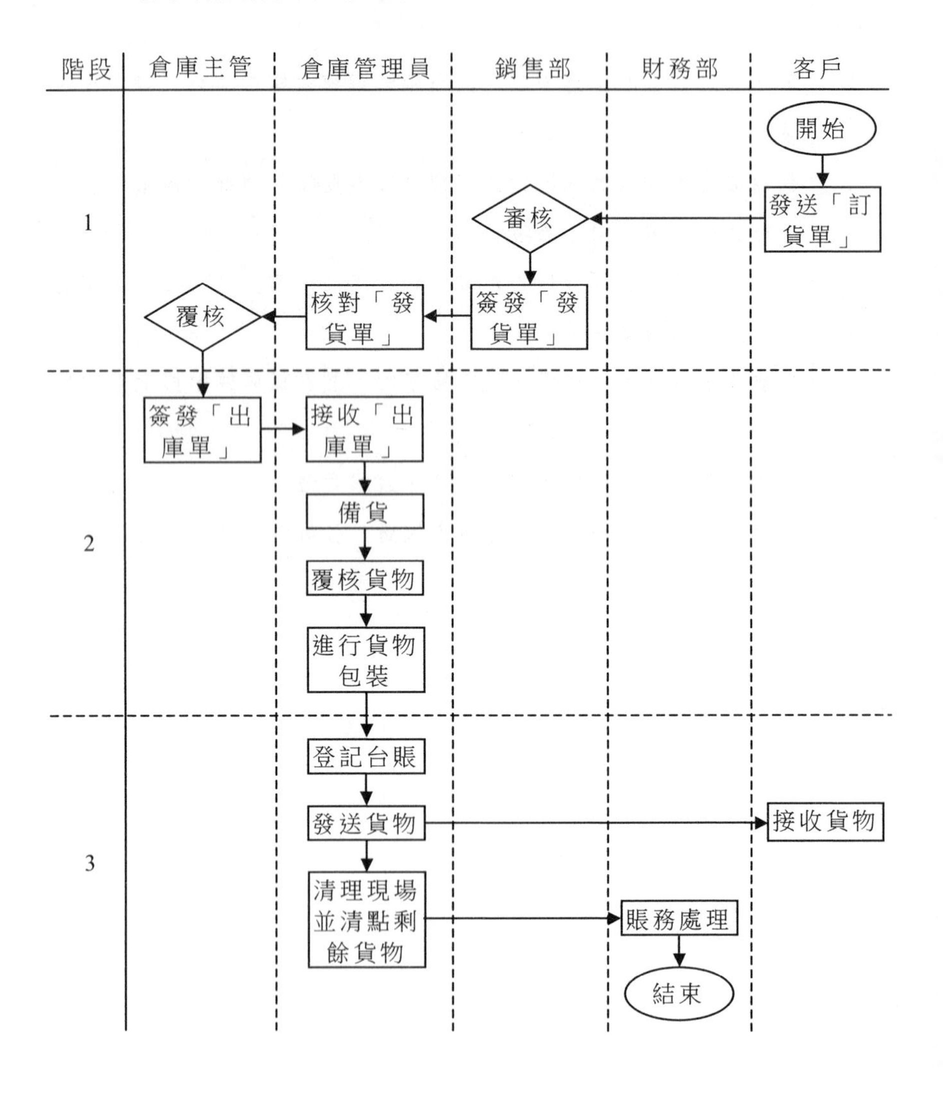

2. 存貨的發出流程控制表

階段	說　明
1	1. 銷售人員對客戶發送的「訂貨單」進行審核，審核透過後簽發「發貨單」，並將「發貨單」交給倉庫管理員 2. 倉庫管理員接到銷售部送來的「發貨單」後，審核「發貨單」的填寫是否符合標準、發貨手續是否齊全等；核對無誤後，提交倉庫主管覆核
2	3. 倉庫管理員根據倉庫主管簽發的「出庫單」，核對貨物的名稱、規格、型號等是否與現有存貨相符 4. 倉庫管理員按照「出庫單」進行備貨，主要工作包括理單、銷卡、核對、點數、批註標識、簽單等 5. 為避免備貨出錯，倉庫管理員按照企業制度對已經備好等待裝運的貨物進行覆核，覆核的內容主要是貨物的名稱、規格、型號、批次以及提貨單位等 6. 覆核無誤後，倉庫管理員將貨物按照裝運的需要進行包裝，並在包裝的顯眼處添加標識，標明貨物的名稱、規格、數量以及提貨單位的名稱等
3	7. 倉庫管理員按照企業的相關規定對出庫貨物進行登賬 8. 倉庫管理員和提貨人再次對貨物進行覆核，覆核無誤後辦理相應的貨物交接手續，並均在「發貨單」上簽字確認 9. 發貨完成後，倉庫管理員對貨物堆放的現場進行清理，並且對在庫的相同貨物進行清點，檢查賬、卡、物是否一致；若不一致，必須立刻著手查明原因

五、存貨的商品退庫流程

1. 存貨的商品退庫流程圖

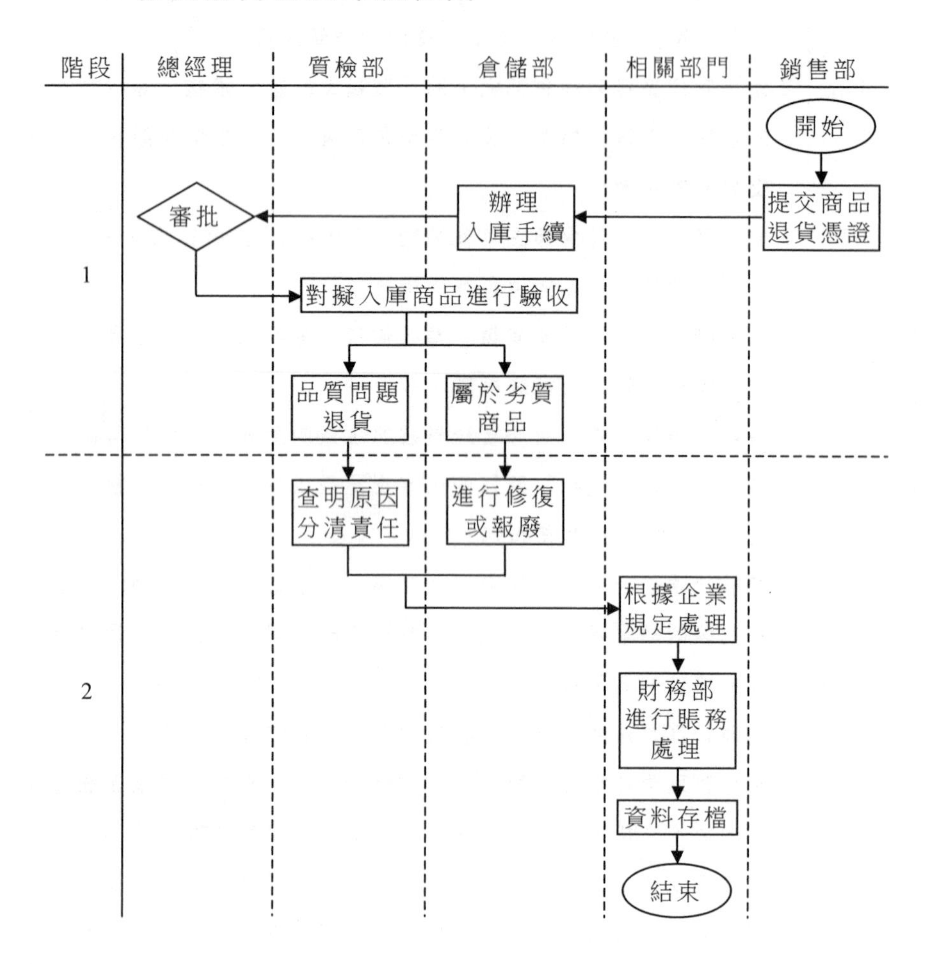

2. 存貨的商品退庫流程序控制製錶

階段	說　明
1	1. 對於已售出商品退貨的入庫，倉儲部應根據銷售部填寫的產品退貨憑證辦理入庫手續，經總經理審批後進行驗收 2. 倉儲部通知質檢部對退貨商品進行品質檢驗，明確退貨商品存在的品質問題，並提供相應的處理措施
2	3. 對於品質問題發生的退貨，應查明原因，分清責任，確定責任人，提交企業人力資源部進行處理；劣質商品應提交生產部進行修復，無法修復的應由倉儲部按企業相關規定報廢 4. 財務部根據相關處理結果進行賬務處理

六、存貨的盤點流程

1. 存貨的盤點流程圖

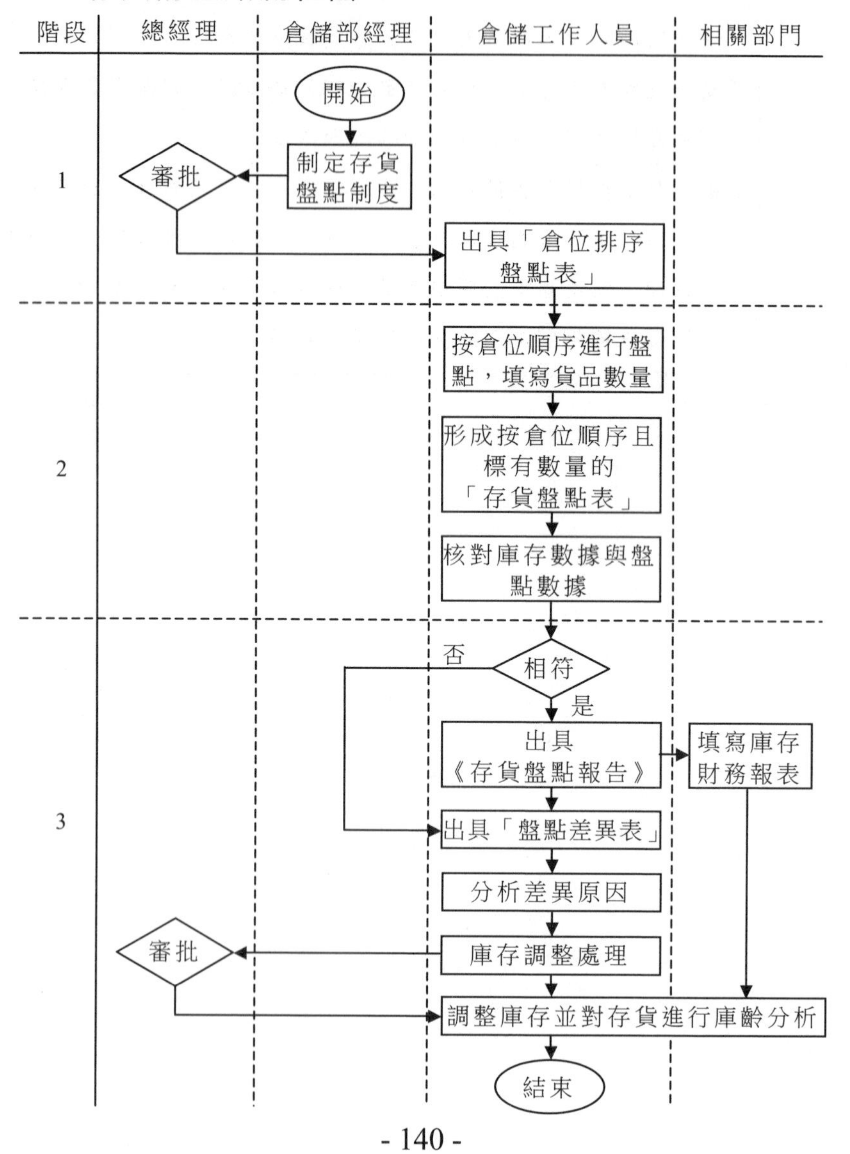

2. 存貨盤點流程控制表

階段	說　明
1	1. 倉儲部經理制定存貨盤點制度，明確各項盤點的時間、盤點人員以及各類存貨數量的計算方法，經總經理審批後組織執行 2. 盤點之前，倉儲部工作人員應出具「倉位排序盤點表」，註明貨品的編號、名稱、倉位，無需標明數量
2	3. 倉庫工作人員應按照倉位順序進行盤點，每項盤點完成後填寫貨品的數量 4. 倉庫工作人員與其他盤點人員核對庫存數據與盤點數據是否相符
3	5. 如果盤點數據與庫存數據相符，倉庫盤點人員出具《存貨盤點報告》，並附有按貨品編號出具的「盤點差異表」和「庫存統計表」 6. 倉儲部和財務部共同分析庫存差異原因，追究相關責任人的責任 7. 根據分析結果調整庫存盈虧並填寫「庫存調整表」交總經理審批 8. 倉儲部和財務部根據審批後的「庫存調整表」調整各自的庫存賬目，並結合盤點結果對存貨進行庫齡分析，確定是否需要計提存貨跌價準備。經相關部門審批後，方可進行會計處理，並附有關書面記錄材料

第三節　存貨的內部控制辦法

一、存貨的採購控制制度

第 1 章　總則

第 1 條　為了加強對企業存貨採購過程的規範化管理，確保存貨採購及時完成，特制定本制度。

第 2 條　本制度適用於對企業在開展採購業務的過程中所需各類存貨的採購申請和實施過程的控制。

第 3 條　存貨採購的類型包括常規性採購、臨時採購和緊急採購。

第 4 條　常備原料和物料由倉儲部門提出申請，非常備原料和緊急採購由使用部門提出申請。

第 2 章　存貨使用部門存貨採購申請控制

第 5 條　存貨採購申請的提出。

存貨使用部門填寫《採購申請表》，詳細註明需求設備或物品的品名、型號、技術標準、數量、預計價格、需求原因、要求到位時間等。

第 6 條　存貨需求部門經理將《採購申請表》提交給財務部，財務部根據本期預算及上級經理意見審核批准並蓋章。

第 7 條　物資需求部門將財務部批准蓋章的《採購申請表》交給採購部。

第 8 條　採購部經理指導採購人員根據《採購申請表》內容選擇合適的供應商。與供應商達成購買意向後，採購部工作人員編寫採購合約。

第 9 條　採購部採購人員將採購合約交給物資需求部門，物資需求部門檢驗所購沒備是否是所需設備，並報本部門經理審核簽字。

第 10 條　採購部經理、財務總監和總裁根據各自的審批權限審批採購合約。

第 3 章　倉庫存貨採購申請控制

第 11 條　倉儲部根據現有存貨的庫存量計算出請購量後，填寫請購單，交採購部、財務部及主管根據審批權限進行審批。

第 12 條　倉儲部在提出採購申請時，應綜合考慮各種材料的採購間隔期和當日材料的庫存量，分析確定應採購的日期和數量，或者透過存貨管理系統重新預測材料需求量以及重新計算安全庫存水準和經濟採購批量，據此進行再採購，降低庫存或實現零庫存。

第 13 條　倉儲部在確定採購時點、採購批量時，應當考慮企業需求、市場狀況、行業特徵等因素。

第 4 章　存貨採購過程控制

第 14 條　採購部憑被批准執行的請購單辦理訂貨手續時，首先必須向多家供應商發出詢價單，獲取報價單後比較供應貨物的價格、品質標準、可享受折扣、付款條件、交貨時間和供應商信譽等有關資料，初步確定合適的供應商並準備談判。

第 15 條　採購人員根據談判結果簽訂訂貨合約及訂貨單，並將訂貨單及時傳送給生產、銷售、保管和會計等有關部門，以便合理安排生產、銷售、收貨和付款。

第 16 條　採購部經理簽署採購合約。採購人員將《採購申請表》和採購合約交給財務部，財務部經理審核批准。

第 17 條　財務部出納支付貨款，財務部會計將成本記入需求部門相關科目。

第 18 條 採購部按照合約執行，供應商發出設備或派人安裝調試，採購部、品質管理部、物資使用部門對到貨物資進行驗收，驗收無誤後簽字確認。

第 5 章 存貨採購核算

第 19 條 對於發票帳單與材料同時到達的採購業務，材料驗收入庫後，根據發票帳單等結算憑證確定的材料成本進行賬務處理。借記「原材料」科目，根據取得的增值稅專用發票上註明的(不計入材料採購成本的)稅額，借記「應交稅金應交增值稅(進項稅額)」，按照實際支付的款項，貸記「銀行存款」、「內部往來」或「應付賬款」科目。

第 20 條 對於材料已經到達並已驗收入庫，但發票帳單等結算憑證未到，貨款尚未支付的採購業務，應於月末按材料的暫估價值，借記「原材料」科目，貸記「應付賬款——暫估應付賬款」科目。

第 21 條 採用預付貨款的方式採購材料，參考的會計分錄情況如下。

1. 在預付材料價款時，按照實際預付金額，借記「預付賬款」科目，貸記「銀行存款」科目。

2. 已經預付貨款的材料驗收入庫，根據發票帳單等所列的價款、稅額等，借記「原材料」科目和「應交稅金——應交增值稅(進項稅額)」，貸記「預付賬款」科目。

3. 預付款項不足時，補付上項貨款，按補付金額，借記「預付賬款」科目，貸記「銀行存款」科目。

4. 退回上項多付的款項時，借記「銀行存款」科目，貸記「預付賬款」科目。

二、存貨的儲存管理制度

第 1 章　總則

第 1 條　為了保障倉庫物資保管安全、有序、規範，提高倉庫工作效率，特制定本制度。

第 2 條　存貨儲存權責單位。

1. 企業將存貨存放在外單位的，應取得證明，由財務部單獨設賬進行控制。

2. 在途商品、材料物資的管理，由採購人員將進貨憑證交財務部進行入賬控制。

3. 存放在倉庫的物資，由倉管員負責保管，財務部設賬進行控制。

4. 存放在生產現場的商品、材料物資等，由生產部門負責保管，並由財務部設賬進行控制。

第 3 條　存貨儲存原則。

1. 存貨限量管理。

2. 實行憑證查驗。

3. 專人保管，設明細賬卡登記收發貨，核對實存量。

第 4 條　本制度適用於原材料倉庫、半成品倉庫、成品倉庫等倉庫的保管管理。

第 2 章　存貨入庫管理

第 5 條　購進原材料等存貨，入庫前必須辦理入庫手續。

1. 核對實物規格、型號以及生產單位與採購合約一致。

2. 觀察包裝完好程度，並清點實物數量。

3. 進行實物品質檢查。

4. 填制《入庫單》一式三份。

第 6 條　存貨入庫按實收數量計算，並在實物賬卡上作記錄。

第 7 條　倉庫工作人員對所有入庫貨物的品質進行嚴格檢查和控制。

第 8 條　倉庫工作人員全面掌握倉庫所有貨物的貯存環境，堆層、搬運等注意事項，以及貨品配置(包括禮品等)、性能和一些故障及排除方法。

第 9 條　對於已售產品退貨的入庫，倉儲部應根據銷售部填寫的產品退貨憑證辦理入庫手續，經批准後，對擬入庫的商品進行驗收。因產品品質問題發生的退貨，應分清責任，妥善處理。對於劣質產品，可以採取修理、報廢等處理措施。

第 10 條　搬運人員在貨物搬運完畢後，不得在倉庫逗留。

第 11 條　同類型的貨物，不同批次入庫要注意分開擺放。

第 12 條　貯存在倉庫的貨物，按照貨物的品牌、型號、規格、顏色等分區歸類整潔擺放，在貨架上作相應的標識，並製作《倉庫貨物擺放平面圖》，張貼在倉庫入口處。

第 13 條　入庫儲存商品、材料、物資等應按指定的貨位(地點)分類、分品種堆放，並標明品名、規格、型號、款式、尺碼、數量、品質(等級)、產地、單位，要求堆放整齊，便於清查、取貨。

第 14 條　存貨的存放和管理應指定專人負責並進行分類編目，嚴格限制其他無關人員接觸存貨，入庫存貨應及時記入收、發、存登記簿或存貨卡片，並詳細標明存放地點。

第 3 章　庫位規劃和佈局管理

第 15 條　倉庫工作人員根據原材料、半成品、成品的出入庫情況、包裝方式等規劃所需庫位及其面積，以有效利用庫位空間。

第 16 條　庫位配置應配合倉庫內設備(例如消防設施、通風設備、電源等)及所使用的儲運工具規劃運輸通道。

第 17 條　根據銷售類別(如成品儲存區與退貨區)、原材料類別對倉庫存貨進行分區存放，收發頻繁的成品需在進出便捷的庫位存放。

第 18 條　將各類存貨依品名、規格、批號劃定庫位，標明於「庫位配置圖」上，並隨時顯示庫存動態。相同規格品名的存貨不能放在兩個倉庫內。

第 19 條　存貨堆放根據不同存貨的包裝形態及品質要求設定堆放方式及堆積層數，以避免存貨受擠壓而影響品質，存放高度不能超過______米。

第 20 條　存貨應於每一庫位設置貨卡標示牌，標示其品名、規格、單位包裝量、庫位數量。每次進出貨，及時更改存量，做到卡賬貨相符。依配置情況繪製「庫位標示圖」，懸掛於倉庫明顯處。

第 21 條　對不良品設專區擺放整齊，每箱裝有清單，載明產品數量、名稱、收回原因及經辦人，待銷售部批准後予以處置。

第 4 章　存貨防火、防盜等安全管理

第 22 條　倉庫禁止無關人員進入，所有入庫人員均需按照規定履行審批程序，必須在倉庫工作人員的陪同下進出倉庫，並遵守倉庫管理制度。

第 23 條　所有人員不得攜帶能夠容裝手機或配件的包裝物品(如手提包、紙袋等)進入倉庫，確需帶入的，須允許倉庫工作人員進行檢查。

第 24 條　庫房設施必須符合防火、防盜、防潮、防塵標準，貨架應達到安全要求。

第 25 條　倉庫工作人員應定期或隨時檢查存貨的防水、防火、防盜安全設施。檢查時，發現易燃、易爆危險存貨，應立即採取措施，存放到安全場所，予以隔離。

第 26 條　保持倉庫環境衛生和過道暢通，並做好防火、防潮、防盜等安全防範的工作。學會使用滅火器等工具，每天下班前須檢查各種電器電源等的安全情況。

第 27 條　任何人員不得在倉庫內吸煙、用餐，不得將水杯、飯盒、零食等帶入倉庫。

第 28 條　嚴格遵照存貨對倉庫的貯存環境要求(如溫度、濕度等)進行貯存保管，定時對存貨進行清潔和整理。

第 29 條　倉庫工作人員按照財務要求及時記錄所有貨物進出倉賬目情況，每天做好盤點對數工作，保證賬目和實物一致。

第 30 條　倉庫工作人員不得挪用、轉送倉庫內的任何物品，其他人員需要到倉庫借用貨物的，必須得到本部門負責人的書面批准。

第 31 條　倉庫、貴重物品的鑰匙由倉庫工作人員專人保管，不得轉借、轉交他人保管和使用，更不得隨意配製。

第 32 條　倉庫物資必須嚴格按照規定存放，每種存貨應掛卡片，標明品名、規格、型號、產地、單位等，並標明現存數量。

第 33 條　保管員應隨時檢查存儲的存貨是否過期變質、殘損、超儲積壓、短缺、包裝破損，如有發現，保管員應及時報告主管人員，會同有關部門進行處理。

第 5 章　存貨賬目管理

第 34 條　存貨賬目的範圍包括入庫單、出庫單、存貨明細賬以及台賬等。

第 35 條　所有出入庫物資，均需按品種登記入庫單和出庫單，並將收、發數量登記後結出餘額，隨時與實存數量進行核對，並做到卡實相符。如有不符，應查明原因，及時糾正處理。

第 36 條　倉儲部對入庫存貨建立存貨明細賬，詳細登記存貨類別、編號、名稱、規格型號、數量、計量單位等內容，並定期與財務部就存貨品種、數量、金額等進行核對。

第 37 條　存貨明細賬記錄應有合法依據，憑證必須完整無缺，記賬時應遵守以下記賬規則。

1. 入庫單記「收入」，出庫單記「發出」，相關資料作為其附件，分別順序編號，作為記賬索引號，按月裝訂成冊，以便日後查詢。

2. 賬頁不准撕毀，遇有改錯，可以劃紅線加蓋私章訂正。帳面記錄，嚴禁挖、補、刮、擦和使用塗改液。

3. 帳面記錄採用「永續盤存制」，每次發生增減變動，及時計算結存餘額。

4. 啟用賬簿，應在賬簿封面載明企業名稱、年度，在啟用頁內載明賬簿名稱、啟用日期，由記賬人員簽名或蓋章，並加蓋公章。

5. 調換記賬人員時，應註明交接日期，並由移交人、交接人簽名或蓋章。

第 38 條　存貨明細賬是記錄實物的收入、發出、結存情況的重要帳冊，必須按品種、規格登記，妥善保管，年終裝訂成冊，至少保存五年。

第 39 條　存貨明細賬不得隨意修改，如確需修改存貨明細賬，應當經有效授權批准方可進行。

第 40 條　倉庫工作人員應每日及時登記台賬，並於次日 11：30 前將庫存日報表交財務等相關部門。

第 41 條　倉庫工作人員每月定期同財務部會計核對出、入庫單和明細賬、台賬，確保賬實相符、賬賬相符。

三、存貨的領用管理制度

第 1 條 為了對存貨領用過程進行規範和控制，特制定本制度。

第 2 條 本制度適用於企業各類原材料和輔助材料倉庫存貨的領用管理。

第 3 條 企業材料使用部門負責本部門所需材料的領用。

第 4 條 生產部等材料使用部門領用材料，須填寫領料申請單並辦理相應的審批手續，並憑藉經過審批的領料申請單到倉庫領料。超出存貨領料限額的，應當經過特別授權。

第 5 條 領料申請單應填明材料名稱、規格、型號、領料數量、圖號、零件名稱或材料用途，並經工廠負責人簽字。屬計劃內的材料應有材料計劃，屬限額供料的材料應符合限額供料制度，屬於必須審批的材料應有審批人簽字。

第 6 條 倉庫工作人員對領料申請單進行審核，審核內容包括材料的用途、領用部門、數量以及相關的審批簽字信息等，審核無誤後，才能發料。

第 7 條 領用材料時，領料人必須同發料倉庫工作人員辦理交接手續，當面點交清楚，並在領料申請單上簽字。

第 8 條 材料倉庫按「先進先出，按規定供應」的原則發放材料。發料應堅持核對單據、監督領料、匯總剩餘材料庫存量的原則。對由於違規發放材料造成材料失效、黴變、大料小用、優料劣用以及差錯等損失，倉庫工作人員除承擔全部損失外，還要接受行政處分。

第 9 條 材料倉庫工作人員根據材料領用情況，編制材料出庫單，並在出庫單上加蓋「材料發訖」印章，同時需由倉庫庫管員、統計員簽章。

第 10 條　倉庫工作人員應妥善保管所有發料憑證，避免丟失。

第 11 條　倉庫工作人員及時將材料領用的單據交財務部，財務部會計根據加蓋「材料發訖」後的「材料出庫單」登記庫存材料明細賬，並在材料出庫單上簽字。

第 12 條　領用原材料的核算，根據領料材料匯總表借記「生產成本」、「管理費用」、「製造費用」等科目，貸記「原材料」、「包裝物」等科目。

四、存貨的發放管理制度

第 1 條　為了規範存貨發放管理，確保存貨發放秩序和授權審批流程的執行，特制定本制度。

第 2 條　本制度適用於企業成品倉存貨的發放管理。

第 3 條　成品倉庫工作人員在接到銷售部開列、財務部確認並加蓋財務印章的出貨單或調撥單後，首先明確產品規格、型號、等級、數量等客戶對產品的要求，憑出貨單或調撥單到倉庫核對產品是否齊全，是否符合發貨要求，確認無誤後方可組織發貨。

第 4 條　成品倉庫工作人員根據調撥單、領料單等發貨指令發出存貨之前，必須填制出庫單，出庫單是報告倉庫已按發貨指令將存貨發出，並辦妥交接簽字手續的程序性憑據。凡未辦理出庫單手續者，一律不得發貨。

第 5 條　出庫單的運作程序。

1. 本單一式四份。

2. 完成出庫單全部內容，確屬不必填的內容，需蓋章確認。

3. 發貨並經清點完畢，應及時加蓋「存貨已全部發出」章。

4. 倉庫內所有存貨，沒有調撥指令，均不准出庫，禁止以白條抵庫。

第 6 條　數量不確定產品的發放。

1. 若客戶要求出貨數量以實際裝車數量為准，由銷售部開具無產品數量項目的《出貨通知單》，並由銷售部經理簽字確認，倉庫工作人員接到《出貨通知單》後發貨。

2. 產品全部裝車完畢後，倉庫工作人員簽字確認並填寫裝車數目，交由銷售部開《發貨單》。

第 7 條　成品倉工作人員需現場跟蹤存貨的發放過程，嚴格按照出貨單或調撥單發貨，嚴禁倉庫工作人員隨意改變產品的型號、編號、等級等不符合客戶要求的信息，嚴禁不符合品質、包裝等要求的產品裝車發出。

第 8 條　產品裝車時，成品倉工作人員必須協同客戶對產品數目、品質清點確認，核准後應經兩名發貨人員與客戶同時簽字確認。

第 9 條　成品倉工作人員在裝車過程中應儘量避免人為原因造成的產品損失，對於確已發生的損失，由責任人按出廠價賠償。

第 10 條　由於客戶領貨人員工作不當造成的產品損失，由倉庫工作人員通知銷售部由責任人或客戶照價賠償。

第 11 條　在產品發貨過程中，若因破損數量多，需要生產工廠補充產品數量時，必須由成品工廠主任簽字後方可予以補損。

第 12 條　若客戶因特殊原因進行「先開單，後提貨」，提貨有效期為七個工作日。但提貨不得跨月進行。每月 26 日結賬日成品倉工作人員應及時與銷售部聯繫並提請客戶注意《發貨單》的時效。

第 13 條　禁止非成品倉庫人員在未經許可的情況下進入成品庫翻拿成品，成品庫內所有在庫成品需辦理出庫手續後方可發出；否則，所造成的一切後果由責任人自行負擔。

第 14 條　成品倉工作人員對存貨發放過程進行記錄，及時將出庫單等表單送交財務部，並於每月 28 日匯總交到財務部，並抄送銷售部。

五、存貨的盤點管理制度

第 1 章　總則

第 1 條　目的。

為加強企業內部管理，及時掌握企業存貨、財務及財產的準確數量，保證企業各項資產的安全、完整，同時也使盤點工作規範化，特制定本制度。

第 2 條　原則。

1. 真實：盤點所有的點數、資料必須是真實的，不允許作弊或弄虛作假，掩蓋漏洞和失誤。

2. 準確：盤點的過程要求準確無誤，無論是資料的輸入、陳列的核查、盤點的數目，都必須準確。

3. 完整：所有盤點過程的流程，包括區域的規劃、盤點的原始資料、盤點點數等，都必須完整，不要遺漏區域、遺漏商品。

4. 清楚：盤點過程屬於流水作業，不同的人員負責不同的工作，所以所有資料必須清楚，人員的書寫必須清楚，貨物的整理必須清楚，才能使盤點順利進行。

5. 團隊精神：盤點是企業全體人員都參加的核查貨物的過程，為縮短盤點時間，企業各個部門都必須有良好的協調配合意識，保證盤點工作的順利進行。

第 3 條　職責劃分。

1. 總盤人：由總裁或倉儲部經理擔任，負責盤點工作的統一領導和督查盤點工作的有效進行及盤點異常事項的處理。

2. 主盤人：由倉儲部經理或主管擔任，負責盤點工作的推動及實施。

3. 盤點人：由倉儲部門人員擔任，負責盤點工作。

4. 會點人：由財務部門指派專人擔任，負責盤點記錄工作。

5. 協點人：由經營部門人員擔任，負責盤點材料物品的搬運及整理工作。

6. 監點人：由總裁室派人擔任，也可根據實際情況由總盤人授權專人擔任，監督盤點工作。

7. 協調人：為配合盤點工作的有效進行，各有關部門應指派專人負責盤點工作，盤點工作結束後，其職責自然消失。

第 4 條　存貨盤點。

存貨盤點主要指原材料、輔助材料、燃料、低值易耗品、包裝物、在製品、半成品、產成品的清查核點。

第 2 章　盤點方式及時間

第 5 條　盤點的方式。

存貨盤點一般包括四種盤點方式，具體如下表所示。

盤點方式一覽表

盤點方式		相關說明
從時間上劃分	定期盤點	主要是指在月末、年中、年底的固定日期盤點，它能夠對庫存的貨物進行全面的盤點，盤點準確性高，但是盤點時必須停止倉庫作業。根據所採用的盤點工具不同，可以分為盤點單盤點法、盤點簽盤點法、貨架簽盤點法等
	臨時盤點	可以根據企業的需要隨時進行
從工作需要上劃分	全面盤點	對櫃組全部商品逐一盤點
	部份盤點	對有關商品的庫存進行盤點

第 6 條　年中、年終盤點。

1. 年終、年中盤點原則上應採取全面盤點方式，如因特殊原因無法全面盤時，應呈報總裁核准後，可改用其他方式進行。

2. 盤點期間原則上暫停收發物料，對於各生產單位在盤點期間所需用料的領料，經相關批准後，可以做特殊處理。

3. 盤點應按順序進行，採取科學的計量方法，每項財物數量應於確認後再進行下一項盤點，盤點後不得更改。

4. 盤點物品時，會點人應依據盤點實際數量作詳實記錄。盤點人應按事先確定的方法進行盤點，協點人應大力配合盤點工作，監點人要做好監察工作。

5. 盤點結果必須經各有關人員簽名確認，一經確認不得更改。

6. 盤點完畢，盤點人應將《盤點統計表》匯總並編制《盤存表》，《盤存表》一式兩聯，第一聯由經管部門自存，第二聯送財務部門，供核算盤點盈虧金額。

第 7 條　月末盤點。

對月末的存貨，由經管部門及財務部門實施盤點。

第 8 條　臨時盤點。

1. 臨時盤點由總裁視實際需要，隨時指派人員抽點。

2. 臨時盤點原則上不應事先通知經營部門，組織工作可適當簡化。

3. 盤點的技術要求同年終、年中盤點。

4. 抽查盤點工作結束後，盤點小分隊應出具抽查盤點報告，同時對盤點中注意事項的內容和庫存管理中存在的其他問題及隱患進行文字闡述。

5. 盤點小組的報告經分部財務部審閱後，根據盤點報告反映問題的重要程度分別採取上報總部審批、自行組織調整或賬務處理。

第 3 章　盤點實施

第 9 條　盤點時應將相應的記錄填在盤點單據上。

第 10 條　盤點票面不得隨意更改塗寫，更改需用紅筆在更改處簽名。

第 11 條　初盤完成後，將初盤數量記錄於《盤點表》上，將盤點表轉交給複盤人員。

第 12 條　複盤時由初盤人員帶複盤人員到盤點地點，複盤人員不應受到初盤的影響。

第 13 條　複盤與初盤有差異者，應與初盤人員一起尋找差異原因，確認後記入《盤點表》。

第 14 條　抽盤時可根據盤點表隨機抽盤或隨地抽盤。

第 4 章　盤點要求

第 15 條　盤點工作必須統一領導，事先制訂計劃，做好組織工作。

第 16 條　負責盤點的有關人員在進行盤點前要明確自己的職責及工作任務，事先做好準備。

第 17 條　盤點工作要連續進行，原則上負責盤點各有關人員不准請假，若有事需離開，應事先請假，獲准後方可離開，各有關人員不得擅自離開崗位。

第 18 條　所有盤點事項都以靜態盤點為原則。

第 19 條　盤點應精確計量，避免用主觀的目測方式，應於確定每種商品的數量後再繼續進行下一項，盤點後不得隨意更改。

第 20 條　盤點使用報表內所有欄目若有修改處，須經盤點有關人員簽認後生效，否則應追究其責任。

第 21 條　盤點數據必須真實、可靠，盤點方法必須科學，程序必須規範。

第 22 條　盤點開始至工作結束期間，各組盤點人員均受盤點負責人指揮監督。

第 23 條　盤點過程中發現問題或遇到困難，需及時彙報。

第 24 條　盤點時，會點人均應依據盤點人實際盤點數，詳實記錄於《盤點統計表》，並於該表上互相簽名確認無誤，對於差異較大的商品必須進行複盤；盤點完畢，盤點人應將《盤點統計表》進行系統錄入。

第 25 條　盤點結束後由各組負責人向主盤人報告，經核准後才能離開崗位。

第 26 條　盤點報告必須及時完成。

第 27 條　在盤點各項工作結束後，相關部門需列印出《盤點盈虧報告表》一式三聯，並填寫數額差異原因的說明及對策後，呈報總裁簽核，第一聯送財務，第二聯呈報總裁室，第三聯相關部門自存作為庫存調整的依據。

第 5 章　盤點獎懲

第 28 條　在盤點過程中，盤點人員應忠於職守，切實履行嚴格的盤點程序，表現優秀者予以獎勵。

第 29 條　在盤點過程中，對怠忽職守、隱瞞事實、不遵從盤點程序、表現惡劣者，予以懲罰。

第 6 章　盤點資料管理和賬務處理

第 30 條　資料整理。將盤點表全部收回，並加以匯總。

第 31 條　計算盤點結果。報表中應計算出盤盈、盤虧數量。

第 32 條　根據盤點結果找出問題點，並提出改善對策。

第 33 條　財務部會計參與每年不少於兩次的實地盤點，並做好記錄。對於盤盈的存貨及盤虧或毀損的存貨應分清責任，及時向企業財務部做出書面請示，批復後按規定進行賬務處理。

第 34 條　倉庫負責人根據批准處理的盤點報表進行調賬，實現賬物一致。

第四節　案例

【案例】木製品公司的存貨內控失效

合信木製品公司是一家外資企業。從 1999 年至 2004 年每年的出口創匯位居全市第三，年銷售額達 4300 萬元左右。2005 年以後該企業的業績逐漸下滑，虧損嚴重，2007 年破產倒閉。這樣一家中型企業，從鼎盛到衰敗，探究其原因，不排除市場同類產品的價格下降，原材料價格上漲等客觀的變化。但內部管理的混亂，是其根本的原因，在稅務部門的檢查中發現：該企業的產品成本、費用核算的不準確，浪費現象嚴重，存貨的採購、驗收入庫、領用、保管不規範，歸根到底的問題是缺乏一個良好的內部控制制度。這裏我們主要分析存貨的管理問題：

1. 董事長常年在國外，材料的採購是由董事長個人掌握，材料到達入庫後，倉庫的保管員按實際收到的材料的數量和品種入庫，實際的採購數量和品種保管員無法掌握，也沒有合約等相關的資料。財務的入賬不及時，會計自己估價入賬，發票幾個月以後，甚至有的長達 1 年以上才回來，發票的數量和實際入庫的數量不一致，也不進行核對，造成材料的成本不準確，忽高忽低。

2. 期末倉庫的保管員自己盤點，盤點的結果與財務核對不一致的，不去查找原因，也不進行處理，使盤點流於形式。

3. 材料的領用沒有建立規範的領用制度，車間在生產中隨用隨領，沒有計劃，多領不辦理退庫的手續。生產中的殘次料隨處可見，隨用隨拿，浪費現象嚴重。

從企業失敗的原因看：

第一，該企業基本沒有內控制度，更談不上機構設置和人員配備合理性問題。在內部控制中，對單位法定代表人和高管人員對實物資產處置的授權批准制度作出相互制約的規範，非常必要。對重大的資產處置事項，必須經集體決策審批，而不能搞一言堂、一隻筆，為單位負責人企圖一個人說了算設置制度上的障礙。

第二，企業沒有對入庫存貨的品質、數量進行檢查與驗收，不瞭解採購存貨要求。沒有建立存貨保管制度，倉儲部門將對存貨進行盤點的結果隨意調整。採購人員應將採購材料的基本資料及時提供給倉儲部門，倉儲部門在收到材料後按實際收到的數量填寫收料單。登記存貨保管賬，並隨時關注材料發票的到達情況。

第三，沒有規範的材料的領用和盤點制度，也沒有定額的管理制度，材料的消耗完全憑生產工人的自覺性。應細化控制流程，完善控制方法。我們知道，單位實物資產的取得、使用是多個部門共同完成的採購部門負責購置，驗收部門負責驗收，會計部門負責核算，使用部門負責運行和日常維護，可以說，實物資產的進、出、存等都有多個部門參與，為什麼還會出現問題？由此看來，不是控制流程不完備就是控制方法沒發揮作用。一個人、少數幾個人想要為所欲為，在制度面前就根本不可行，除非他買通所有的人。

第四，存貨的確認、計量沒有標準，完全憑會計人員的經驗，直接導致企業的成本費用不實。正是因為這些原因導致一個很有發展前途的企業最終失敗。

心得欄 --

第五章

銷售控制的內部控制重點

第一節　銷售的內部控制重點

一、銷售的授權批准控制

企業應當建立銷售與收款業務的崗位責任制，明確相關部門和崗位的職責權限，確保辦理銷售與收款業務的不相容崗位相互分離、制約和監督。

銷售與收款不相容崗位至少應當包括：客戶信用管理，與銷售合約協議的審批、簽訂；銷售合約協議的審批、簽訂與辦理發貨；銷售貨款的確認、回收與相關會計記錄；銷售退回貨品的驗收、處置與相關會計記錄；銷售業務經辦與發票開具、管理；壞賬準備的計提與審批、壞賬的核銷與審批。

企業可以設立專門的信用管理部門或崗位，負責制定企業信用政策，監督各部門信用政策執行情況。信用管理部門(或崗位)的主要職責有：負責對客戶的信用調查，建立客戶信用檔案；負責核定客戶的信用額度；批准銷售部門提出的授信申請；制定企業的信用政策；監督各部門信用政策的執行。

信用政策應當明確規定定期(或至少每年)對客戶資信情況進行評估，並就不同的客戶明確信用額度、回款期限、折扣標準以及違約情況下應採取的應對措施等。

企業應當合理採用科學的信用管理技術，不斷收集、健全客戶信用資料，建立客戶信用檔案或者數據庫。

企業可以運用電腦信息網路技術集成企業分子公司或業務分部的銷售發貨信息與授信情況，防止向未經信用授權客戶發出貨品，並防止客戶以較低的信用條件同時與企業兩個或兩個以上的分、子公司進行交易而損害企業利益。

企業應當建立銷售業務授權制度和審核批准制度，並按照規定的權限和程序辦理銷售業務。只有這樣，才能保證銷售與收款業務按照內部控制的要求進行，才能有效地防止在銷售與收款業務中可能出現的各種弊端，確保銷售與收款業務的品質及其合法性、合理性和經濟性。授權批准制度的內容有：

(1)明確審批人員對銷售與收款業務的授權批准方式、權限、程序、責任和相關的控制措施，審批人員應當根據銷售與收款授權批准制度的規定，在授權範圍內進行審批，不得超越審批權限進行審批。

(2)規定經辦人員的職責範圍和工作要求，經辦人員應當在職責範圍內，按照審批人員的批准意見辦理銷售與收款業務。對於審批人超越授權範圍審批的銷售與收款業務，經辦人員有權拒絕辦理，並及時向審批的上級授權部門報告。

(3)應當建立健全合約審批制度。審批人員應對價格、信用條件、收款方式等內容進行審批。

⑷嚴禁未經授權的機構或人員辦理銷售與收款業務。

企業應當根據具體情況對辦理銷售業務的人員進行崗位輪換或者管區、管戶調整。有關人員在辦理崗位輪換移交手續時，應保證其經手的賬款和財物的安全與完整。防範因銷售人員將企業客戶資源變為個人私屬資源從事舞弊活動，而損害企業利益。

二、銷售的賒銷業務管理

企業在選擇客戶時，應當充分瞭解和考慮客戶的信用、財務狀況等有關情況，降低應收賬款回收中的風險。

賒銷業務應當遵循規定的銷售政策、信用政策及程序。對符合賒銷條件的客戶，經審批人批准後方可辦理賒銷業務；超出銷售政策和信用政策規定的賒銷業務應當進行集體決策審批。批准賒銷的依據是客戶的信用等級，在批准賒銷後，還應該具體確定賒銷額度、賒銷期限等，並進行客戶信用控制。

⑴不同信用等級客戶的管理。信用等級評價的最終目的是利用信用等級對客戶進行管理。單位和各銷售區應針對不同信用等級的客戶採取不同的信用或賒銷政策。

對 A 級客戶，信用較好可以不設限度或從寬控制，在客戶資金週轉偶爾有一定困難，或旺季進貨量較大、資金不足時，可以有一定的賒銷額度和回款期限。但賒銷額度應以不超過一次進貨為限，回款寬限應以不超過一個進貨週期為限。

對 B 級客戶，可以先設定一個限度，以後再根據信用狀況逐漸放寬。一般要求現款取貨。但在如何處理現款現貨時，應講究藝術性，不要讓客戶很難堪。應該在摸清客戶確實已準備好貨款或準備付款的情況下，再通知公司發貨。對特殊情況可以用銀行承兌匯票結算，允許零星貨款的賒欠。

對 C 級客戶，應仔細審查，可以給予少量或不給信用限度，要求現款現貨。如對一家欠債巨大的客戶，業務員要堅決要求現款現貨，絲毫不能退讓，而且要考慮好一旦該客戶破產倒閉應採取怎樣的補救措施。C 級客戶不應列為公司主要客戶，應逐步以信用良好、經營實力強的客戶取而代之。

對 D 級客戶，不給予任何信用交易，堅決要求現款現貨或先款後貨，並在追回貨款的情況下逐步淘汰該類客戶。

新客戶一般按 C 級客戶對待，實行現款現貨。經過多次業務往來，對客戶的信用情況有較多瞭解後(一般不少於 3 個月)，再按正常的信用等級評價方法進行評價。需要注意的是，要提防一些異常狡猾的小客戶或經銷商，他們在做頭幾筆生意時故意裝得誠實守信，待取得信任後再進行行騙。

⑵客戶信用等級的定期核查。客戶信用狀況是不斷變化的，有的客戶信用等級在上升，有的則在下降。因此，需要定期對客戶的信用等級進行核查，以隨時掌握客戶信用等級的變動情況。一般應 1 個月核查一次，核查間隔時間最長不能超過 3 個月。對客戶信用等級核查的結果必須及時通知有關部門。

⑶賒銷額度的確定。賒銷額度是指企業根據其經營情況和每次償付能力規定允許給予該客戶的最多的賒購金額。賒銷額度的確定在應收賬款信用管理中具有特殊意義，它能防止由於給予某些企業過度的賒銷，超過其實際償付能力而蒙受損失。當客戶的訂單不止一份，而是在一定時期內有連續多項訂單時，為了避免重覆地對客戶進行信用分析和信用標準的評估，就可根據測定結果對不同的客戶制定相應的

賒銷額度。這樣便能控制客戶在一定時期內應收賬款金額的最高限度。在日常業務中，可以連續地接受客戶的訂單，辦理賒銷業務，對於每一客戶只要其賒銷額不超過其規定的賒銷額度，便可視為正常。一旦發現某客戶賒銷額達到其賒銷額度，且其賒銷規模還可能會進一步擴大時，便應重新對其進行信用分析，並經有關負責人批准後方能辦理賒銷業務。

賒銷額度實際上表示企業願意對客戶承擔的最大賒銷額。其限額的大小與信用標準、賒銷期限、壞賬損失、收賬費用等的大小直接有關，單位應在可能獲取的收益和可能發生的損失之間進行衡量，合理確定賒銷額度。但總的限額不能超過企業的信用承受額。

⑷賒銷期限的確定。賒銷期限是賒銷的允許期限，對於企業加強風險管理具有十分重要的意義。設定合理的賒銷期限，既是信用促銷的手段，也是加強貨款回收管理的重要內容之一。

⑸客戶信用的控制。企業應採用嚴密的客戶信用控制制度，應對每個客戶都建立檔案，對每個客戶的購貨數量、付款情況都進行記錄。根據用戶不同的信用情況、業務量大小給予客戶相應的信用限度。如果超過規定的時間(信用天數)或訂貨總額(欠款金額＋新訂單金額)超過信用額度，就停止發貨。

信用限度的調整必須由銷售人員提出申請，填寫信用限度申請表，再報告各級經理審批同意後交財務部審核並按建立信用限度的原則予以確定。隨著客戶業務情況的變化和發展，一般每 3 個月應對客戶信用情況進行一次分析和調整。特殊情況需要調整的，須經公司負責人或財務總監批准後才可進行調整。

三、銷售的發貨管理

企業應當按照規定的程序辦理銷售和發貨業務，包括銷售談判、合約訂立、合約審批、組織銷售和發貨等內容。

1. 銷售談判

企業在銷售合約協議訂立前，應當指定專門人員就銷售價格、信用政策、發貨及收款方式等具體事項與客戶進行談判。對談判中涉及的重要事項，應當有完整的書面記錄。

在銷售談判中，談判雙方主要就以下幾項交易條件進行磋商：商品的品質條件、商品的數量條件、商品的包裝條件、交貨條件、貨款的支付方式和期限、商品的檢驗與索賠條件、不可抗力條件及仲裁等。

2. 合約訂立

銷售合約協定草案經審批同意後，企業應當授權有關人員與客戶簽訂正式銷售合約協定。

買賣雙方透過交易談判，一方的要求被另一方有效地接受後，交易即達成。但在商品交易過程中，一般都需要透過書面合約來確認。合約經雙方簽字後就成為約束雙方的法律性文件，雙方都必須遵守和執行合約規定的各項條款，任何一方違背合約規定，都必須承擔法律責任。所以，合約的簽訂是銷售談判的一個重要環節。如果合約簽訂這一環節發生事故或差錯，就會給以後合約履行留下引起糾紛的把柄，甚至會給交易帶來重大損失。只有對這一工作採取認真、嚴肅的態度，才能使整個銷售談判達到預期的目的。在實際中，把握好這一環節的基本要求是：合約內容必須與雙方談妥的事項及要求完全一致，特別是主要的交易條件，都要訂得明確、具體、詳細；擬定合約時所涉及的概念不應有歧義，前後的敍述不能自相矛盾或出現疏漏或差錯。

3. 合約審批

企業應當建立健全銷售合約協議審批制度，明確說明八體的審批程序及所涉及的部門人員，並根據企業的實際情況明確界定不同合約協議金額審批的具體權限分配等，不得超越權限審批。審批人員應當對銷售合約協議草案中提出的銷售價格、信用政策、發貨及收款方式等嚴格審查並建立客戶信息檔案。重要的銷售合約協議，應當徵詢法律顧問或專家的意見。

4. 組織銷售

企業銷售部門應當按照經批准的銷售合約協議編制銷售計劃，向發貨部門下達銷售通知單，同時編制銷售發票通知單，並經審批後下達給財會部門，由財會部門或經授權的有關部門在開具銷售發票前對客戶信用情況及實際出庫記錄憑證進行審查無誤後，根據銷售發票通知單向客戶開出銷售發票。

5. 組織發貨

企業發貨部門應當對銷售發貨單據進行審核，嚴格按照銷售通知單所列的發貨品種和規格、發貨數量、發貨時間、發貨方式、接貨地點組織發貨，並建立貨物出庫、發運等環節的崗位責任制，確保貨物的安全發運。

6. 銷售記錄

企業應當在銷售與發貨各環節做好相關的記錄，填制相應的憑證，建立完整的銷售登記制度，並加強銷售訂單、銷售合約協定、銷售計劃、銷售通知單、發貨憑證、運貨憑證、銷售發票等文件和憑證的相互核對工作。

銷售部門應當設置銷售台賬，及時反映各種商品、勞務等銷售的開單、發貨、收款情況，並由相關人員對銷售合約協定執行情況進行定期跟蹤審閱。銷售台賬應當附有客戶訂單、銷售合約協定、客戶簽收回執等相關購貨單據。

企業應當定期抽查、核對銷售業務記錄、銷售收款會計記錄、商品出庫記錄和庫存商品實物記錄，及時發現並處理銷售與收款中存在的問題；同時，還應定期對庫存商品進行盤點。

四、銷售的應收賬款內部控制

對於現銷，財務人員根據銷售發票進行合規性、合法性審核，並加蓋審核印章，由審核人員簽字。銷售發票審核無誤後，根據銷售發票的結算聯與客戶辦理貨款結算手續。對於已收貨款，不得擅自坐支現金。企業應當避免銷售人員直接接觸銷售現款。

企業應當建立應收賬款賬齡分析制度和逾期應收賬款催收制度。銷售部門應當負責應收賬款的催收，催收記錄(包括往來函電)要妥善保存，財會部門應當督促銷售部門加緊催收。對催收無效的逾期應收賬款可透過法律程序予以解決。

應收賬款應分類管理，針對不同性質的應收款項，採取不同方法和程序。企業應當按客戶設置應收賬款台賬，及時登記並評估每一客戶應收賬款餘額增減變動情況和信用額度使用情況。

1. 賒銷業務管理

在貨物銷售業務中，凡客戶利用信用額度賒銷的，須由經辦銷售人員填寫賒銷的「開具發票申請單」，註明賒銷期限。銷售負責人按照客戶信用限額對賒銷業務簽批後，財務部門方可開票，倉庫管理部門方可憑單辦理發貨手續。應收賬款主管應定期按照「信用額度期限表」核對應收賬款的回款和結算情況，嚴格監督每筆賬款的回收和結算。應收賬款超過信用期限規定日期內仍未回款的，應及時上報財務負責人，並及時通知銷售經理組織銷售人員聯繫客戶清收。凡前次賒銷未在約定時間結算的，除特殊情況下客戶能提供可靠的資金擔保外，一律不再發貨和賒銷。銷售人員在簽訂合約和發貨時，須按照信用等級和授信額度確定銷售方式，所有簽發賒銷的銷售合約都必須經銷售負責人簽字後方可蓋章發出。

2. 應收賬款賬齡分析

分析應收賬款欠款時間，一般地說，拖欠的時間越長，款項收回的可能性越小，壞賬的可能性就越高。因此，應定期揭示客戶應收賬款的賬齡、逾期情況、催收情況，同時應對應收賬款有總體的賬齡分析，這就需要建立應收賬款賬齡分析制度，透過編制應收賬款賬齡分析表來分析應收賬款賬齡。賬齡分析表是一張顯示應收賬款在外天數(賬齡)長短的報告。利用這種賬齡分析表，單位可以瞭解下列情況：

⑴有多少欠款尚在信用期內，這些尚在信用期的欠款是未到償付期的欠款，欠款是正常的。但是這種欠款到期後能否收回，尚要待時再定，所以，對它進行及時監督是十分必要的。

⑵有多少欠款超過了信用期，超過信用期長短的款項各佔多少。有多少欠款會因拖欠太久而可能成為壞賬。對不同拖欠時間的欠款，單位應採取不同的收賬方法，制定出可行的收款政策；對可能發生的壞賬損失，則應提前做出穩妥的準備，充分估計這一因素對損益的影響。

3. 逾期應收賬款的催收

建立逾期應收賬款催收制度，銷售部門應當負責應收賬款的催收，對催收無效的逾期應收賬款可透過法律程序予以解決。財會部門應當督促銷售部門加緊催收。

4.銷售回款獎懲制度

應嚴格區分並明確收款責任，建立科學、合理的清收獎勵制度以及責任追究和處罰制度，企業將貨款回收、清欠工作納入銷售人員的績效考核範圍，並作為今後提拔任免和獎懲的依據。以有利於及時清理催收欠款，保證企業營運資產的週轉效率。

企業對於可能成為壞賬的應收賬款，應當按照統一的會計準則制度規定計提壞賬準備，並按照權限範圍和審批程序進行審批。對確定發生的各項壞賬，應當查明原因，明確責任，並在履行規定的審批程序後做出會計處理。

5.壞賬確認控制

企業對於過期時間長的應收賬款，應當報告決策機構，由決策機構進行審查，確定是否確認為壞賬。對有確鑿證據表明確實無法收回的應收款項，如債務單位已撤銷、破產、資不抵債、現金流量嚴重不足等，根據企業的管理權限，經股東大會或董事會，或經理(廠長)辦公會議或類似的機構批准作為壞賬損失。

企業對於確實收不回來的應收賬款，經批准後應作為壞賬損失，沖銷計提的壞賬準備，注銷應收賬款等。企業核銷的壞賬應當進行備查登記，做到賬銷案存。已核銷的壞賬又收回時應當及時入賬，防止形成賬外款。

企業應當結合銷售政策和信用政策，明確應收票據的受理範圍和管理措施。應收票據內部控制的要求主要有以下幾個方面：

(1)企業應當加強對應收票據合法性、真實性的審查，防止購貨方以虛假票據進行欺詐。

⑵企業應收票據的取得和貼現必須經由保管票據以外的主管人員的書面批准。接受客戶票據需經批准手續，降低偽造票據以沖抵、盜用現金的可能性。票據的貼現須經主管人員審核和批准，以防偽造。

⑶應收票據的賬務處理，包括收到票據、票據貼現、期滿兌現時登記應收票據等有關的總分類賬。銷售會計應仔細登記應收票據備查簿，以便日後進行追蹤管理。

⑷企業應當有專人保管應收票據，對於即將到期的應收票據，應當及時向付款人提示付款；已貼現但仍承擔收款風險的票據應當在備查簿中登記，以便日後追蹤管理。

⑸企業應當制定逾期票據追索監控和沖銷管理制度。

第二節 銷售的內部控制流程與說明

一、銷售的業務審批流程

1. 銷售業務審批流程圖

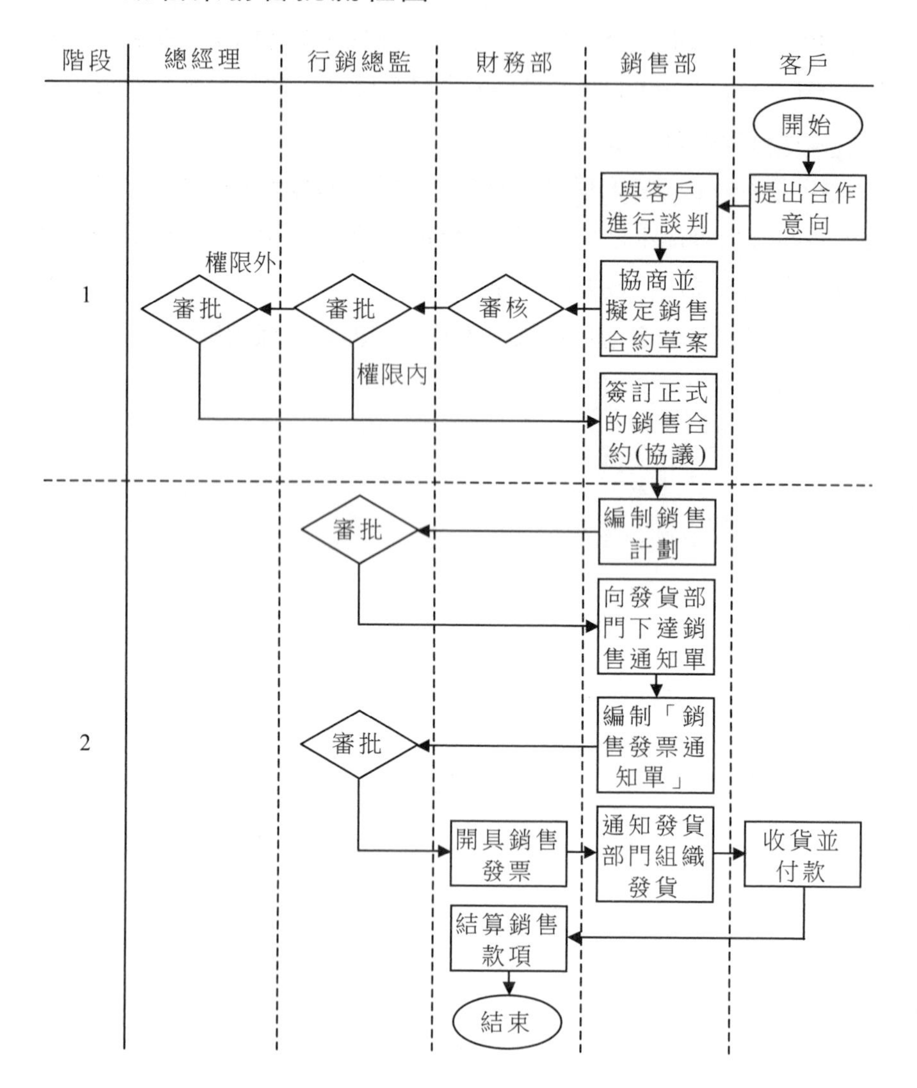

2. 銷售的業務審批流程控制表

階段	說　明
1	1. 在銷售合約簽訂之前，銷售員應就銷售價格、信用政策、發貨及收款方式等具體事項與客戶進行談判。對談判中涉及的重要事項，應當有完整的書面記錄 2. 銷售部與客戶協商後，擬定《銷售合約草案》，提交給行銷總監和總經理審批，行銷總監和總經理依照企業規定的不同合約金額審批權限進行審批，行銷總監/總經理應當對《銷售合約草案》中提出的銷售價格、信用政策、發貨及收款方式等嚴格審查並建立客戶信息檔案。重要的銷售合約，應當徵詢法律顧問或專家的意見 3. 銷售合約草案經審批同意後，銷售部經理應與客戶簽訂正式《銷售合約》。
2	4. 銷售部應當按照經批准的《銷售合約》編制銷售計劃 5. 銷售部向發貨部門下達銷售通知單，同時編制「銷售發票通知單」，並經行銷總監審批後下達給財務部 6. 發貨部門應當對銷售發貨單據進行審核，嚴格按照銷售通知單所列的發貨品種和規格、發貨數量、發貨時間、發貨方式、接貨地點組織發貨，並建立貨物出庫、發運等環節的崗位責任制，確保貨物的安全發運

二、銷售的定價流程

1. 銷售的定價流程圖

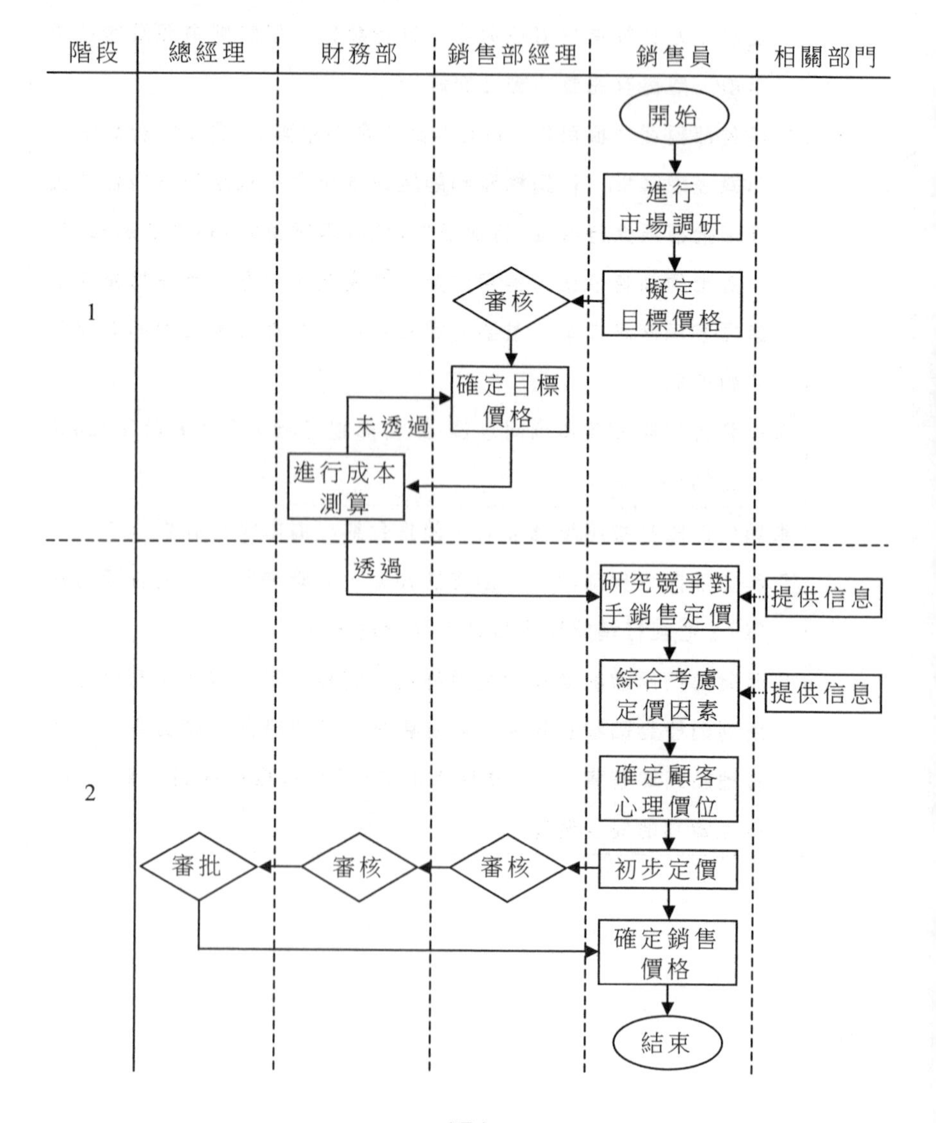

2.銷售的定價業務流程控制表

階段	說　明
1	1.銷售員在市場調研和研究了生產部、技術部等其他相關部門提供的信息基礎上，依據銷售定價控制制度擬定銷售目標價格 2.經銷售部經理審核後，確定銷售目標價格，交財務部審核 3.財務部對銷售價格進行成本測算，若成本測算未透過企業要求，則需要銷售部重新確定目標價格
2	4.銷售員對企業競爭對手的銷售定價進行研究，包括競爭對手品牌知名度、產品性能、產品包裝等相關因素 5.銷售員初步確定銷售價格後，提交銷售部經理和財務部審核、總經理審批

三、銷售的發貨流程

1. 銷售的發貨流程圖

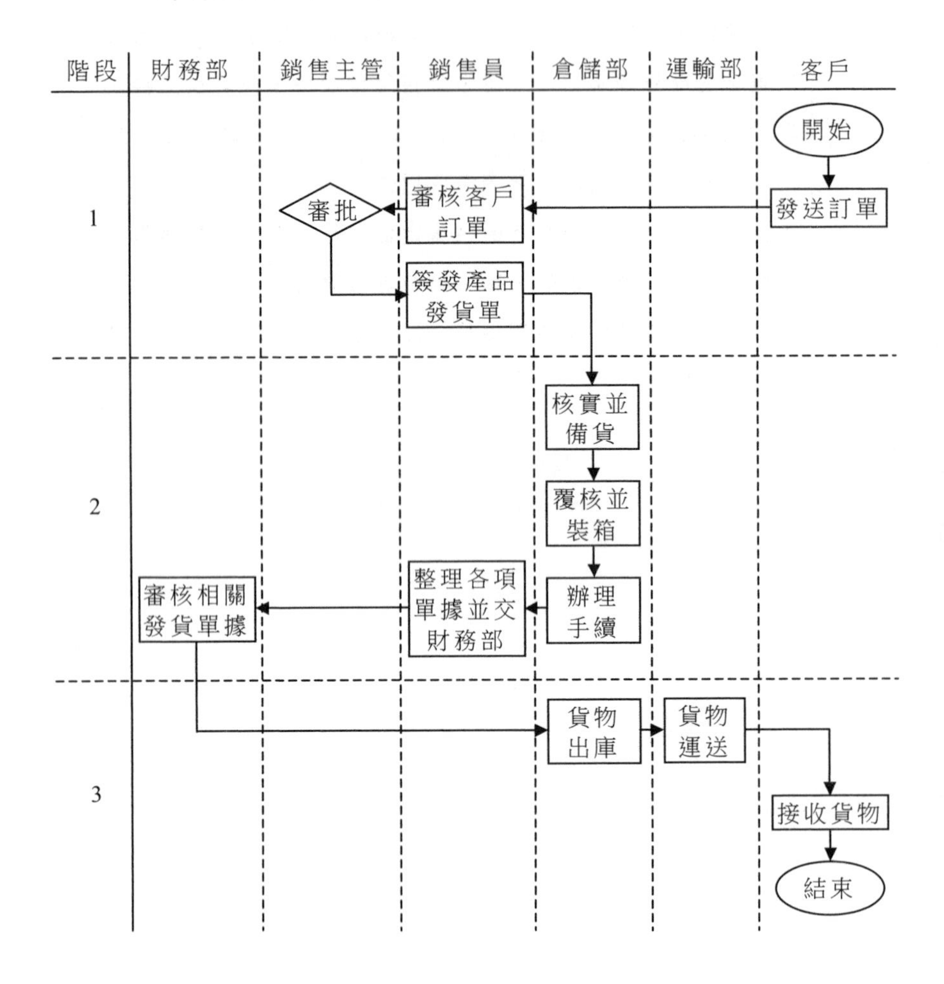

2. 銷售的發貨流程控制表

階段	說　明
1	1. 銷售員開展銷售活動，與客戶簽訂銷售合約，客戶根據合約要求及需要發出訂單 2. 銷售員對訂單所列的發貨品種和規格、訂單數量、金額、發貨時間以及發貨方式、接貨地點等進行初步審核，上報銷售主管審批 3. 銷售員根據審批後的訂單，簽發「發貨單」，交由倉儲部準備發貨
2	4. 倉儲部核實銷售員簽發的「發貨單」，根據「發貨單」規定的品種、數量、包裝、時間等要求備貨，並通知運輸部運貨 5. 倉庫管理員調整賬卡，核銷存貨，並進行覆核；覆核無誤後，進行包裝、裝箱，並在外包裝上詳細寫明到貨位址、電話和取貨人等信息 6. 倉庫管理員依據「發貨單」，在所發貨物裝車後開具「倉儲發貨明細清單」，並將實際數量填在產品發貨單欄內，加蓋倉庫專用章 7. 財務部對銷售員提交的各項單據進行審核，審核無誤後允許發貨
3	8. 按照訂單約定時間和發貨方式，運輸部負責送貨或由客戶取貨 9. 銷售員在貨物發出後，及時與客戶溝通，提醒客戶收貨，確認到貨情況，並協助處理出現的意外情況

四、銷售的賒銷管控流程

1. 銷售的賒銷管控流程圖

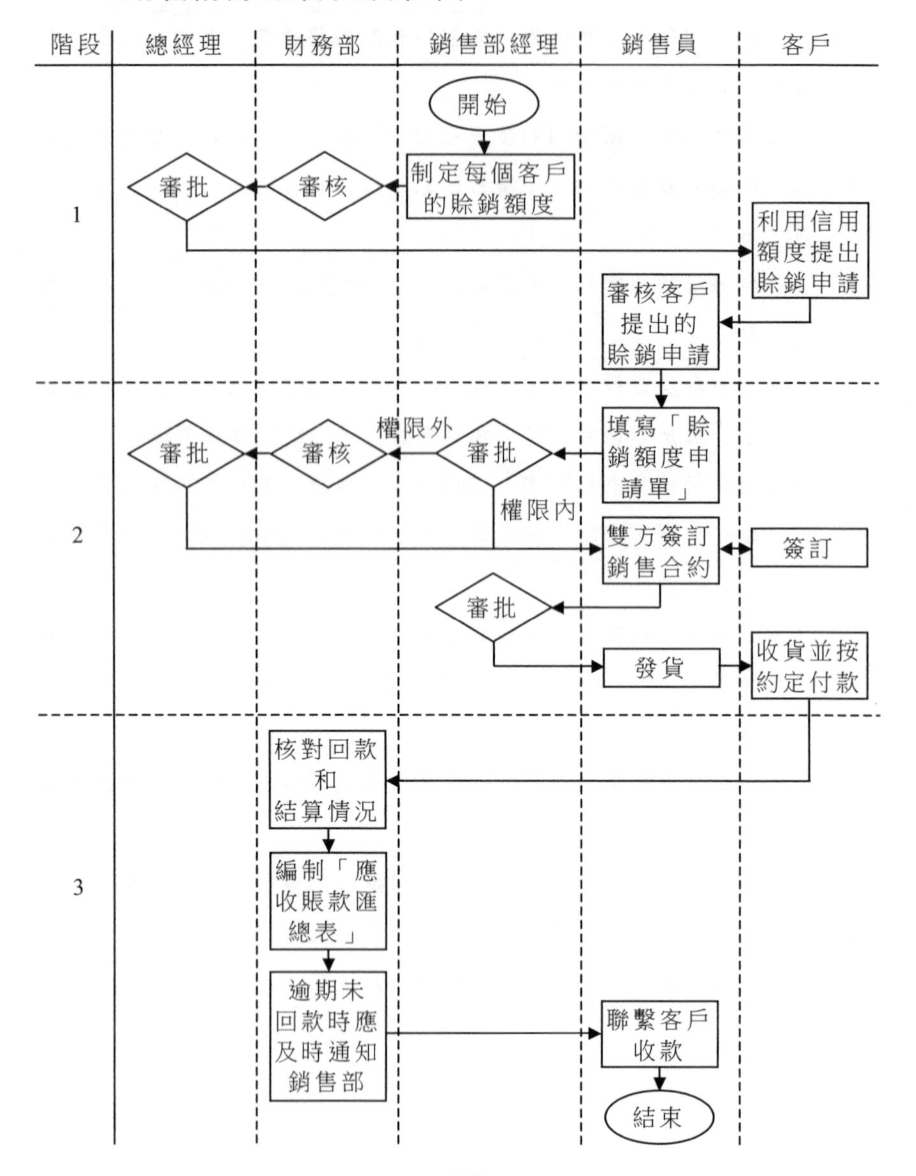

2. 銷售的賒銷管控流程程序控制製錶

階段	說明
1	1. 銷售部經理依據對客戶的調查情況，針對每個客戶劃分賒銷額度範疇，交財務部審核、總經理審批後組織執行 2. 銷售員根據企業相關規定和客戶賒銷額度對客戶提出的賒銷申請進行審核
2	3. 申請符合企業規定的，銷售員填寫「賒銷額度申請單」，提交審批；若在客戶賒銷額度範圍之內的，銷售部經理審批即可；若超過賒銷額度，交財務部審核及總經理審批 4. 銷售員在簽訂合約或發貨時，需按照信用等級和授權額度確定銷售方式；所有簽發賒銷的銷售合約都必須經銷售部經理簽字蓋章後方可發出
3	5. 財務部定期按照「信用額度期限表」核對應收賬款的匯款和結算情況，嚴格監控每筆賬款的回收和結算進度 6. 應收賬款超過信用期限仍未回款的，催收會計人員應及時上報財務部經理，並及時通知銷售部經理組織銷售員聯繫客戶清收

五、銷售的合約審批流程

1. 銷售的合約審批流程圖

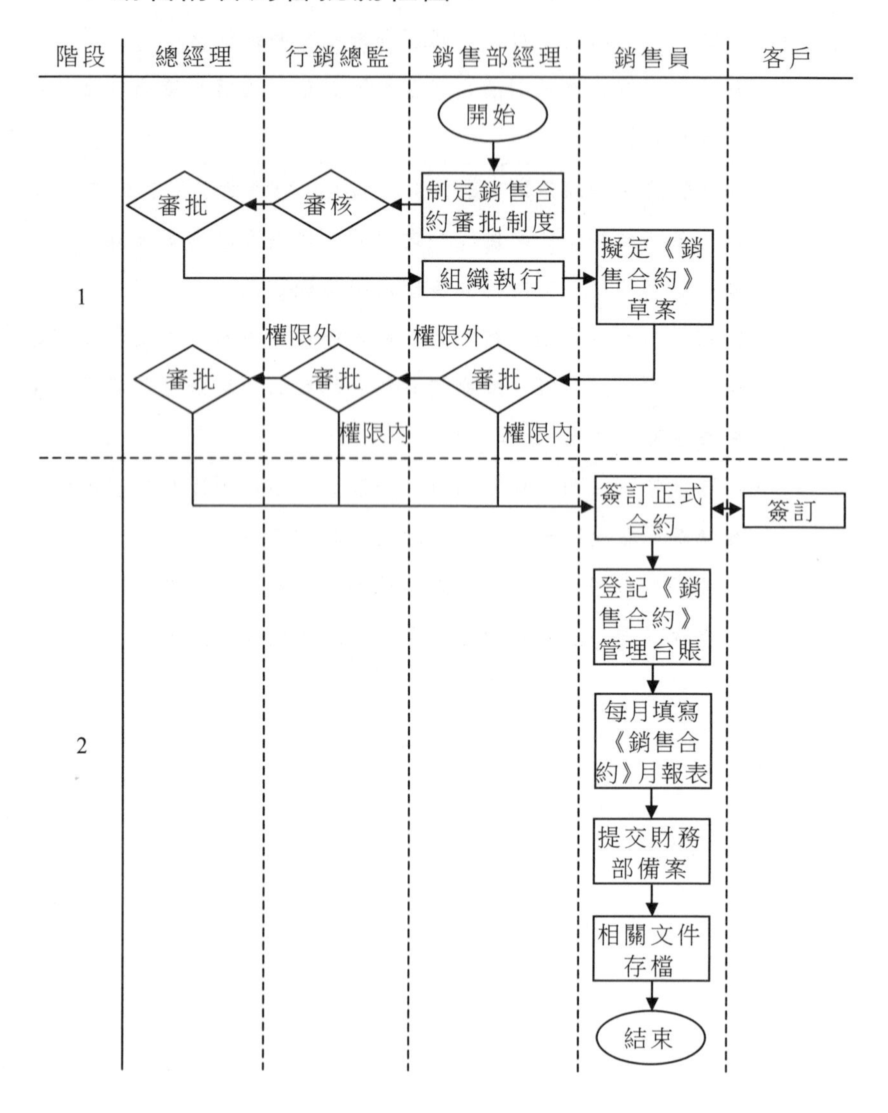

2. 銷售的合約審批流程控制表

階段	說　明
1	1. 銷售部經理執行銷售合約審批制度，明確說明具體的審批程序及所涉及的部門人員，並根據企業的實際情況明確界定不同合約金額審批的具體權限分配等，經行銷總監審核、總經理審批後組織執行 2. 銷售員在與客戶達成協定後，雙方本著「平等互利、協商一致、等價有償」的原則擬定《銷售合約》草案，銷售員將擬定的《銷售合約》草案根據審批權限報請上級審批 3. 審批人員應當對《銷售合約》草案中提出的銷售價格、信用政策、發貨及收款方式等嚴格審查並建立客戶信息檔案；重要的銷售合約，應當徵詢法律顧問或專家的意見
2	4. 審批透過後，銷售員在授權範圍內與客戶簽訂正式的《銷售合約》，應採用企業統一的文本格式 5. 銷售員定期將《銷售合約》月報表送財務部備案，財務部將對其進行賬務處理

六、銷售的退回管理流程

1. 銷售的退回管理流程圖

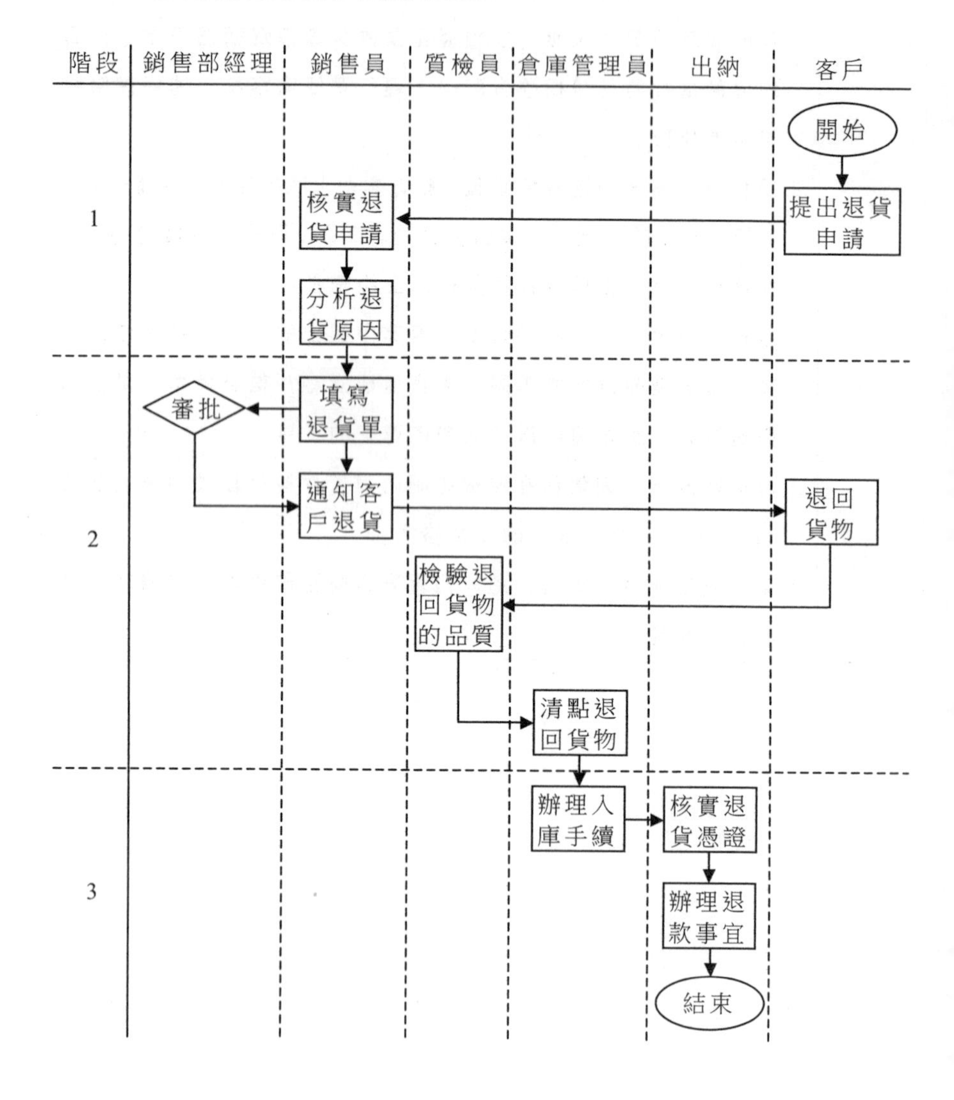

2. 銷售的退回管理流程控制表

階段	說　明
1	1. 客戶購買貨品之後，在貨品使用前或使用中發現問題向銷售員提出退貨申請 2. 銷售員接到客戶的「退貨申請單」後，檢查該批貨物是否為過往所售貨物，並判斷貨物是否符合退貨標準 3. 銷售員參照《銷售合約》相關規定，分析客戶退貨原因，並通知質檢部和技術部進一步分析，確定責任
2	4. 明確屬於本企業責任後，銷售員填寫「退貨單」，提請銷售部經理審批後通知客戶退貨 5. 銷售員通知客戶退貨或由本企業運輸部將貨物運回 6. 質檢部根據企業相關規定，對銷售退回的貨物進行品質檢驗，並出具「品質檢驗證明」
3	7. 倉儲部應當在清點貨物、註明退回貨物的品種和數量後，填制《退貨接收報告》 8. 財務部應當對「品質檢驗證明」、《退貨接收報告》以及退貨方出具的退貨憑證等進行審核，然後辦理相應的退款事宜

七、銷售的收款業務流程

1. 銷售的收款業務流程圖

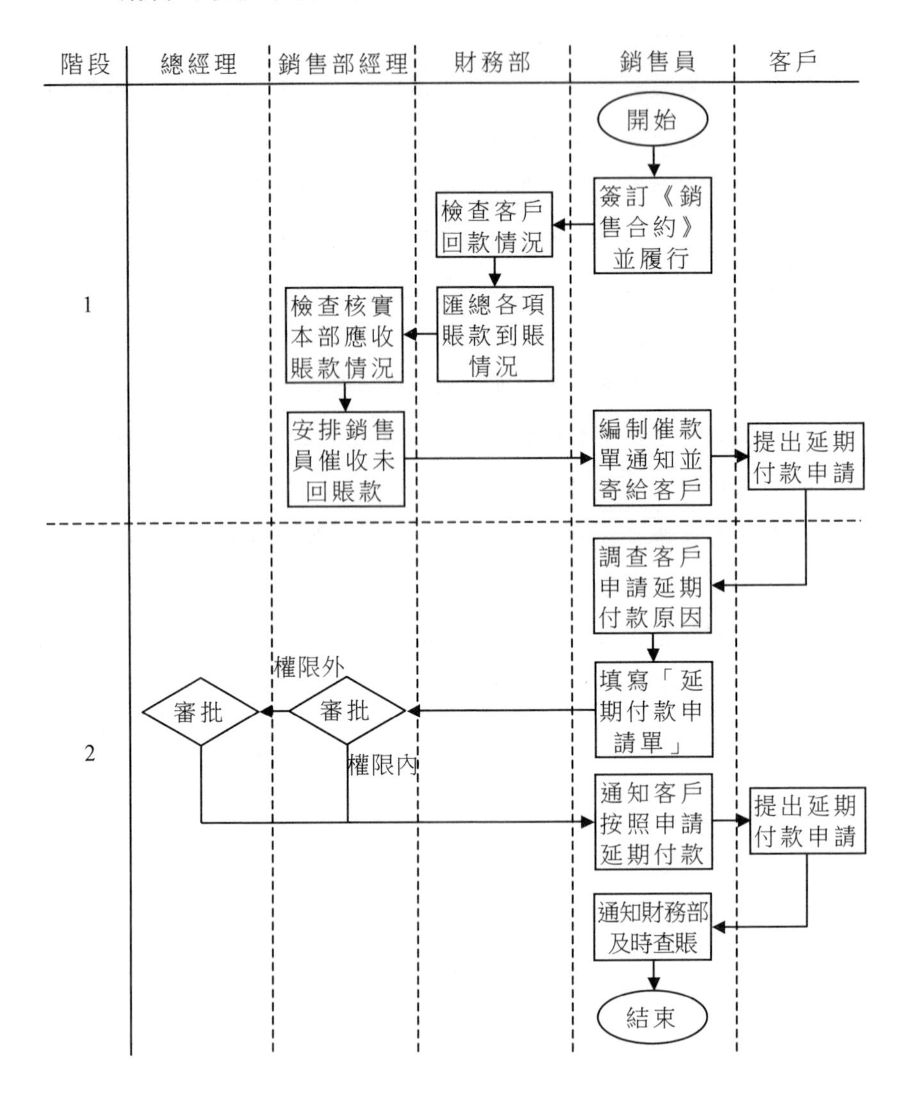

2. 銷售的收款業務流程控制表

階段	說明
1	1. 銷售員與所開發的客戶簽訂《銷售合約》，合約中要註明貨物品種、數量、金額、付款方式、爭議解決方法等內容，規定雙方的權利和義務，並根據合約約定和客戶的訂貨單及時向客戶發貨 2. 財務部根據各項銷售業務的回款計劃與發貨單，檢查實際回款情況 3. 財務部根據規定檢驗客戶是否按計劃回款、貨款是否到賬、貨款是否完全到賬等，並就應回而未回的款項編制應收賬款明細表，通知銷售部 4. 銷售部經理對於逾期未回的賬款，安排銷售員進行催款 5. 客戶接到催款通知後，若申請延期付款的，向銷售員提出延期付款申請
2	6. 銷售員要結合企業的相關規定，詳細調查客戶的經營狀況、償付能力、信譽狀況等信息，並瞭解客戶申請延期付款的真實原因 7. 銷售員填寫「延期付款申請單」上報審批，銷售部經理、總經理根據各自的職責和權限依次審核、審批客戶的申請並做出決定 8. 銷售員按照客戶申請要求及時收款，並於當日或次日將所收現金或票據交財務部或通知財務部及時查賬，確認款項到賬情況

第三節　銷售的內部控制辦法

一、銷售的信用管理制度

第 1 章　總則

第 1 條　為充分瞭解和掌握客戶的信譽、資信狀況，規範企業客戶信用管理工作，避免銷售活動中因客戶信用問題給企業帶來損失，特制定本制度。

第 2 條　本制度適用於對企業所有客戶的信用管理。

第 3 條　財務部負責擬定企業信用政策及信用等級標準，銷售部需提供建議及企業客戶的有關資料作為政策制定的參考。

第 4 條　企業信用政策及信用等級標準經有關審批後執行，財務部監督各單位信用政策的執行情況。

第 2 章　客戶信用政策及等級

第 5 條　根據對客戶的信用調查結果及業務往來過程中的客戶的表現，可將客戶分為四類，具體如下表所示。

客戶分類表

客戶類別	銷售情況	客戶其他資訊
A 類	佔累計銷售額的 70%左右	規模大、信譽高、資金雄厚
B 類	佔累計銷售額的 20%左右	規模中檔、信譽較好
C 類	佔累計銷售額的 5%左右	信用狀況一般的中小客戶
D 類	佔累計銷售額的 5%左右	一般的中小客戶、新客戶、信譽不太好的客戶

第 6 條　銷售業務員在銷售談判時，應按照不同的客戶等級給予不同的銷售政策。

1. 對 A 級信用較好的客戶，可以有一定的賒銷額度和回款期限，但賒銷額度以不超過一次進貨為限，回款以不超過一個進貨週期為限。

2. 對 B 級客戶，一般要求現款現貨。可先設定一個額度，再根據信用狀況逐漸放寬。

3. 對 C 級客戶。要求現款現貨，應當仔細審查，對於符合企業信用政策的，給予少量信用額度。

4. 對 D 級客戶，不給予任何信用交易，堅決要求現款現貨或先款後貨。

第 7 條　同一客戶的信用限度也不是一成不變的，應隨著實際情況的變化而有所改變。銷售業務員所負責的客戶將要超過規定的信用限度時，須向銷售經理乃至總經理彙報。

第 8 條　財務部負責對客戶信用等級的定期核查，並根據核查結果提出對客戶銷售政策的調整建議，經銷售經理、行銷總監審批後，由銷售業務員按照新政策執行。

第 9 條　銷售部應根據企業的發展情況及產品銷售、市場情況等，及時提出對客戶信用政策及信用等級進行調整的建議，財務部應及時修訂此制度，並報審批後下發執行。

第 3 章　客戶信用調查管理

第 10 條　客戶信用調查管道。

銷售部根據業務需要，提出對客戶進行信用調查。財務部可選擇以下途徑對客戶進行信用調查。

1. 透過金融機構（銀行）調查。

2. 透過客戶或行業組織進行調查。

3. 內部調查。詢問同事或委託同事瞭解客戶的信用狀況，或從本企業派生機構、新聞報導中獲取客戶的有關信用情況。

4. 銷售業務員實地調查。即銷售部業務員在與客戶的接洽過程中負責調查、收集客戶信息，將相關信息提供給財務部，財務部分析、評估客戶企業的信用狀況。銷售業務員調查、收集的客戶信息應至少包括以下內容，如下表所示。

銷售業務員對客戶進行信用調查應收集的客戶信息列表

客戶信息項目	主 要 內 容
基礎資料	客戶的名稱、位址、電話、股東構成、經營管理者、法人代表及其企業組織形式、開業時間等
客戶特徵	企業規模、經營政策和觀念、經營方向和特點、銷售能力、服務區域、發展潛力等
業務狀況	客戶銷售業績、經營管理者和業務人員素質、與其他競爭者的關係、與本企業的業務關係及合作態度等
交易現狀	客戶的企業形象、聲譽、信用狀況、銷售活動現狀及優劣勢、交易條件、出現的信用問題及對策等
財務狀況	資產、負債和所有者權益的狀況、現金流量的變動情況等

第 11 條　信用調查結果的處理。

1. 調查完成後應編寫客戶信用調查報告。

(1) 客戶信用調查完畢，財務部有關人員應編制客戶信用調查報告，及時報告給銷售經理。銷售業務員平時還要進行口頭的日常報告和緊急報告。

(2) 定期報告的時間要求依不同類型的客戶而有所區別。

①A 類客戶每半年一次即可。

②B 類客戶每三個月一次。

③C 類、D 類客戶要求每月一次。

⑶調查報告應按企業統一規定的格式和要求編寫，切忌主觀臆斷，不能過多地羅列數字，要以資料和事實說話，調查項目應保證明確、全面。

2. 信用狀況突變情況下的處理。

⑴銷售業務員如果發現自己所負責的客戶信用狀況發生變化，應直接向上級主管報告，按「緊急報告」處理。採取對策必須有上級主管的明確指示，不得擅自處理。

⑵對於信用狀況惡化的客戶，原則上可採取如下對策：要求客戶提供擔保人和連帶擔保人；增加信用保證金；交易合約取得公證；減少供貨量或實行發貨限制；接受代位償債和代物償債，有擔保人的，向擔保人追債，有抵押物擔保的，接受抵押物還債。

第 12 條　銷售業務員自己在工作中應建立客戶信息資料卡，以確保銷售業務的順利開展，及時掌握客戶的變化以及信用狀況。客戶資料卡應至少包括以下內容。

1. 基本資料：客戶的姓名、電話、住址、交易聯繫人及訂購日期、品名、數量、單價、金額等。

2. 業務資料：客戶的付款態度、付款時間、銀行往來情況、財務實權掌管人、付款方式、往來數據等。

第 4 章　交易開始與中止時的信用處理

第 13 條　交易開始。

1. 銷售業務員應制訂詳細的客戶訪問計劃，如某一客戶已訪問五次以上而無實效，則應從訪問計劃表中刪除。

2.交易開始時，應先填制客戶交易卡。客戶交易卡由企業統一印製，一式兩份，有關事項交由客戶填寫。

3.無論是新客戶，還是老客戶，都可依據信用調查結果設定不同的附加條件，如交換合約書、提供個人擔保、提供連帶擔保或提供抵押擔保。

第14條　中止交易。

1.在交易過程中，如果發現客戶存在問題和異常點應及時報告上級，作為應急處理業務可以暫時停止供貨。

2.當票據或支票被拒付或延期支付時，銷售業務員應向上級詳細報告，並盡一切可能收回貨款，將損失降至最低點。銷售業務員根據上級主管的批示，通知客戶中止雙方交易。

二、銷售的合約管理制度

第1章　總則

第1條　為明確銷售合約的審批權限，規範銷售合約的管理，規避合約協議風險，特制定本制度。

第2條　本制度根據法律法規的規定，結合本企業的實際情況制定，適用於企業各銷售部、業務部門、各子公司及分支機構的銷售合約審批及訂立行為。

第2章　銷售格式合約編制與審批

第3條　企業銷售合約採用統一的標準格式和條款，由企業銷售部經理會同法律顧問共同擬定。

第4條　企業銷售格式合約應至少包括但不限於以下內容。

1.供需雙方全稱、簽約時間和地點。

2. 產品名稱、單價、數量和金額。

3. 運輸方式、運費承擔、交貨期限、交貨地點及驗收方法應具體、明確。

4. 付款方式及付款期限。

5. 免除責任及限制責任條款。

6. 違約責任及賠償條款。

7. 具體談判業務時的可選擇條款。

8. 合約雙方蓋章生效等。

第 5 條　企業銷售格式合約須經企業管理高層審核批准後統一印製。

第 6 條　銷售業務員與客戶進行銷售談判時，根據實際需要可對格式合約部份條款作出權限範圍內的修改，但應報銷售部經理審批。

第 3 章　銷售合約審批、變更與解除

第 7 條　銷售業務員應在權限範圍內與客戶訂立銷售合約，超出權限範圍的，應報銷售經理、行銷總監、總經理等具有審批權限的責任人簽字後，方可與客戶訂立銷售合約。

第 8 條　銷售合約訂立後，由銷售部將合約正本交檔案室存檔，副本送交財務部等相關部門。

第 9 條　合約履行過程中，因缺貨或客戶的特殊要求等，銷售部或客戶提出變更合約申請，由雙方共同協商變更，重大合約款項應經總經理審核後方可變更。

第 10 條　根據合約規定的解除條件、產品銷售的實際和客戶的要求，銷售部與客戶協商解除合約。

第 11 條　變更、解除合約的手續，應按訂立合約時規定的審批權限和程序執行，在達成變更、解除協議後，須報公證機關重新公證。

第 12 條　銷售合約的變更、解除一律採用書面形式(包括當事人雙方的信件、函電、電傳等)，口頭形式一律無效。

第 13 條　企業法律顧問負責指導銷售部辦理因合約變更和解除而涉及的違約賠償事宜。

第 4 章　銷售合約的管理

第 14 條　空白合約由檔案管理人員保管，並設置合約文本簽收記錄。

第 15 條　銷售部業務員領用時需填寫合約編碼並簽名確認，簽訂生效的合約原件必須齊備並存檔。

第 16 條　銷售業務員因書寫有誤或其他原因造成合約作廢的，必須保留原件交還合約管理檔案人員。

第 17 條　合約檔案管理人員負責保管合約文本的簽收記錄，合約分批履行的情況記錄，變更、解除合約的協議等。

第 18 條　銷售合約按年、按區域裝訂成冊，保存年以作備查。

第 19 條　銷售合約保存______年以上的，合約檔案管理人員應將其中未收款或有欠款單位的合約清理另冊保管，已收款合約報銷售經理批准後作銷毀處理。

三、銷售的發貨管理制度

第 1 章　總則

第 1 條　為規範本企業發貨及退貨作業規程，確保銷售合約準確執行，避免或減少企業損失，特制定本制度。

第 2 條　本制度適用於企業所有銷售發貨及退貨作業。

第 3 條　各部門職責。

1. 銷售部負責發貨、銷售退貨的組織與全程跟蹤工作。

2. 倉儲部負責貨物的清點、包裝、出庫及入庫工作。

3. 運輸部負責貨物的運輸工作。

4. 質檢部負責檢查退回貨物的品質。

第 2 章　發貨管理規定

第 4 條　填寫發貨通知單。

銷售業務員根據正式簽訂的銷售合約，按照客戶訂單編制發貨通知單，經銷售經理審核簽字後，交倉儲部以備貨。《發貨通知單》一式四聯，分別留存銷售部、財務部、倉儲部及客戶企業，列明購貨單位、位址、產品名稱、數量、單價、金額和制單人，並加蓋銷售專用章。

第 5 條　備貨出庫。

倉管員按照經蓋章簽字的《發貨通知單》清點貨物，填寫《貨物出庫單》，再次核對《發貨通知單》後，組織貨物出庫並登記台賬。

第 6 條　安排出貨。

運輸部根據倉儲部提供的出貨單據安排出貨，發車前電話通知銷售部業務員。如送貨途中有任何異常，造成延遲或不能送貨，及時通知銷售部業務員與客戶溝通協調，確保在合約規定的時間內將貨物完好無損地送達客戶指定地點，並取回客戶簽字確認的回執。

第 7 條　開具發票。

1. 運輸部將客戶簽字確認的回執交給財務部與銷售部，財務部針對不同客戶開具相應的發票。

2. 對於現款現貨的客戶，貨款到賬後財務根據回執開具相應發票；委託代銷的客戶填寫客戶月對賬表，簽字確認後返回銷售業務員，由銷售業務員根據財務對帳單與客戶月對賬表核對，核對無誤簽字確認後返回財務，否則與客戶進一步核准。

3. 財務部根據核准後的對賬表開具相應發票，向客戶收取貨款。銷售部將回執登記並歸檔，作為考核客戶信譽額度的指標。

四、銷售的應收賬款管理制度

第 1 章　總則

第 1 條　目的。

為保證企業最大可能利用客戶信用拓展市場，同時防範應收賬款管理過程中的各種風險，減少壞賬損失，加快企業資金週轉，提高企業資金的使用效率，特制定本制度。

第 2 條　適用範圍。

本制度所稱的應收賬款，包括賒銷業務所產生的應收賬款和企業經營中發生的各類債權，主要包括應收銷貨款、預付購貨款、其他應收款三個方面的內容。

第 2 章　賒銷業務管理

第 3 條　在貨物銷售業務中，凡客戶利用信用額度賒銷的，須由經辦銷售業務員填寫賒銷的《開據發票申請單》，註明賒銷期限。

第 4 條　銷售經理按照客戶信用限額對賒銷業務簽批後，財務部門方可開票，倉庫管理部門方可憑單辦理發貨手續。

第 5 條　應收賬款主管應定期按照「信用額度期限表」核對應收賬款的回款和結算情況，嚴格監督每筆賬款的回收和結算。

第 6 條　應收賬款超過信用期限___日內仍未回款的，應及時上報財務經理，並及時通知銷售經理組織銷售業務員聯繫客戶清收。

第 7 條　凡前次賒銷未在約定時間結算的，除特殊情況下客戶能提供可靠的資金擔保外，一律不再發貨和賒銷。

第 8 條　銷售業務員在簽訂合約和發貨時，須按照信用等級和授信額度確定銷售方式，所有簽發賒銷的銷售合約都必須經銷售經理簽字後方可蓋章發出。

第 3 章　應收賬款監控制度

第 9 條　應收賬款主管應於每月最後___日前提供一份當月尚未收款的《應收賬款賬齡明細表》，提交給財務經理、銷售經理及行銷總監。

第 10 條　銷售業務員在與客戶簽訂合約或協議書時，應按照《信用額度表》中對應的客戶信用額度和期限，約定單次銷售金額和結算期限，並在期限內負責經手相關賬款的催收和聯絡。

第 11 條　銷售部應嚴格按照《信用額度表》和財務部門的《應收賬款賬齡明細表》，及時核對、跟蹤賒銷客戶的回款情況。

第 12 條　清收賬款由銷售部統一安排路線和客戶，並確定返回時間，銷售業務員在外清收賬款時，無論是否清結完畢，均需隨時向銷售經理電話彙報工作進度和行程。

第 13 條　銷售業務員於每日收到貨款後，應於當日填寫收款日報表一式四份，一份自留，三份交企業財務部。

第 14 條　銷售業務員收取的匯票金額大於應收賬款時，非經銷售經理同意，現場不得以現金找還客戶，而應作為暫收款收回，並抵扣下次賬款。

第 15 條　銷售業務員收款時對於客戶現場反映的價格、交貨期限、品質、運輸問題，在業務權限內時可立即給予答覆，若在權限外需立即彙報銷售經理，並在___個工作日內給予客戶答覆。

第 16 條　銷售業務員在銷售產品和清收賬款時不得有下列行

為，一經發現，分別給予罰款或者開除處分，並限期補正或賠償，情節嚴重者移交司法部門處理。

1. 收款不報或積壓收款。

2. 退貨不報或積壓退貨。

3. 轉售不依規定或轉售圖利。

4. 代銷其他廠家產品。

5. 截留，挪用，坐支貨款不及時上繳。

6. 收取現金改換承兌匯票。

第 4 章　應收賬款交接

第 17 條　銷售業務員崗位調換、離職，必須對經手的應收賬款進行交接。

第 18 條　凡銷售業務員調崗的，必須先辦理包括應收賬款、庫存產品等在內的工作交接，交接未完不得離崗，交接不清的，責任由移交者負責，交接清楚後，責任由接替者負責。

第 19 條　凡銷售業務員離職的，應在___日前向企業提出申請，經批准後辦理交接手續，未辦理交接手續而自行離開者，其薪資和離職補貼不予發放，由此給企業造成損失的，將依法追究法律責任。

第 20 條　離職交接以最後在交接單上批示的生效日期為准，在生效日期前要完成交接，若交接不清又離職時，仍將依照法律程序追究當事人的責任。

第 21 條　銷售業務員提出離職後須把經手的應收賬款全部收回或取得客戶付款的承諾擔保，若在個月內未能收回或取得客戶付款承諾擔保的，不予辦理離職手續。

第 22 條　離職銷售業務員經手的壞賬理賠事宜如已取得客戶的書面確認，則不影響離職手續的辦理，其追訴工作由接替人員接辦。

理賠不因經手人的離職而無效。

第 23 條　《離職移交清單》至少一式三份，由移交人、接交人核對內容無誤後雙方簽字，保存在移交人一份，接交人一份，企業檔案存留一份。

第 24 條　銷售業務員接交時，應與客戶核對帳單，遇有疑問或賬目不清時應立即向銷售經理反映，未立即呈報，有意代為隱瞞者應與離職人員共同負全部責任。

第 25 條　銷售業務員辦理交接手續時由銷售經理監督；移交時發現有貪污公款、短缺物品、現金、票據或其他憑證者，除限期償還外，情節嚴重時依法追究其民事、刑事責任。

第 26 條　應收賬款交接後個___月內應全部逐一核對，無異議的賬款由接交人負責接手清收。

第 27 條　交接前應核對全部賬目報表，有關交接項目概以交接清單為准，交接清單若經交、接、監三方簽署蓋章即視為完成交接，日後若發現賬目不符時由接交人負責。

五、銷售的貨款回收管理制度

第 1 章　總則

第 1 條　目的。

為了規範企業銷售貨款的回收管理工作，確保銷售賬款能及時收回，防止或減少企業呆賬、壞賬的發生和不良資產的形成，特制定本制度。

第 2 條　適用範圍。

適用於本企業銷售貨款的回收管理。

第 3 條　職責。

1. 銷售部負責銷售回款計劃的制訂與應收賬款的催收工作。

2. 財務部負責應收賬款的統計及相關賬務處理工作，並督促銷售部及時催收應收賬款。

第 2 章　未收款的管理

第 4 條　當月到期的應收貨款在次月號前尚未收回，從即日起至月底止，將此貨款列為未收款。

第 5 條　未收款的處理程序。

1. 財務部應於每月____日前將未收款明細表交至銷售部。

2. 銷售部將未收款明細表通知相應的銷售業務員。

3. 銷售業務員將未收款未能按時收回的原因、對策及最終收回該批貨款的時間於____日內以書面形式提交銷售經理，銷售經理根據實際情況審核是否繼續向該客戶供貨。

第 6 條　銷售經理負責每月督促各銷售業務員回收未收款。

第 7 條　財務部於每月月底檢查銷售業務員承諾收回貨款的執行情況。

第 3 章　催收款的管理

第 8 條　未收款在次月____日前尚未收回，從即日起到月底止，此應收貨款為催收款。

第 9 條　催收款的處理程序。

1. 銷售經理應在未收款轉為催收款後的____日內將其未能及時回收的原因及對策，以書面形式提交行銷總監批示。

2. 貨款經列為催收款後，銷售經理應於____日內督促相關銷售業務員收回貨款。

第 10 條　貨款列為催收款後的____日內，若貨款仍未收回，企業將暫停對此客戶供貨。

第 4 章　準呆賬的管理

第 11 條　財務部應在下列情形出現時將貨款列為準呆賬。

1. 客戶已宣告破產，或雖未正式宣告破產但破產跡象明顯。

2. 客戶因其他債務受到法院查封，貨款已無償還可能。

3. 支付貨款的票據一再退票而客戶無令人信服的理由，並已停止供貨一個月以上者。

4. 催收款迄今未能收回，且已停止供貨一個月以上者。

5. 其他貨款的回收明顯存在重大困難，經批准依法處理者。

第 12 條　企業準呆賬的回收以銷售部為主力，由財務部協助。

第 13 條　透過法律途徑處理準呆賬時，以法律顧問為主力，由銷售部、財務部協助。

第 14 條　財務部每月月初對應收款進行檢查，按照準呆賬的實際情況填寫《壞賬申請批覆表》報請財務部經理審批。

六、銷售的回款獎懲制度

第 1 條　目的。

1. 進一步加強應收賬款管理，加大貨款回收和清欠力度，確保貨款回收率達_____%。

2. 激勵銷售業務員積極銷售，及時回收貨款，將銷售業務員的收入與貨款回收全面掛鈎，體現回款與銷售同等重要原則。

第 2 條　適用範圍。

本制度適用於銷售部全體銷售業務員及相關人員。

第 3 條　銷售業務員獎懲細則。

1. 銷售業務員在完成銷售任務的基礎上，按提成比例進行獎懲。

2. 貨款回收率達___%的，給予銷售業務員___%的提成獎勵。

3. 貨款逾期不到位超過天的，銷售業務員的提成獎勵降至_____%。

4. 逾期貨款超過_____個月仍未到賬的，取消銷售業務員的提成獎勵。

5. 對拖延一年以上的貨款，銷售業務員除了不能享受提成獎勵外，還應接受_____%的處罰。

6. 銷售中遇倒賬或收回票據未能如期兌現時，經辦業務員應負責賠償售價或損失的_____%。

7. 凡屬銷售業務員責任心不強導致發生壞賬的，應按壞賬金額的%扣減銷售業務員的業務提成。

第 4 條　企業將貨款回收、清欠工作納入銷售業務員的績效考核範圍，並作為今後提拔任免和獎懲的依據。

第 5 條　財務人員獎懲。

1. 應收賬款主管應做好應收賬款賬齡分析工作，並督促和協助銷售部回收貨款。

2. 銷售部門應收賬款回收率達_____%的，給予應收賬款主管_____%的獎勵。

3. 因應收賬款賬齡分析出錯或不及時而導致貨款不能及時回收的，予以應收賬款_____%的處罰。

第 6 條　法律顧問獎勵。

1. 企業法律顧問負責對逾期賬款提起訴訟，協助銷售部清收欠款。

2. 法律顧問透過法律途徑追回欠款的，給予欠款_____%的獎勵。

第四節　案例

【案例】銷售業務的內部控制全流程

世新公司銷售與收款業務涉及的部門分別是銷售部、商務部、運營管理部、財務部、綜合部。商務部和運營管理部由一名副總經理分管，財務部和綜合部由總經理直接管理，銷售部由另一名副總經理分管。銷售部下設銷售一處和銷售二處，商務部下設信用管理處、合約管理處、採購處、物資處、綜合處，財務部下設會計處、財務管理處，綜合部下設辦公室、運輸處、物業處。公司銷售與收款業務的主要流程和內容如下：

(1)銷售部由銷售一處專門人員負責瞭解客戶的基本情況後，確定交易的初步意向，填寫客戶資料表，並將填好的客戶資料表交給商務部的信用管理處。

(2)商務部信用管理處負責對銷售部提交的客戶進行經營能力、資信狀況等評核，出具授信建議並由商務部負責人審批後，返回給銷售部。

(3)銷售部負責人依據商務部授信文件，核准與客戶的交易方式及給予客戶的信用額度後，由銷售二處負責談判並簽訂銷售合約。同時，銷售部的業務助理將客戶資料輸入電腦系統存檔。

(4)區別不同的銷售方式，對客戶訂單的處理略有不同。如果採用現金銷售方式，當收到客戶訂貨單及繳款時，由銷售二處依據客戶之繳款填寫繳款單並送交財務部會計處出納員。出納員在收款後，將繳款單的一聯交財務部會計處負責收款的會計人員進行電腦系統繳款確認。

如果採用賒銷方式，由銷售部銷售一處先將已獲核准的授信單送交財務部負責應收賬款核算的會計進行電腦系統的授信額度確認。

(5)完成合約的系統確認以後，財務部將客戶訂貨單的一聯及相應的銷售合約一份還給銷售部，由其轉交商務部合約管理處，由該處業務人員將電腦系統中製作的銷貨通知單送交物資處(合約管理處和物資處同屬商務部負責人)。

(6)物資處收到銷貨通知單後，依據銷貨通知單標明的品種、數量進行備貨和向綜合部運輸處交接裝運貨物，並生成一式四聯的送貨單送交財務部會計處。

(7)財務部會計處專門崗位負責核對價格、收款金額無誤後簽字，並在電腦系統確認生成銷貨清單，據此填制銷貨發票並予以記賬。然後，將銷貨發票及三聯送貨單送交商務部物資處。

(8)商務部物資處留存一聯，其餘兩聯送貨單及銷貨發票連同貨物由運輸處送交客戶。

(9)客戶簽收後將送貨單留存一聯，另一聯送貨單由商務部物資處返回財務部作為記錄銷售收入或應收賬款之依據。

(一)案例剖析

從案例內容來分析，世新公司銷售與收款業務內部控制具有可借鑑之處。採用了多個部門相互牽制和監督的內部控制措施，可在一定程度上防止貪污舞弊行為的發生，可減少銷售與收款業務中可能出現的低效率和侵吞企業利益的行為。可借鑑之處歸納為如下幾點：

(1)較好地運用了不相容職務分離的內部控制。將銷售與收款業務中對客戶甄選、客戶信用調查、接受客戶訂單、核准付款條件、填制銷貨通知單、發出商品、開具發票及會計記錄等不相容崗位所涉及的相關職務實施了分離設置。

(2)公司建立了信用管理機制。建立信用管理機制是對應收賬款的事前控制，對有效保護銷售成果具有積極作用，從源頭上減小形成壞賬損失的風險。

(3)採用了電腦系統授信額度確認的權限控制。電腦系統授信額度的確認，提高了銷售與收款業務的工作效率，保證了營業收入的真實性、合理性、完整有效性，同時也提高了信息的及時性、準確性、查閱的方便性。

(二)世新公司內部控制凸顯的問題

透過剖析世新公司銷售與收款業務流程控制活動的關鍵控制點，發現存在若干問題：

(1)商務部是信用管理部門卻僅有信用額度的建議權，而由負責簽訂合約的銷售部確定信用額。首先，沒有切實達到信用管理的作用，應該由獨立的信用管理部門負責信用額度的確認。其次，信用額度的給予應該由公司主管審批授權。

(2)銷售前期活動中的談判活動和簽訂合約，世新公司將此兩項職責放在銷售二處，應該由兩個不同的崗位分別執行。

(3)實施銷售的業務人員與現金收款由銷售二處獨自完成，存在利用現金收款業務舞弊的風險。

(4)合約管理處和物資處同屬商務部負責人，且在本案例中由合約管理處負責開出銷售通知單，發貨由物資處組織實施。這兩項流程均由同一個部門負責人審批，與相容職務分離原則相違背，不按銷售通知單發貨的風險很大。

(5)合約管理處負責制作銷售通知單，實際與銷售合約事項相分離，職責分配混亂。應該由銷售部負責。

(6)銷售清單應該由貨物發運部門即本案例中的物資處負責制作，交財務部覆核並據以開具銷售發票和記錄相關會計核算內容。本例中，由財務部開具銷售清單，脫離了實際的發貨業務。

(7)應收賬款的管理上，還應加強事後管理，建立詢證制度及時準確與客戶對賬，以免給個別業務人員提供可乘之機，保證應收賬款的真實、準確和可收回性。

(三)案例啟示

從本案例中所表現的內部控制存在的問題來看，企業設計內部控制流程，不能僅從形式上追求其完整性和連貫性，更要認真分析各關鍵控制點的適配性。如果找準了關鍵控制點，但是沒有將它設置在合適的節點上就無法有效發貨功效，往往增加了控制風險，甚至反而給舞弊提供了機會。例如，本案例中，世新公司建立了信用管理部門，對賒銷實施審批制度，但是由於職責分工上沒有真正實現不相容職務的分離，授信額度的確定仍由銷售部門最終確定，信用管理部門只有建議權。

第六章

固定資產的內部控制重點

第一節　固定資產的內部控制重點

一、固定資產的日常管理

企業應加強固定資產的日常管理工作，授權具體部門或人員負責固定資產的日常使用與維修管理，保證固定資產的安全與完整。

1. 制定固定資產目錄

企業應根據自身經營管理的需要，確定固定資產分類標準和管理要求，並制定和實施固定資產目錄制度。制定固定資產目錄及統一編號，是實行固定資產歸口分級管理與建立崗位責任制的重要基礎工作，是編制固定資產設備台賬、建立設備卡片、計劃維修、統計報表及固定資產核算與管理統一編號的依據。固定資產目錄，一般按每一固定資產項目進行制定。固定資產項目是指一個完整的獨立物體，或者連同其必不可少的附屬配套的綜合體。由於工業企業固定資產品種規格繁多，在制定目錄時，要注意劃清兩個界限：一是劃清固定資產與低值易耗品的界限，二是劃清生產用和非生產用固定資產的界限。

固定資產目錄及統一編號通常由權威部門制定。單位在編制固定資產目錄及統一編號時應注意以下事項：企業在進行固定資產編號時應遵循統一規定的編號方法；號碼一經編定後不能隨意變動；編號只有當發生固定資產處置，如固定資產調出、報廢等情況時才能注銷，並且編號一經注銷通常不能補空；新增固定資產應從現有編號依次續編；每一固定資產編號確定後，實物標牌號應與帳面編號一致。

2. 建立固定資產卡

建立固定資產卡片，是固定資產核算與管理業務工作量較大的一項基礎工作，是進行明細核算的基本業務。固定資產卡片，一般由單位財務部門簽發，通常為一式三份，財務部門、固定資產主管部門和保管使用部門各一份。固定資產卡片應按每一獨立登記對象登記，一個登記對象設一張卡片。企業應對房屋、建築物、動力設備、傳導設行、工作機器及設備、工具、儀器及生產用具、運輸設備、管理用具等固定資產設置相應的卡片。

在每一張卡片中，應記載該項固定資產的編號、名稱、規格、技術特徵、技術資料編號、附屬物、使用單位、所在地點、建造年份、開始使用日期、中間停用日期、原價、使用年限、購建的資金來源、折舊率、大修理基金提存率、大修理次數和日期、轉移調撥情況、報廢清理情況等詳細資料。固定資產卡片應根據交接憑據和有關折舊、大修理、報廢清理等憑證進行登記。企業應當定期或不定期檢查固定資產明細及標籤，確保具備足夠詳細的信息，以便固定資產的有效識別與盤點。

3. 建立固定資產增減登記簿

為了匯總反映各類固定資產的增減變動和結存情況，儀固定資產卡片適應固定資產增減變動的要求，企業財務部門應按固定資產類別建立固定資產增減登記簿(增減登記簿可以採取按固定資產保管使用單位開設賬頁，按固定資產的類別和明細分類設置專欄，也可採取按固定資產類別開設賬頁，按固定資產使用和保管單位設置專欄兩種形式進行登記核算)，並以固定資產調撥(增減變動)通知單作為增減登記的依據，對固定資產的增減進行序時核算，每月結出餘額。

二、資產的取得控制

固定資產的取得有很多方式，如外購需要安裝的固定資產、外購不需要安裝的固定資產、自行建造的固定資產、接受捐贈的固定資產、融資租入的固定資產等，無論採用何種固定資產的取得方式，都對企業的生產經營會產生較大影響。

企業對於外購的固定資產應當建立請購與審批制度，明確請購部門(或人員)和審批部門(或人員)的職責權限及相應的請購與審批程序。請購內容應包括固定資產名稱、規格、型號、預算金額、主要製造廠商以及購置原因等。固定資產採購過程應當規範、透明，對於一般固定資產採購，應由採購部門充分瞭解和掌握供應商情況，採取比質比價的辦法確定供應商；對於重大的固定資產採購，應採取招標方式進行。

企業應當按照統一的會計準則制度的規定，區分融資租賃和經營租賃，並根據風險、報酬轉移情況，明確固定資產租賃業務的審批和控制程序。

三、資產的驗收控制

企業應當建立嚴格的固定資產交付使用驗收制度，確保固定資產數量、品質等符合使用要求。固定資產交付使用的驗收工作由州定資產管理部門、使用部門及相關部門共同實施。

明確固定資產的明細及標籤記載足夠詳細的信息，以確保固定資產的有效識別和盤點。

1. 外購固定資產的驗收

企業外購固定資產，應當根據合約協定、供應商發貨單等對所購固定資產的品種、規格、數量、品質、技術要求及其他內容進行驗收，出具驗收單或驗收報告。驗收合格後方可投入使用。

2. 自行建造固定資產的驗收

企業自行建造的固定資產，應由製造部門、固定資產管理部門、使用部門共同填制固定資產移交使用驗收單，驗收合格後移交使用部門投入使用。

3. 其他方式取得固定資產的驗收

企業對投資者投入、接受捐贈、債務重組、企業合併、非貨幣性資產交換、企業無償劃撥轉入以及其他方式取得的固定資產均應辦理相應的驗收手續。企業對經營租賃、借用、代管的固定資產應設、亡登記簿記錄備查，避免與本企業財產混淆，並應及時歸還。

對驗收合格的固定資產應及時辦理入庫、編號、建卡、調配等手續。企業財會部門應當按照統一的會計準則制度的規定，及時確認固定資產的購買或建造成本。對於尚未及時辦理竣工手續但已達到預定可使用狀態的固定資產，應及時將在建工程轉為固定資產核算。對需要辦理產權登記手續的固定資產，及時到相關部門辦理。

取得的固定資產，為了減少損失的發生，應進行投保，及時與保險公司聯繫，確定投保的相關事項。

四、固定資產的內部轉移

由於價值較大，各個業務部門沒有能力購買，因此企業的很多固定資產通常會由許多部門共同使用，並由此出現固定資產的內部轉移問題。固定資產內部轉移，根據轉移性質的不同，形成以下兩種情況：一是固定資產在不同類別之間的轉移，二是固定資產在不同使用單位之間的轉移。固定資產移動應當得到授權。

為強化固定資產的日常控制，提高固定資產的使用效率，保障固定資產的安全，企業應對固定資產的內部轉移進行有效的監督與控制，重點包括：

⑴業務部門在使用固定資產之前應該向管理部門提出申請，在此基礎上由資產調度人員對比固定資產使用申請和生產計劃的一致性，根據資產的庫存數量和使用需求情況編制使用計劃。計劃的編制，應力求將有限的資源分配到生產任務相對較重的部門或工廠，提高資產的配置效率。

⑵確定了固定資產轉移的部門之後，倉庫管理人員應及時記錄資產的出庫情況和狀態，並得到經辦人員的簽章，同時檢查經辦人員是否得到了主管部門的批准。進行固定資產管理的部門負責編制資產移送單，並在傳遞過程中得到各有關部門的簽章證明，保證「內部轉移單」與實物轉移的一致性和真實性。

⑶財會部門應根據固定資產轉移的情況，按類別、使用或保管單

位建立固定資產增減登記簿或台賬，並及時登記。

⑷對於固定資產的緊急轉移，應在轉移前向最高管理層提出申請，並根據批示辦理轉移事項，同時在辦理移送之後將有關的材料傳遞給各部門。

五、固定資產的盤點

固定資產盤點是維護財產安全完整的一項重要工作。企業應當定期對固定資產進行盤點。盤點前，固定資產管理部門、使用部門和財會部門應當進行固定資產賬簿記錄的核對，保證賬賬相符。企業應組成固定資產盤點小組對固定資產進行盤點，根據盤點結果填寫固定資產盤點表，並與賬簿記錄核對，對賬實不符，固定資產盤盈、盤虧的，編制固定資產盤盈、盤虧表。固定資產發生盤盈、盤虧，應由固定資產使用部門和管理部門逐筆查明原因，共同編制盤盈、盤虧處理意見，經企業授權部門或人員批准後由財會部門及時調整有關賬簿記錄，使其反映固定資產的實際情況。

六、固定資產的處置控制

固定資產的處置控制是對固定資產退出企業經營活動過程的控制。企業應當建立固定資產處置的相關制度，確定固定資產處置的範圍、標準、程序和審批權限。企業應區分固定資產不同的處置方式，採取相應控制措施。

一般來說，固定資產退出的方式有兩種：一是正常的退出，包括企業正常的資產出售、向其他單位投資轉出、以舊換新，以及固定資產使用壽命期滿而導致的正常報廢；二是非正常退出，主要由於對固定資產不合理使用導致的毀損、報廢、無法繼續使用，以及意外丟失導致的固定資產盤虧。固定資產的處置關係到企業正常生產經營的順利進行，特別是非正常的處置很可能導致固定資產的投資成本得不到全部彌補，所以，企業的相關管理部門應加強固定資產處置的控制。

1. 固定資產出售、投資轉出

對擬出售或投資轉出的固定資產，應由有關部門或人員提出處置申請，列明該項固定資產的原價、已提折舊、預計使用年限、已使用年限、預計出售價格或轉讓價格等，報經企業授權部門或人員批准後予以出售或轉讓。

固定資產的處置應由獨立於固定資產管理部門和使用部門的其他部門或人員辦理。固定資產處置價格應報經企業授權部門或人員審批後確定。對於重大的固定資產處置，應當考慮聘請具有資質的仲介機構進行資產評估。

對於重大固定資產的處置，應當採取集體合議審批制度，並建立集體審批記錄機制。

固定資產處置涉及產權變更的，應及時辦理產權變更手續。

2. 固定資產報廢

固定資產通常都具有一定的使用壽命，當固定資產達到使用年限，或者由於技術進步等其他原因使固定資產繼續使用不再經濟時，企業就應該按照一定的程序進行報廢處理。由於固定資產的價值較大，報廢過程較為複雜，為了保證固定資產處置工作的順利進行和保持計劃性，應該對報廢過程進行控制。對使用期滿、正常報廢的固定資產，應由固定資產使用部門或管理部門填制固定資產報廢單，經企業授權部門或人員批准後對該固定資產進行報廢清理。固定資產報廢過程的控制，需要企業各個部門進行合作與協調，固定資產報廢清理之後，倉庫、使用、財務等部門要注銷報廢固定資產的記錄資料。倉庫管理人員還要重新安排固定資產的庫存結構和人員配置，保證管理效率的提高。

對使用期限未滿、非正常報廢的固定資產，應由固定資產使用部門提出報廢申請，註明報廢理由、估計清理費用和可回收殘值、預計出售價值等。企業應組織有關部門進行技術鑑定，按規定程序審批後進行報廢清理。

3.固定資產出租、出借

企業出租、出借固定資產，應由固定資產管理部門會同財會部門按規定報經批准後予以辦理，並簽訂合約協議，對固定資產出租、出借期間所發生的維護保養、稅負責任、租金、歸還期限等相關事項予以約定。對固定資產處置及出租、出借收入和發生的相關費用，應及時入賬，保持完整的記錄。

⑴融資租賃的控制

①固定資產融資租賃的期限較長(一般達到租賃資產使用年限的75%以上)、風險較高，而且租出的固定資產大多不打算收回，因此固定資產的融資租出屬於重大的資產處置項目，各部門在辦理融資租出固定資產之前應就出租事項向相關主管部門提出申請，提交承租方的有關資料及相應的分析報告，經批准之後再辦理固定資產的相關租賃業務。

②倉庫管理人員應該取得經主管部門簽章的相應批准文件，根據相應批准材料清點擬租出的固定資產，並在清點過程中同時登記、記錄出租固定資產的規格、庫存數量、使用情況以及出租期限，清點完畢後還應將相應資產租賃的詳細情況在備查登記簿上進行登記、記

錄。

③對於出租的固定資產在租出之前應進行匯總歸集，將原分散在各個部門的資產透過內部轉移程序匯總集中到同一個倉庫。減少相應部門的固定資產賬卡記錄。

④固定資產出庫時，倉庫管理人員應該按照規定的出庫程序辦理出庫，對接近固定資產的人員進行監督，防止舞弊的發生。倉庫管理人員辦理固定資產出庫之後，還應協同有關記錄人員修改固定資產的文件資料，保證記錄和實際相符。

⑤融資租賃固定資產到期後，如果承租方不購買，企業應該及時收回固定資產，履行規定的入庫手續，恢復有關的記錄；如果承租方決定購買，企業應該作銷售處理，並注銷出租固定資產的所有記錄，各部門要保持一致性，防止出現虛列資產的現象。

⑵經營租賃的控制

企業用於經營租賃的固定資產多處於閒置不用或暫時不用的狀態，所以經營租賃控制的首要要素是確定租出資產的範圍。

①出租固定資產的部門應就資產出租的可行性進行說明，並向主管部門提出申請。主要說明出租的固定資產目前不在使用中，可短期出租。固定資產出租業務必須經主管部門審批同意才可進行。

②主管部門應嚴格審查監督出租、出借的固定資產有無合法合約；審核租金確定的合理性；監督出租、出借、調出固定資產的真實性。

③倉庫管理部門和人員的控制與融資租賃固定資產的控制要素相似。固定資產經營租賃完成之後，企業仍然要負責固定資產的修理和維護，固定資產的出租部門應該結合修理和維護的控制要素進行管理。經營租出的固定資產企業基本上都會收回，如果租賃合約上簽訂

了有關的購買約定，企業應該履行合約，並注銷相應的固定資產記錄。

④財會部門在經營租賃中應積極分析固定資產經營租賃的效益性，確定合理的租賃期限，選擇信譽好、有能力的承租單位；準確計算經營租賃的租金收入，對租金收入的資金進行嚴格管理；按照配比原則對各租賃期內的租金收入和費用進行對比，並監督承租方租金支付情況；資產收回後合理確定折舊計提期和折舊率，對固定資產的價格進行調查，按照可變現淨值與市價孰低的原則計提減值準備。此外，對無合法出租、出借合約的固定資產應阻止辦理固定資產出租、出借手續，並向有關部門反映，查明原因，及時處理。

第二節　固定資產的內部控制流程與說明

一、固定資產的管理流程

1. 固定資產的管理流程圖

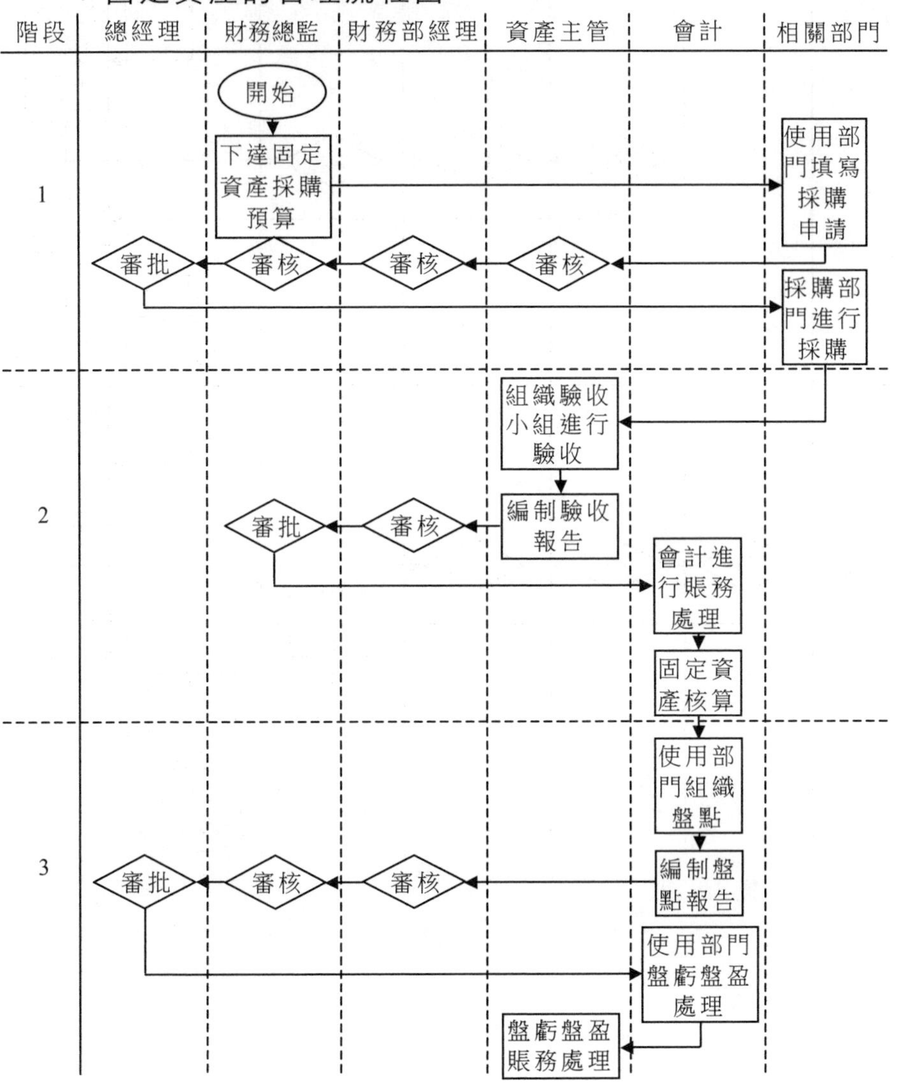

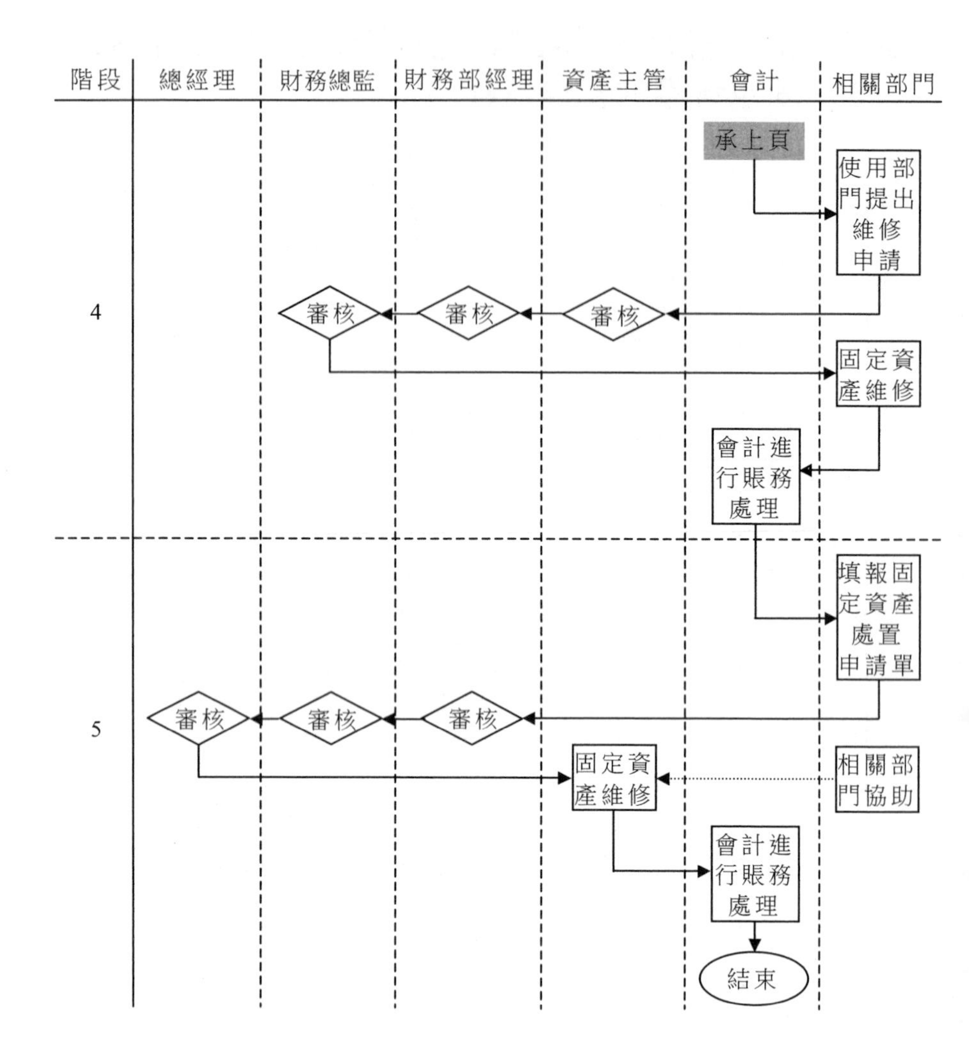

階段
總經理
財務總監
財務部經理
資產主管
會計
相關部門
承上頁
使用部門提出維修申請
4
審核
審核
審核
固定資產維修
會計進行賬務處理
填報固定資產處置申請單
5
審核
審核
審核
固定資產維修
相關部門協助
會計進行賬務處理
結束

2. 固定資產的管理流程控制表

階段	說明
1	1. 企業應根據固定資產的使用情況、生產經營發展目標等因素編制固定資產採購預算，並由財務總監下達，企業各部門應嚴格執行 2. 由固定資產的使用部門根據業務發展目標、固定資產的新舊程度、使用頻率、廢品率等因素提出固定資產的採購申請
2	3. 由財務部固定資產主管組織相關人員組成固定資產驗收小組，對採購的固定資產進行驗收，驗收主要考察外包裝、規格、型號、配置、數量和資料六個方面 4. 會計應根據固定資產的取得方式確定固定資產成本的構成，並進行相應的賬務處理 5. 固定資產核算包括固定資產折舊核算和固定資產後續支出核算
3	6. 由固定資產使用部門制訂固定資產盤點計劃並進行盤點 7. 若固定資產盤虧，財務部門固定資產主管與固定資產使用部門辦理固定資產注銷手續；若固定資產盤盈，財務部門固定資產主管與固定資產使用部門辦理固定資產增加手續 8. 固定資產盤虧造成的損失，應計入當期損益；固定資產盤盈經審批後，計入營業外收入
4	9. 固定資產使用部門根據固定資產的使用狀況提出固定資產維修申請 10. 固定資產維修分為大修理和經常修理，大修理應經過財務部門審批後執行 11. 固定資產維修符合固定資產確認條件的，應當計入固定資產成本；不符合固定資產確認條件的，應當計入當期損益
5	12. 固定資產處置包括固定資產出售、轉讓、毀損和報廢四種情況 13. 固定資產因出售、轉讓、毀損和報廢而進行的處置收入應計入當期損益，透過「固定資產清理」科目進行核算

二、固定資產的驗收流程

1. 固定資產的驗收流程圖

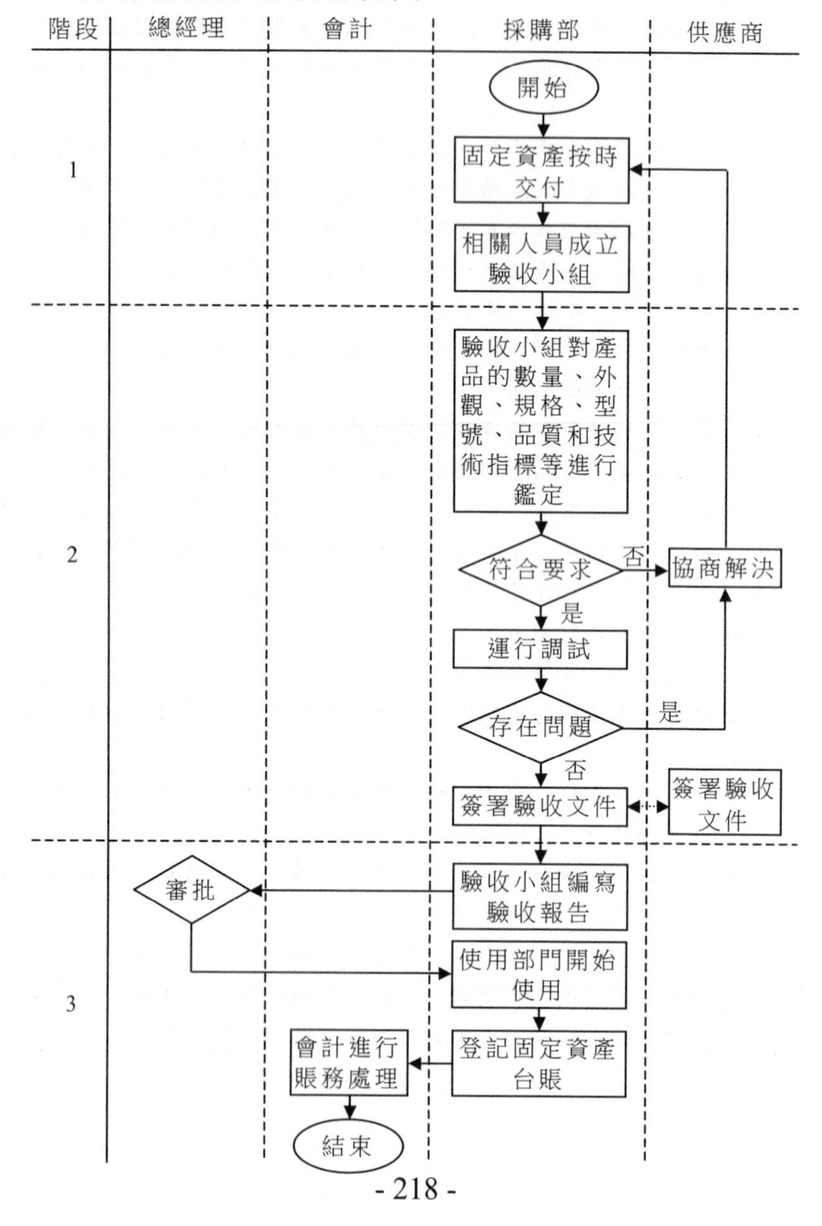

2. 固定資產驗收流程控制表

階段	說　明
1	1. 由採購部組織固定資產使用部門、生產部、設備部、技術部、質檢部等相關部門人員組成驗收小組
2	2. 驗收小組的檢查項目包括： ⑴設備內外包裝是否完好，有無破損、碰傷、浸濕、受潮、變形等情況 ⑵檢查儀器設備及附件外表有無殘損、銹蝕、碰傷等 ⑶確認所驗收貨物件數與運輸單據填寫的件數是否一致 ⑷以裝箱單為依據，檢查設備的規格、型號、配置及數量，並逐件清查核對 ⑸檢查隨機資料是否齊全 3. 設備運行調試要求如下： ⑴嚴格按照合約條款、設備使用說明書、操作手冊的規定和程序進行安裝、試機 ⑵對照設備說明書，認真進行各種技術參數測試，檢查設備的技術指標和性能是否達到要求 4. 驗收小組安裝調試合格後與供應商共同簽署驗收文件
3	5. 會計確定固定資產成本，進行固定資產賬務處理。企業外購固定資產的成本包括購買價款、運輸費、裝卸費、安裝費和服務費等

三、固定資產的維護流程

1. 固定資產的維護流程圖

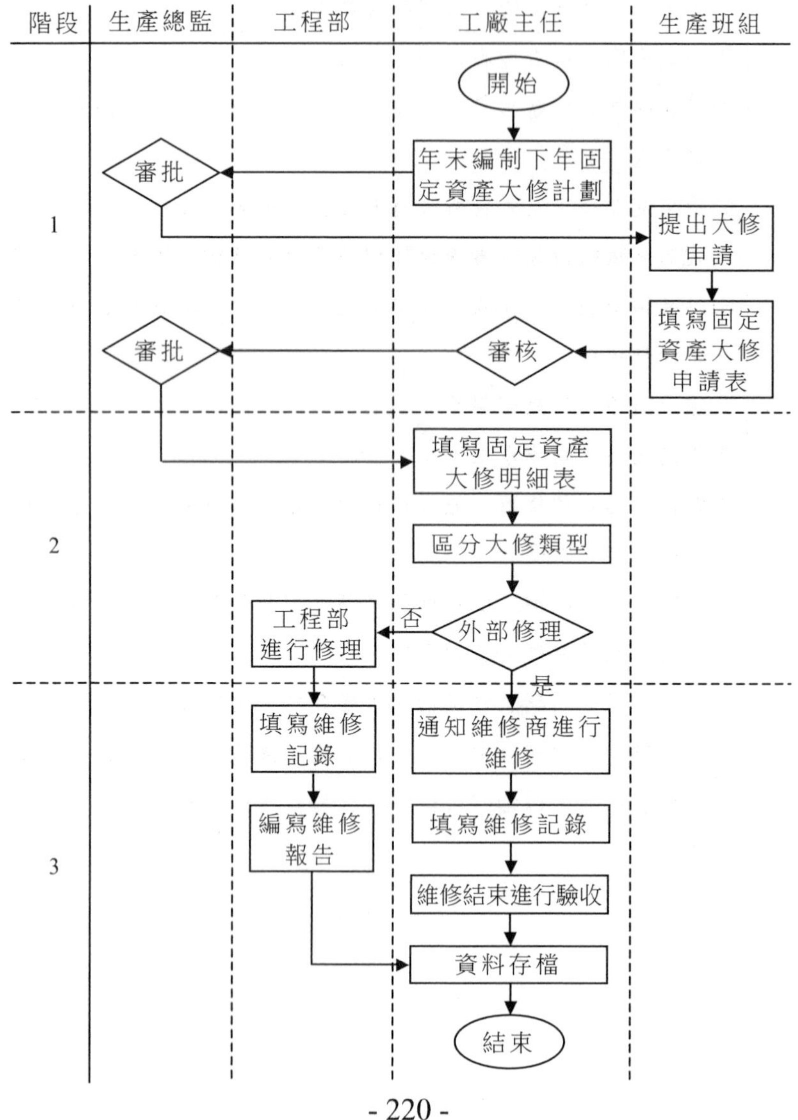

2. 固定資產的維護流程序控制製表

階段	說明
1	1. 由工廠主任根據固定資產的運行狀況和維修次數在每年年末制訂下一年度固定資產大修計劃，送交生產總監審批後備案 2. 由生產班組填寫「固定資產大修申請表」，應明確設備的規格型號、產地、廠牌、單價、故障表現、故障原因、維修方式、大概維修費用等內容
2	3. 工廠主任根據生產總監的審批意見填寫「固定資產大修明細表」，明確大修時間、地點、維修方式、參與人員、大修費用等內容 4. 不需外部修理的固定資產由工程部負責修理
3	5. 工程部在維修期間應做好維修記錄 6. 需外部修理的固定資產由工廠主任通知維修商進行維修 7. 維修結束，由工廠主任進行維修驗收

四、固定資產的處置流程

1. 固定資產的處置流程圖

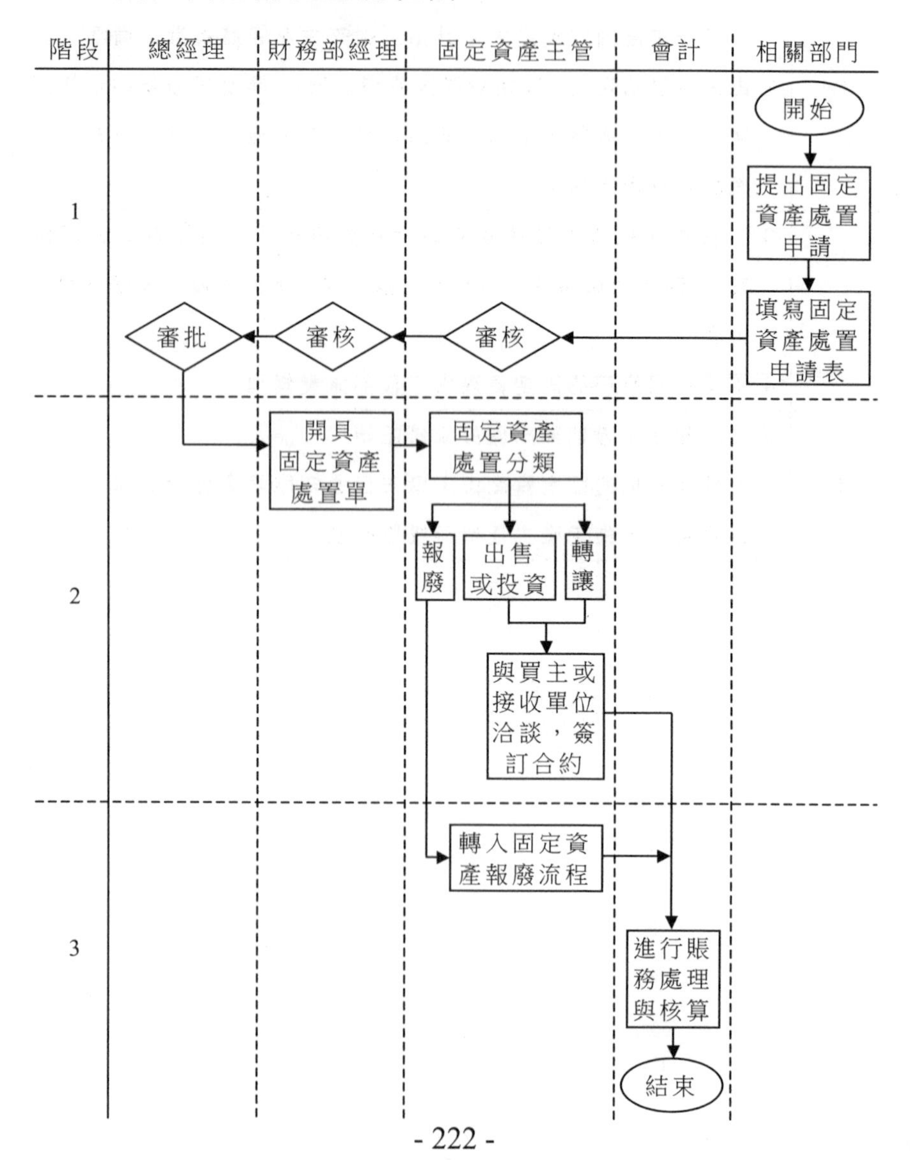

2. 固定資產的處置流程控制表

階段	說　明
1	1. 固定資產的使用部門根據設備運行狀況、實際生產需要等因素提出資產處置申請
2	2. 由財務部經理開具「固定資產處置單」，明確資產名稱、用途，購買時間、運行時間、處置方式、處置時間、處理價格等內容 3. 出售、投資或轉讓情況下由固定資產主管與買主或接收單位進行洽談，簽訂買賣合約
3	4. 會計進行賬務處理，應將處置收入扣除帳面價值和相關稅費後的金額計入當期損益，透過「固定資產清理」科目進行核算

五、固定資產的報廢流程

1. 固定資產的報廢流程圖

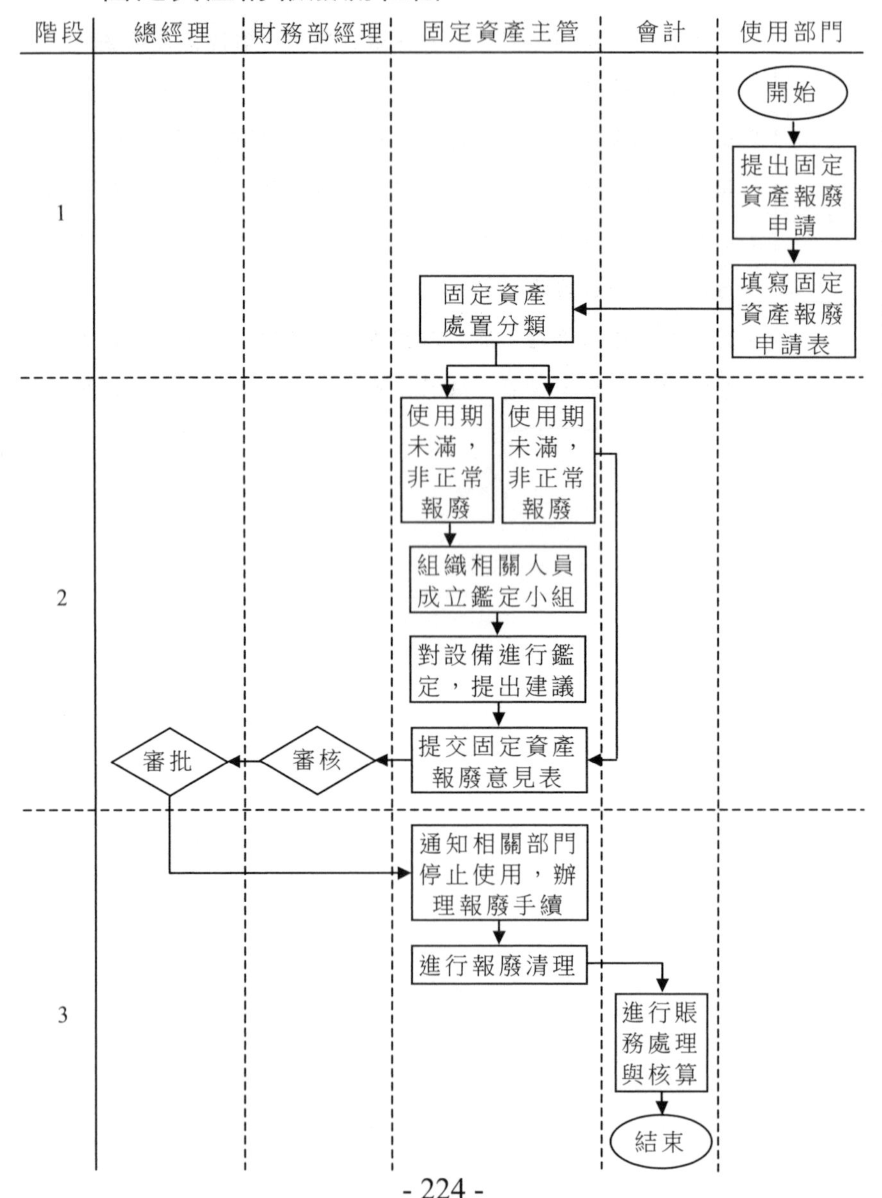

2. 固定資產的報廢流程控制表

階段	說　明
1	1. 固定資產的使用部門根據設備閒置時間和實際生產需要等因素提出資產報廢申請
2	2. 對於使用期未滿的非正常報廢的設備，由固定資產主管組織相關人員成立鑑定小組，對設備進行分析和論證 3. 鑑定小組應將考察意見形成「報廢意見表」，內容包括設備的規格型號、購買時間、運行時間、產出狀況、大修次數、閒置時間、報廢原因、報廢方式、預計殘值等
3	4. 由固定資產主管組織相關人員進行報廢清理 5. 會計進行賬務處理，應將清理收入扣除帳面價值和相關稅費後的金額計入當期損益，透過「固定資產清理」科目進行核算

第三節　固定資產的內部控制辦法

一、固定資產的驗收管理制度

第 1 章　總則

第 1 條　目的。

1. 使固定資產在投入使用前都能得到合理有效的驗收。

2. 使固定資產及時轉入所需部門。

第 2 條　固定資產驗收人員。

固定資產的驗收由工程部、使用部門、採購部、質檢部門和資產管理部等相關人員共同驗收。

第 3 條　固定資產驗收範圍。

1. 企業外購設備。

2. 企業自建工程。

第 2 章　外購設備驗收

第 4 條　採購設備運到後，工程部和設備使用部應對設備進行開箱檢查，並填列《設備開箱驗收單》。

第 5 條　工程部人員在《設備開箱驗收單》上填列所收到設備的名稱、數量、規格型號、相關參數、出廠日期、製造單位，以及附屬設備和技術文件等。

第 6 條　《設備開箱驗收單》一式三聯，在與採購合約或採購訂單核對一致後，由工程部人員、設備使用部門和供應商分別簽字確認，並由三方分別歸檔保存。

第 7 條　設備試運行。

1. 無需試運行處理。

⑴在對設備進行開箱驗收後，工程部人員填制《固定資產移交單》，將驗收合格後的固定資產移交給使用部門。

⑵由工程部人員和使用部門相關人員分別在《固定資產移交單》上簽字確認。

⑶《固定資產移交單》一式三聯，其中一聯由使用部門保管，一聯由資產管理部歸檔保存，並以此作為設備轉入的依據，一聯隨《固定資產轉交申請表》交給財務部。

2. 需要試運行處理。

⑴在進行開箱驗收確保型號、數量與合約規定一致後，應先由設備使用部門對設備進行試運行。

⑵試運行過程中，應詳細填列相關的試運行記錄。

⑶試運行合格後，應由設備試運行部門相關人員、安裝技術人員、檢驗員以及供應商簽字確認，同時，填列《固定資產移交單》，與設備使用部門辦理移交手續。

第 8 條　驗收後續工作。

1. 對購入設備辦完移交手續後，資產管理部固定資產管理員應對固定資產及時進行編號。

2. 固定資產一經編號，不得改變，也不能重覆編號，同一編號不能重覆使用。

3. 驗收後應及時生成該固定資產序號並及時貼於固定資產上。

4. 固定資產管理人員同時登記《固定資產台賬》。

5.《固定資產台賬》至少應包括以下內容：設備編號、設備名稱、規格型號、製造廠家、使用部門、存放地點、出廠日期、出廠編號、使用日期、設備價值、折舊年限和殘值率等。

6. 設備價值應包括買價、增值稅、進口關稅等相關稅費，以及為使固定資產達到預定可使用狀態前所發生的可直接歸屬於該資產的其他支出，如場地整理費、運輸費、裝卸費、安裝調試費用和專業人員服務費等。

7. 如果不能及時取得發票，可按合約金額或採購訂單上的金額登記《固定資產台賬》，待取得發票後，再對設備原值進行調整。

第 9 條　賬務處理。

1. 在設備達到可使用狀態後，固定資產管理員應填列《固定資產轉固申請表》，連同《固定資產移交單》一起報給財務部進行審批和相關賬務處理。

2.《固定資產轉固申請表》至少應包括以下內容：編號和名稱、規格型號、製造廠家、原值、殘值率、折舊年限、設備出廠日期、驗收日期以及開始使用日期等。《固定資產轉固申請表》一式兩聯，一聯由資產管理部歸檔備查，一聯作為財務轉固的依據。

3. 財務部固定資產會計對《固定資產轉固申請表》進行審核，審核的內容包括：轉交金額是否與合約或採購訂單一致，選用的折舊年限是否合理，是否滿足轉交條件。同時，審閱相應的《固定資產移交單》，對該設備的開始使用時間進行核實。

4. 固定資產會計在對《固定資產轉固申請表》核實無誤後，生成相關的轉交憑證。同時，從下月開始對當月轉交的固定資產計提折舊。如果轉固時間與財務入賬時間出現差異，應對折舊進行調整。

5. 固定資產審核。

⑴ 固定資產會計應於每月月末與固定資產管理員核對當月新增固定資產，從而保證達到可使用狀態的固定資產能夠及時轉固。

⑵ 每年年末進行固定資產盤點前，固定資產會計應與固定資產管理員對賬，保證會計記錄和《固定資產台賬》一致。

第 3 章　自行建造固定資產驗收

第 10 條　企業建造的固定資產主要是工程項目，工程項目的驗收有逐期驗收和完工驗收兩種。

第 11 條　逐期驗收由工程部門依據工程合約書估驗該工程無誤後，填寫驗收單。

第 12 條　完工驗收。

1. 由施工單位在工程完成後，向企業提出驗收申請。

2. 資產管理部會同工程部、使用部門、施工單位，依據工程合約書及工程設計藍圖的規定，核對進度及竣工圖，匯總整理工程分段驗收記錄、監工記錄、材料結算書、檢驗報告和其他有關資料，逐項核對查驗。針對施工進度及品質進行驗收作業。

3. 驗收無誤後，將驗收結果填在驗收單上。

第 13 條　重要工程應聘請第三方評審機構進行驗收，並編制驗收決算報告，其中包括工程總結、試運行報告、財務決算和環保、消防、職業安全衛生、防疫等綜合情況。

第 14 條　驗收結算報告需由工程部核對後，交財務部覆核。

第 15 條　驗收決算報告核對無誤後，送交使用部門、工程部和財務部的負責人簽字確認，然後交總裁審批。

第 16 條　審批後，財務部根據發票以及驗收決算報告按照企業規定的付款程序進行付款，將工程項目轉為固定資產。

二、固定資產的保管制度

第 1 章　總則

第 1 條　為規範固定資產的使用和保管，提高固定資產的使用率，特制定本制度。

第 2 條　固定資產的保管以「誰使用誰保管」為原則，使用部門或使用人是第一保管人和日常保養人。在使用部門或使用人發生更替時，應及時辦理固定資產移交手續。

第 3 條　管理權限。

1. 資產管理部負責建立固定資產卡片和台賬。

2. 財務部負責登記固定資產總賬，並協助資產管理部進行固定資產清查。

第 2 章　編制固定資產目錄

第 4 條　編制固定資產目錄及統一編號，是實行固定資產歸口分級管理與建立崗位責任制的重要基礎工作，是編制固定資產台賬、建立固定資產卡片、進行維修、編制統計報表及進行固定資產核算與管理的依據。

第5條　固定資產目錄按每一固定資產項目進行編制。

第6條　固定資產項目是指一個完整的獨立物體，或者連同其必不可少的附屬配套的綜合體。

第7條　編制目錄時，要注意劃清兩個界限。

1. 劃清固定資產與低值易耗品的界限。

2. 劃清生產用和非生產用固定資產的界限。

第8條　編制固定資產目錄及統一編號時應注意以下五個事項。

1. 進行固定資產編號時應遵循統一規定的編號方法。

2. 號碼一經編定不能隨意變動。

3. 新增固定資產應從現有編號依次續編。

4. 每一固定資產編號確定後，實物標牌號應與帳面編號一致。

5. 編號只有發生固定資產處置，如固定資產調出、報廢等情況時才能注銷，並且編號一經注銷通常不能補空。

第3章　建立固定資產卡片

第9條　建立固定資產卡片，是用於進行固定資產明細核算的依據。

第10條　固定資產卡片由財務部簽發，通常一式三份，財務部門、資產管理部門和使用部門各一份。

第11條　固定資產卡片應按每一獨立登記對象登記，一個登記對象設一張卡片。登記對象的確定方法如下。

1. 房屋：以每所房屋（連同附屬建築物及設備）作為一個獨立登記對象。

2. 建築物：以每一獨立建築物（連同附屬裝置）作為一個獨立登記

對象。

3. 動力設備：以每一動力機器(連同機座和附屬設備)作為一個獨立登記對象。

4. 傳導設備：以在技術上能夠構成一個完整的傳導系統的設備作為一個獨立登記對象。

5. 工作機器及設備：以每一獨立機器(連同基座、附屬設備和工具、儀器等)作為一個獨立登記對象。

6. 工具、儀器及生產用具：以每一具有獨立用途的各種工作用具、儀器和生產用具(連同便於操縱控制的各種附具)作為一個獨立登記對象。

7. 運輸設備：以每一獨立的運輸工具(如一輛汽車、一艘船、一架飛機等)作為一個獨立登記對象。

8. 管理用具：以每件管理用具作為一個獨立登記對象。

第 12 條　在每一張卡片中，應記載該項固定資產的編號、名稱、規格、技術特徵、技術資料編號、附屬物、使用單位、所在地點、建造年份、開始使用日期、中間停用日期、原價、使用年限、購建的資金來源、折舊率、大修理基金提存率、大修理次數和日期、轉移調撥情況、報廢清理情況等詳細資料。

第 13 條　固定資產卡片應根據交接憑據和有關折舊、大修理、報廢清理等憑證進行登記。

第 4 章　建立固定資產登記簿

第 14 條　為了匯總反映各類固定資產的增減變動和結存情況，使固定資產卡片適應固定資產增減變動的要求，資產管理部應按固定資產類別建立固定資產增減登記簿。

第 15 條　增減登記簿的兩種登記核算形式。

1. 按固定資產使用部門開設賬頁，登記固定資產的增減變動及餘額。

2. 按固定資產類別開設賬頁，登記固定資產的增減變動及餘額。

第 16 條　增減登記簿以固定資產調撥(增減變動)通知單作為增減登記的依據，對固定資產的增減進行序時核算，每月結出餘額。

三、固定資產的盤點制度

第 1 條　目的。

明確盤點的時間、內容和記錄，保證企業固定資產的安全、完整以及會計記錄的準確性。

第 2 條　適用範圍。

土地、房屋等建築物、機械設備、運輸設備、馬達儀錶、工具等。

第 3 條　盤點時間、方式和人員。

盤點時間、方式和人員構成如下表所示。

固定資產盤點時間、方式和人員構成表

盤點時間	季抽查 年度盤點
盤點方式	1. 根據固定資產帳冊每季抽查一次，每一類別至少10項 2. 年度實行實物盤點法
盤點人員	1. 資產管理部固定資產管理員 2. 財務部固定資產會計 3. 固定資產使用部門
備註	所有盤點企業總裁、資產管理部經理、財務部負責人均需進行盤點監督

第 4 條　盤點準備。

1. 固定資產管理員根據盤點計劃準備盤點表，並預先編號。

2. 在盤點前。資產管理部召開盤點準備會議，向使用部門和財務部門傳達盤點計劃，進行人員的安排和動員，發放盤點表，提前做好盤點的各方面準備。

第 5 條　進行盤點。

1. 在實地盤點時，應由資產管理部固定資產管理員、財務部固定資產會計以及固定資產的使用部門人員共同參與，進行盤點。

2. 盤點應該以靜態盤點為準則，因此盤點開始後禁止一切固定資產的進出和移動。

第 6 條　盤點結果差異及存檔。

1. 盤點結果和差異應由固定資產管理員、會計和固定資產使用部門三方簽字確認，

2. 固定資產盤點以及盤點差異表分別由資產管理部和財務部歸檔保存。

第 7 條　固定資產盤盈盤虧處理審批。

1. 對企業固定資產的盤盈和盤虧，應由資產管理部和使用部門分析差異原因，及時形成處理意見，落實責任人，並上報財務部負責人審核。

2. 財務部負責人對固定資產盤點差異表和處理意見進行審核，交總裁審核批准。

第 8 條　盤盈固定資產處理。

1. 盤盈的固定資產，按照同類或類似固定資產的市場價，減估計折舊的差額計入營業外收入。

2. 對屬於建設項目的，應沖減工程成本。

第 9 條　盤虧固這資產處理。

1. 盤虧及毀損的固定資產，按照原價扣除累計折舊、變價收入、過失人及保險公司賠款後的差額計入營業外支出。

2. 對屬於建設項目的，應計入工程成本。

第 10 條　盤盈或盤虧固定資產賬務處理。

對盤盈或盤虧的固定資產，由資產管理部負責填制或注銷固定資產卡片，財務部負責更改固定資產相關賬務。

四、固定資產的處置制度

第 1 章　總則

第 1 條　目的。

1. 確保被處置的固定資產確實屬於無法繼續使用或不需進行使用。

2. 確保被處置固定資產在出售前安全、完整。

3. 確保被處置固定資產收入的公正性。

第 2 條　企業固定資產的處置，是指企業對其佔有、使用的固定資產進行產權轉讓及注銷產權的一種行為，包括以下主要內容。

1. 固定資產報廢。

2. 固定資產報損和報失。

3. 固定資產出售。

4. 固定資產捐贈。

第 2 章　固定資產報廢

第 3 條　申請報廢的固定資產應符合下列條件之一。

1. 已經超過使用年限，且不能繼續使用。

2. 因技術設置改變和技術進步而遭淘汰，需要更新換代的。

3. 嚴重毀損，使固定資產失去了原有的功能並且無法恢復到正常使用的狀態。

4. 申請報廢的固定資產雖未超過使用年限，但實際工作量超過其產品設計工作量，且繼續使用易發生危險的。

第 4 條　固定資產報廢申請。

1. 對於使用期滿、正常報廢的固定資產，固定資產管理員根據報廢計劃填制固定資產報廢單。

2. 對於使用期未滿、非正常報廢的固定資產，由固定資產使用部門提出報廢申請，註明報廢理由，估計清理費用和可回收殘值、預計出售價值等。

第 5 條　固定資產報廢審批。固定資產報廢申請審批按照《固定資產授權批准制度》相關規定進行報批。

第 6 條　固定資產報廢程序。

1. 固定資產的報廢，需填寫一式三聯的報廢單，報廢單應包括固定資產卡片上所記載的所有內容以及報廢理由、預計處理費用及收回的殘值。

2. 固定資產報廢應有相應的技術鑑定，其中專用設備、儀器儀錶由技術管理部負責鑑定；辦公設備、傢俱、房屋、運輸工具及其他均由資產管理部負責鑑定。

3. 固定資產報廢單應交財務部和資產管理部會簽，並按規定審批權限報相關負責人審批。

4. 審批完的報廢單分別交資產管理部、財務部留存。固定資產管理員在授權範圍內在固定資產管理台賬和卡片上蓋作廢章，以示注銷。財務部根據報廢單進行資產報廢賬務處理。

5. 報廢固定資產應按審批要求及時處理，報廢所得殘值收入應交財務部做賬務處理。

第 7 條　固定資產報廢清理之後，倉庫、使用、財務等部門要注銷報廢固定資產的記錄資料。

第 3 章　固定資產報損和報失

第 8 條　當固定資產破損或丟失時，固定資產使用單位填寫《固定資產報損(報失)申請表》，交資產管理部審核。

第 9 條　資產管理部對固定資產報損或報失情況進行核實後，在《固定資產報損(報失)申請表》內填寫調查意見，並簽字確認，並將《固定資產報損(報失)申請表》送財務部審核。

第 10 條　財務部對報失的固定資產的價值進行估算並填寫相關數據，報財務總監和總裁在各自的權限範圍內審核。

第 11 條　資產管理部根據審批通過的《固定資產報損(報失)申請單》註銷固定資產的台賬和卡片，財務部根據審批通過的《固定資產報損(報失)申請單》進行報失固定資產的賬務處理。

第 4 章　固定資產出售

第 12 條　固定資產出售是指固定資產以有償轉讓的方式變更所有權或使用權，並收取相應收益的處置。

第 13 條　在資產出售前由固定資產使用部門對資產出售的必要性、可行性及原因進行說明，並在此基礎上編制出售申請，報資產管理部審核。申請中應註明該項固定資產的原價、已計提折舊、預計使用年限、已使用年限、預計出售價格或轉讓價格等。

第 14 條　資產管理部經理審核簽字後，財務總監填寫處置意見，總裁審批後組織執行。對於重大固定資產處置，應當聘請具有資質的仲介機構進行資產評估。

第 15 條　資產管理部應會同銷售部門和採購部門確實瞭解市場行情並編制銷售計劃，分析銷售的效益，必要情況下應聘請專業的評估機構對固定資產的餘值進行評估。

第 16 條　倉庫管理部門應該根據銷售計劃及相關核准清單編制《固定資產銷售明細表》，詳細記錄固定資產的數量、種類、存放地點和使用歷史等。

第 17 條　財務部門應對已銷固定資產及時取得銷售發票和有關稅、費票據，記錄和報告固定資產的銷售情況，防止出現資產已處置而固定資產帳面未注銷的情形，同時要對固定資產的銷售收入進行資金管理和監控。

第 5 章　固定資產捐贈

第 18 條　固定資產捐贈是無償產權轉讓，應嚴格履行報批手續，資產管理部填寫《固定資產捐贈申請表》，報財務總監、總裁審核、審批後方可辦理捐贈手續。

第 19 條　企業辦理固定資產捐贈手續，必須取得固定資產捐贈接收方的相關接收憑證，並作為財務部賬務處理的憑證。

第 20 條　財務部在處理捐贈固定資產賬務時，應嚴格遵守相關規定。

第四節　案例

【案例九】固定資產處置審批，名存實亡

某公司規定：企業固定資產報廢、處置必須報經總公司資產管理部門、財務部門審核審批，對需要對外出售、處置或變賣處理的固定資產必須經總公司認可的資產評估機構評估後才能進行處理。2008 年年底，該公司在組織固定資產盤點抽查時發現，下屬某市分公司在 2007 年年初，因當地市政府修建立交橋需要拆除該分公司的一幢辦公樓。該分公司在電話請示總公司工程建設部之後，即與市政府指定的拆遷公司進行房屋拆遷及安置的協商談判。但直至 2008 年 6 月底才將拆遷合約上報總公司審批。

財務部門審核時發現該房屋的拆遷處理未按規定上報總公司審批。在向總公司補辦審批手續時，總公司認為補償價過低且評估機構不符合總公司的相關規定，不同意該拆遷安置方案，並要求重新委託公司資產評估機構備選庫中的評估機構進行評估後，再按評估價值重新與對方協商談判拆遷補償及安置方案，造成該分公司與當地政府的關係非常被動，嚴重影響了該分公司今後在當地的工作開展。而且此類情況，在該分公司並不是個別現象。

本案例中，企業已建立了完整的固定資產處置制度，而下屬市公司並未按照規定行事。在實際操作中，該分公司主要存在兩大問題：一是沒有按總公司規定履行報批手續，對該固定資產的處置上存在較大隨意性，造成後續工作被動。二是沒有按總公司規定選擇評估機構，導致拆遷價格過低。

第七章

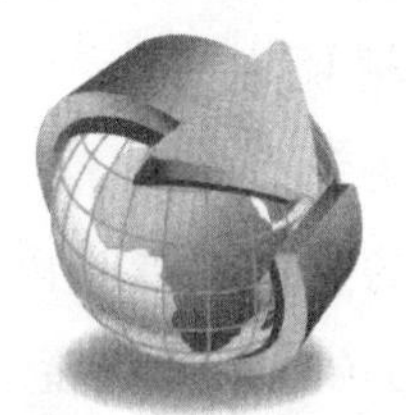

無形資產的內部控制重點

第一節　無形資產的內部控制重點

一、職責分工與授權批准

1. 相容崗位的設置

企業應當建立無形資產業務的崗位責任制，明確相關部門和崗位的職責、權限，確保辦理無形資產業務的不相容崗位相互分離、制約和監督。同一部門或個人不得辦理無形資產業務的全過程。

無形資產業務不相容崗位至少包括：

⑴無形資產投資預算的編制與審批。

⑵無形資產投資預算的審批與執行。

⑶無形資產取得、驗收與款項支付。

⑷無形資產處置的審批與執行。

⑸無形資產取得與處置業務的執行與相關會計記錄。

⑹無形資產的使用、保管與會計處理。

企業應當配備合格的人員辦理無形資產業務。辦理無形資產業務的人員應當具備良好的業務素質和職業道德。

2.無形資產管理的權限設置

⑴財務部門的無形資產管理權限

財務部門對無形資產的管理主要是圍繞與其變化相關的資金變動進行的，主要是從價值的角度進行資產管理。通常情況下，財務部門的權限主要包括：

①審核預算和預算外的研究開發費用。

②無形資產的研究費用和開發費用的計量。

③審核批准研究開發費用預算，並及時進行相應的財務處理。

④在報經單位董事會及其他權力機構批准後對資本性支出預算案，重大無形資產採購及處置合約，重大資產報廢申請，大額的盤盈、盤虧，各項資本性支出的預算及預算執行情況小結等事項進行管理。

⑵無形資產主管部門的權限

根據企業董事會或其他權力機構的授權和批准，無形資產主管部門的權限主要包括：

①負責資本性支出日常審核。

②編制研究開發費用預算。

③與供應單位簽訂無形資產採購合約。

④對無形資產使用進行監督管理。

⑤審核無形資產報廢的申請。

⑶無形資產使用部門的權限

一般情況下，根據企業董事會或其他權力機構的授權和批准，無形資產使用部門的權限主要包括：

①提出研究開發費用支出申請。

②對取得的無形資產進行驗收。

③提出對無形資產報廢申請等。

3. 授權批准

企業應當對無形資產業務建立嚴格的授權批准制度，明確授權批准的方式、權限、程序、責任和相關控制措施，規定經辦人的職責範圍和工作要求。嚴禁未經授權的機構或人員辦理無形資產業務。

審批人應當根據無形資產業務授權批准制度的規定，在授權範圍內進行審批，不得超越審批權限。

經辦人在職責範圍內，按照審批人的批准意見辦理無形資產業務。對於審批人超越授權範圍審批的無形資產業務，經辦人員有權拒絕辦理，並及時向上級部門報告。

企業應當制定無形資產業務流程，明確無形資產投資預算編制、自行開發無形資產預算編制、取得與驗收、使用與保全、處置和轉移等環節的控制要求，並設置相應的記錄或憑證，如實記載各環節業務開展情況，及時傳遞相關信息，確保無形資產業務全過程得到有效控制。

二、取得與驗收控制

1. 取得控制

企業應當建立無形資產預算管理制度。

企業根據無形資產的使用效果、生產經營發展目標等因素擬定無形資產投資項目，對項目可行性進行研究、分析，編制無形資產投資預算，並按規定程序審批，確保無形資產投資決策科學合理。

對於重大的無形資產投資項目，應當考慮聘請獨立的仲介機構或專業人士進行可行性研究與評價，並由企業實行集體決策和審批，防止出現決策失誤而造成嚴重損失。

企業應當嚴格執行無形資產投資預算。對於預算內無形資產投資項曰，有關部門應嚴格按照預算執行進度辦理相關手續；對於超預算或預算外無形資產投資項目，應由無形資產相關責任部門提出申請，經審批後再辦理相關手續。

企業對於外購的無形資產應當建立請購與審批制度，明確請購部門（或人員）和審批部門（或人員）的職責權限及相應的請購與審批程序。無形資產採購過程應當規範、透明。對於一般無形資產採購，應由採購部門充分瞭解和掌握產品及供應商情況，採取比質比價的辦法確定供應商；對於重大的無形資產採購，應採取招標方式進行；對於非專有技術等具有非公開性的無形資產，還應注意採購過程中的保密保全措施。

無形資產採購合約協定的簽訂應遵循企業合約協定管理內部控制的相關規定。

2.驗收控制

企業應當建立嚴格的無形資產交付使用驗收制度，確保無形資產符合使用要求。無形資產交付使用的驗收工作由無形資產管理部門、使用部門及相關部門共同實施。

⑴外購無形資產的驗收

企業外購無形資產，必須取得無形資產所有權的有效證明文件，仔細審核有關合約協議等法律文件，必要時應聽取專業人員或法律顧問的意見。

⑵自行開發的無形資產的驗收

企業自行開發的無形資產，應由研發部門、無形資產管理部門、使用部門共同填制無形資產移交使用驗收單，移交使用部門使用。

⑶土地使用權的驗收

企業購入或者以支付土地出讓金方式取得的土地使用權，必須取得土地使用權的有效證明文件。除已經確認為投資性房地產外，在尚未開發或建造自用項目前，企業應當根據合約協定、土地使用權證辦理無形資產的驗收手續。

⑷其他方式取得無形資產的驗收

企業對投資者投入、接受捐贈、債務重組、政府補助、企業合併、非貨幣性資產交換、外企業無償劃撥轉入以及其他方式取得的無形資產均應辦理相應的驗收手續。

對驗收合格的無形資產應及時辦理編號、建卡、調配等手續。對需要辦理產權登記手續的無形資產，企業應及時到相關部門辦理。

三、使用與保全控制

1. 使用控制

⑴無形資產日常管理

企業應加強無形資產的日常管理工作，授權具體部門或人員負責無形資產的日常使用與保全管理，保證無形資產的安全與完整。

⑵制定無形資產目錄

企業應根據行業有關要求和自身經營管理的需要，確定無形資產分類標準和管理要求，並制定和實施無形資產目錄制度。制定無形資產目錄及統一編號，是實行無形歸口分級管理與建立崗位責任制的重要基礎工作，是編制無形資產台賬、建立資產卡片、統計報表及無形資產核算與管理統一編號的依據。無形資產目錄，一般按每一無形資產項目進行制定。

無形資產目錄及統一編號通常由權威部門制定。企業在編制無形資產目錄及統一編號時應注意以下事項：企業在進行無形資產編號時應遵循統一規定的編號方法；號碼一經編定後不能隨意變動；編號只有當發生無形資產處置，如無形資產報廢等情況時才能注銷，並且編號一經注銷通常不能補空；新增無形資產應從現有編號依次續編；每一無形資產編號確定後，實物標牌號應與帳面編號一致。

⑶建立無形資產卡

建立無形資產卡片，是無形資產核算與管理業務工作量較大的一項基礎工作，是進行明細核算的基本業務。無形資產卡片，一般由單位財務部門簽發，通常為一式三份，財務部門、無形資產主管部門和保管使用部門各一份。無形資產卡片應按每一獨立登記對象登記，一個登記對象設一張卡片。企業應對專利權、非專利技術、商標權、著作權、特許權和土地使用權等無形資產設置相應的卡片。

在每一張卡片中，應記載該項無形資產的編號、名稱、規格、技術特徵、技術資料編號、使用單位、所在地點、開始使用日期、原價、使用年限、取得的資金來源、折舊率、轉移調撥情況及報廢清理情況等詳細資料。無形資產卡片應根據交接憑據和有關折舊、報廢清理等憑證進行登記。

⑷建立無形資產增減登記簿

為了匯總反映各類無形資產的增減變動和結存情況，使無形資產卡片適應無形資產增減變動的要求，企業財務部門應按無形資產類別建立無形資產增減登記簿（增減登記簿可以採取按無形資產保管使用單位開設賬頁，按無形資產的類別和明細分類設置專欄，也可採取按無形資產類別開設賬頁，按無形資產使用專欄形式進行登記核算），並以無形資產增減變動通知單作為增減登記的依據，對無形資產的增減進行序時核算，每月結出餘額。

2. 無形資產攤銷

企業應依據有關規定，結合企業實際，確定無形資產攤銷範圍、攤銷年限、攤銷方法及殘值等。攤銷方法一經確定，不得隨意變更。確需變更的，應當按照規定程序審批。

無形資產會計準則規定，只有使用壽命有限的無形資產才需要在估計的使用壽命內採用系統合理的方法進行攤銷。企業應當於取得無形資產時分析判斷其使用壽命，無形資產的使用壽命如為有限的，應當估計該使用壽命的年限或者構成使用壽命的產量等類似計量單位數量。無形資產的攤銷期自其可供使用時(即其達到預定用途)開始至終止確認時止。在無形資產的使用壽命內系統地分攤其應攤銷金額，存在多種方法。這些方法包括直線法、生產總量法等。對某項無形資產攤銷所使用的方法應依據從資產中獲取的預期未來利益的預計消耗方式來選擇，並一致地運用於不同會計期間，例如，受技術陳舊因素影響較大的專利權和專有技術等無形資產，可採用類似固定資產加速折舊的方法進行攤銷；有特定產量限制的特許經營權或專利權，應採用產量法進行攤銷。持有待售的無形資產不進行攤銷，按照帳面價值與公允價值減去處置費用後的淨額孰低進行計量。

3. 無形資產保全

企業應根據無形資產性質確定無形資產保全範圍和政策。保全範圍和政策應當足以應對無形資產因各種原因發生損失的風險。

企業應當限制未經授權人員直接接觸技術資料等無形資產；對技術資料等無形資產的保管及接觸應保有記錄；對重要的無形資產應及時申請法律保護。

4. 無形資產減值

企業應當定期或者至少在每年年末由無形資產管理部門和財會部門對無形資產進行檢查、分析，預計其給企業帶來未來利益的能力。

檢查分析應包括定期核對無形資產明細賬與總賬，並對差異及時分析與調整。

無形資產存在可能發生減值跡象的，應當計算其可收回金額；可收回金額低於帳面價值的，應當按照統一的會計準則制度的規定計提減值準備、確認減值損失。

四、處置與轉移控制

1. 無形資產處置控制

無形資產的處置控制是對無形資產退出企業經營活動過程的控制。對外投資控制企業應當建立無形資產處置的相關制度，確定無形資產處置的範圍、標準、程序和審批權限等。企業應區分無形資產不同的處置方式，採取相應控制措施。

(1)無形資產出售、投資轉出

對擬出售或投資轉出的無形資產，應由有關部門或人員提出處置申請，列明該項無形資產的原價、已提折舊、預計使用年限、已使用年限、預計出售價格或轉讓價格等，報經企業授權部門或人員批准後予以出售或轉讓。

無形資產的處置應由獨立於無形資產管理部門和使用部門的其他部門或人員辦理。無形資產處置價格應當選擇合理的方式，報經企業授權部門或人員審批後確定。對於重大的無形資產處置，無形資產處置價格應當委託具有資質的仲介機構進行資產評估。

對於重大無形資產的處置，應當採取集體合議審批制度，並建立集體審批記錄機制。

無形資產處置涉及產權變更的，應及時辦理產權變更手續。

⑵無形資產報廢

對使用期滿、正常報廢的無形資產，應由無形資產使用部門或管理部門填制無形資產報廢單，經企業授權部門或人員批准後對該無形資產進行報廢清理。

對使用期限未滿、非正常報廢的無形資產，應由無形資產使用部門提出報廢申請，註明報廢理由、估計清理費用和可回收殘值、預計出售價值等。企業應組織有關部門進行技術鑑定，按規定程序小批後進行報廢清理。

2.無形資產轉移控制

⑴無形資產出租、出借

企業出租、出借無形資產，應由無形資產管理部門會··財會部門按規定報經批准後予以辦理，並簽訂合約協議，對無形資產小租、出借期間所發生的維護保全、稅負責任、租金、歸還期限等相關事項予以約定。

對無形資產處置及出租、出借收入和發生的相關費用，應及時入賬，保持完整的記錄。

⑵無形資產調撥

企業對於無形資產的內部調撥，應填制無形資產內部調撥單，明確無形資產名稱、編號、調撥時間等，經有關負責人審批透過後，及時辦理調撥手續。

無形資產調撥的價值應當由企業財會部門審核批准。

第二節 無形資產的內部控制流程與說明

一、外購資產請購審批流程

1. 外購資產請購審批流程圖

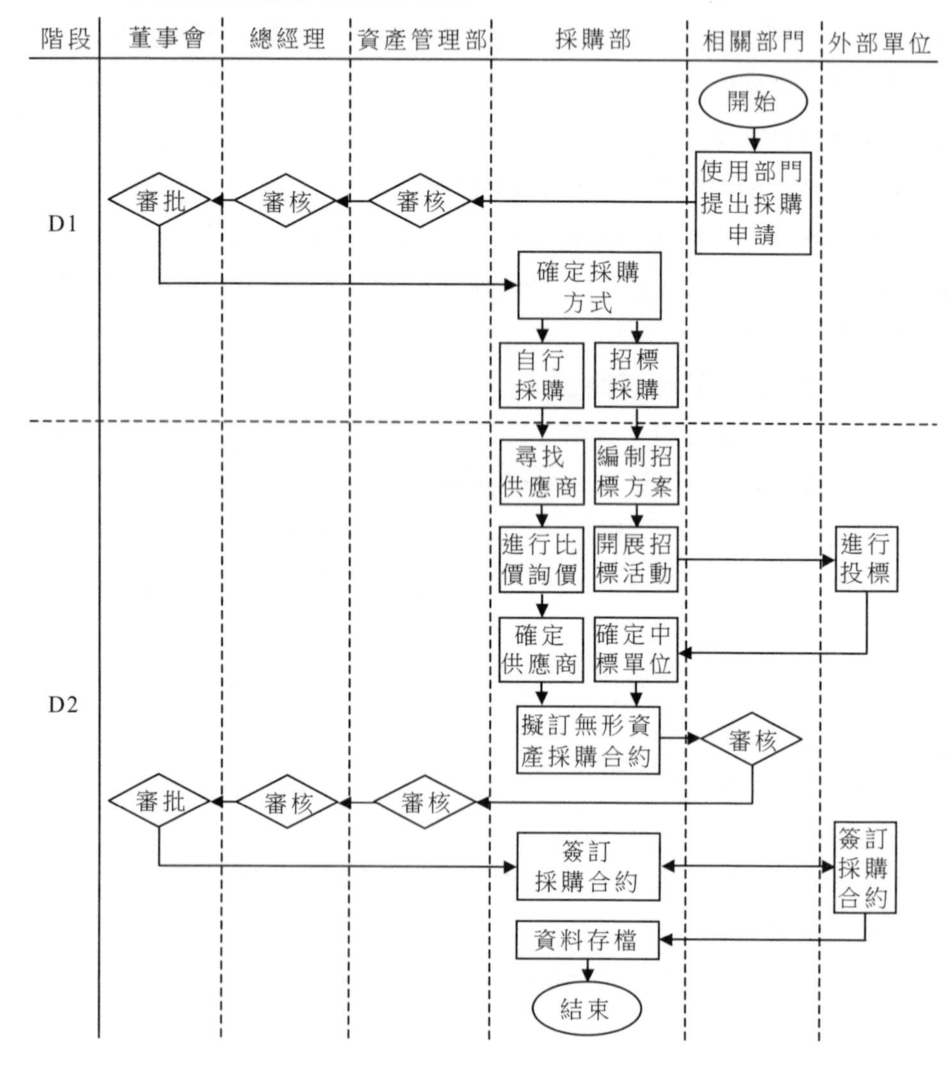

2. 外購資產請購審批流程控制表

控制事項		詳細描述及說明
階段控制	D1	1.無形資產的使用部門根據企業戰略的發展要求和業務開展要求，提出無形資產的採購申請 2.採購部根據無形資產採購標的額度或重要程度，在遵守企業相關採購規定的前提下確定採購方式，採購方式包括自行詢價比價採購、招標採購等，企業也可以根據採購的不同需求和供應商的相關情況選擇競爭性談判、單一來源採購等採購方式
	D2	3.財務部對《無形資產採購合約》的付款條款等進行審核 4.資產管理部根據無形資產的管理特點對《無形資產採購合約》進行審核

二、無形資產業務流程

1. 無形資產業務流程圖

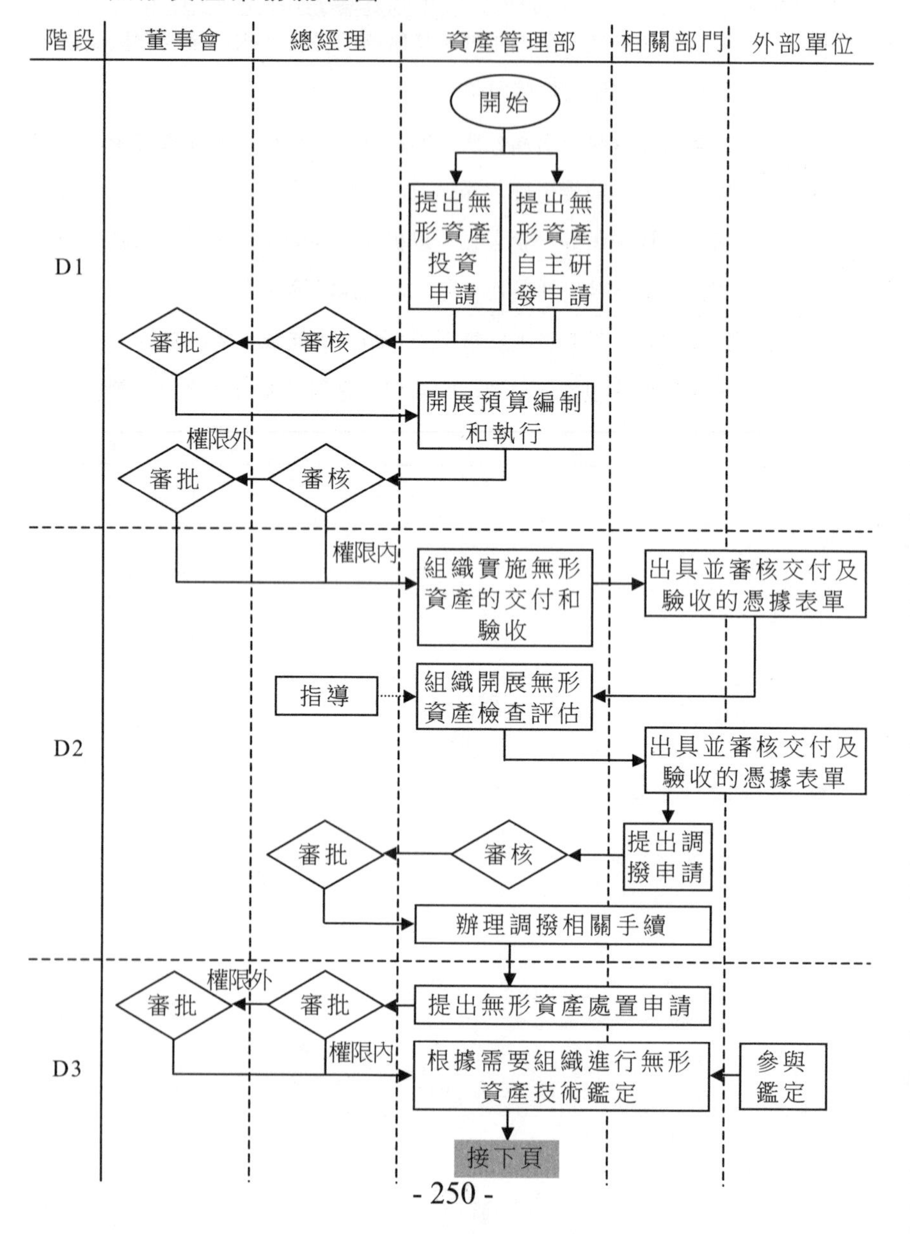

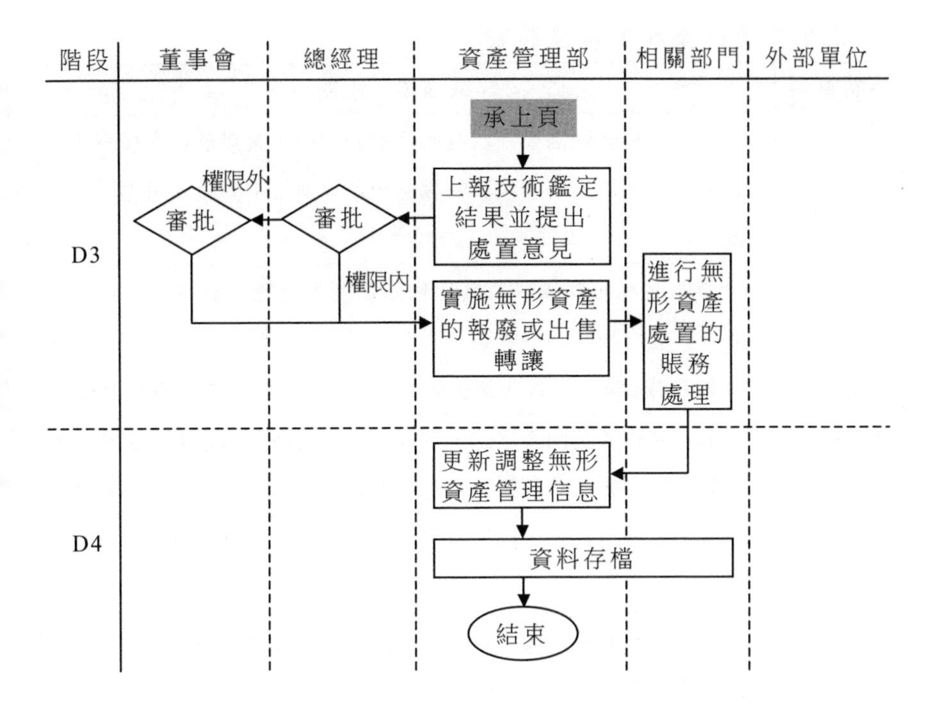
階段
董事會
總經理
資產管理部
相關部門
外部單位
承上頁
上報技術鑑定結果並提出處置意見
審批
權限外
審批
權限內
D3
實施無形資產的報廢或出售轉讓
進行無形資產處置的賬務處理
更新調整無形資產管理信息
D4
資料存檔
結束

2. 無形資產業務流程控制表

控制事項		詳細描述及說明
階段控制	D1	1. 董事會和總經理需要在自身的權限範圍內，對無形資產投資預算和無形資產自主研發預算的編制和預算執行中的重要事項履行審批職責
	D2	2. 企業的財務、採購以及其他相關部門參與無形資產的交付和驗收，並填寫相應的驗收表單或憑證；交付和驗收也可以聘請外部專業機構參與，外部專業機構需要出具相關驗收的憑證和單據
	D3	3. 無形資產根據其內容不同，可以選擇採用技術鑑定來確定無形資產的價值；如果有必要，也可以聘請外部專業機構對無形資產進行專業的技術鑑定，技術鑑定的結果作為選擇無形資產處置方式的依據
	D4	4. 無形資產在處置以後，資產管理部應及時調整無形資產管理的信息，確保無形資產管理信息的完整、準確

三、無形資產投資預算流程

1. 無形資產投資預算流程圖

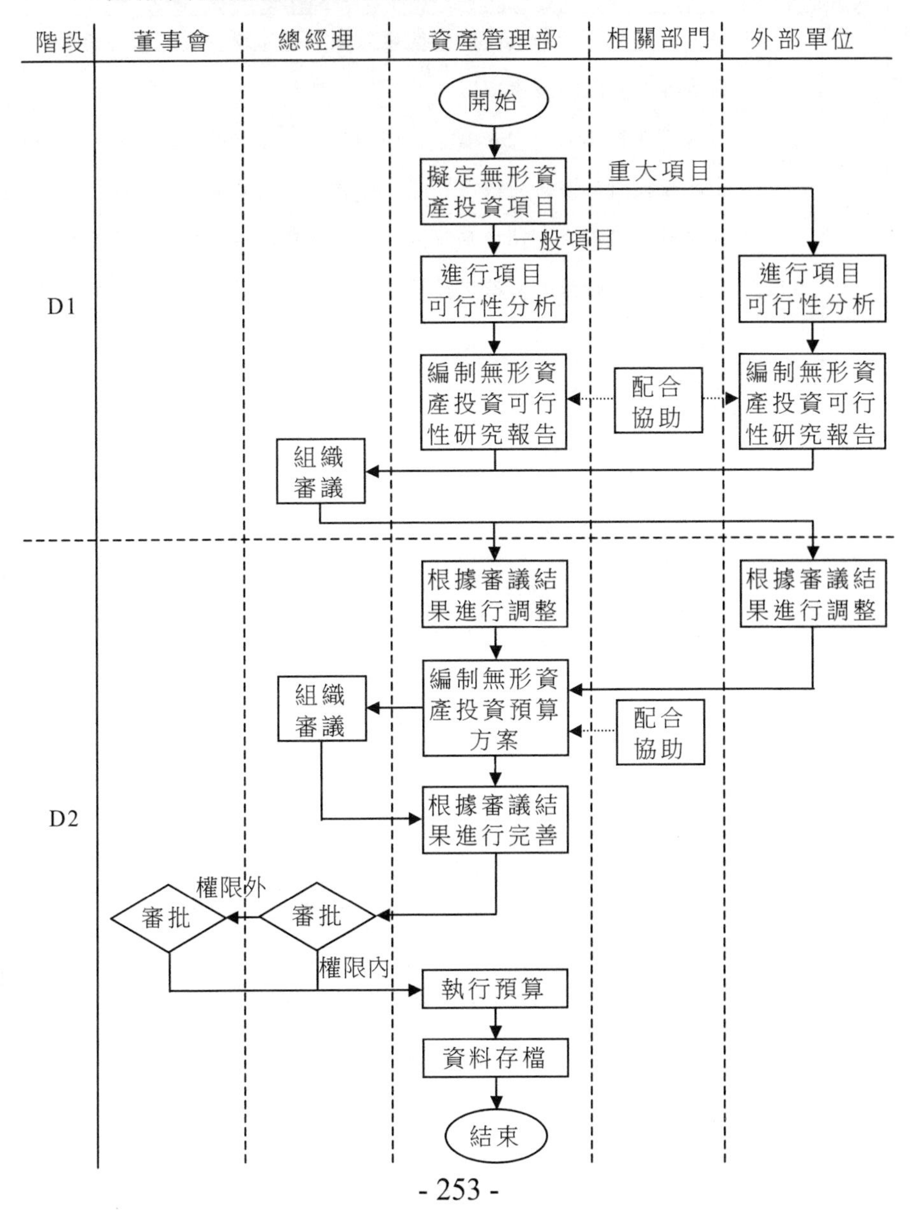

2. 無形資產投資預算流程控制表

控制事項		詳細描述及說明
階段控制	D1	1. 資產管理部根據無形資產的使用效果、生產經營發展目標等因素擬定無形資產的投資項目 2. 總經理組織由財務部、資產管理部等部門參加的會議，對《無形資產投資可行性研究報告》進行討論，並提出修改意見
	D2	3. 總經理和董事長在授權範圍內對《無形資產投資預算方案》進行審批，授權劃分的依據是預算額度的大小或者無形資產投資項目的重要程度

四、無形資產交付驗收流程

1. 無形資產交付驗收流程圖

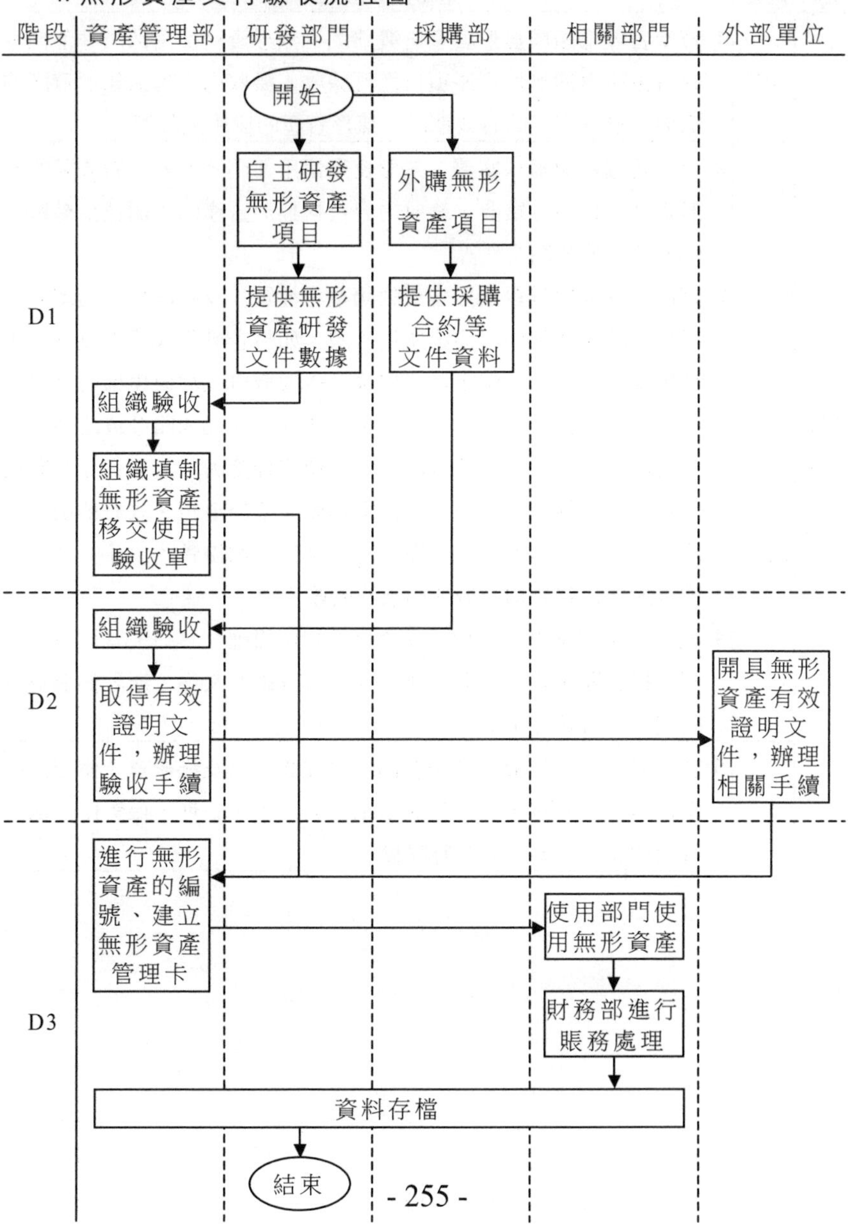

2.無形資產交付驗收流程控制表

控制事項		詳細描述及說明
階段控制	D1	1.資產管理部組織無形資產研發部門、無形資產使用部門等部門針對自主研發的無形資產項目進行驗收，驗收內容包括無形資產的價值、無形資產的有效期限、無形資產的使用風險等
	D2	2.資產管理部組織採購部、無形資產使用部門等部門針對外購的無形資產項目進行驗收，驗收內容包括無形資產的相關技術參數、無形資產的相關文件等 3.資產管理部應針對無形資產的類型和性質，及時向供應商或外部單位辦理相關證明文件或使用手續。如果企業購入或者以支付土地出讓金方式取得的土地使用權，需要取得土地使用權的有效證明文件；除已經確認為投資性房地產外，在尚未開發或建造自用項目前，企業應當根據合約、土地使用權證辦理無形資產的驗收手續；企業對投資者投入、接受捐贈、債務重組、政府補助、企業合併、非貨幣性資產交換、外企業無償劃撥轉入以及其他方式取得的無形資產均應辦理相應的驗收手續 4.無形資產的供應商或無形資產產權和使用權交易的主管政府部門應根據相關規定及時開具無形資產有效證明文件，辦理無形資產的交易、轉讓等手續
	D3	5.資產管理部、無形資產研發部門、採購部以及無形資產使用部門根據本部門在無形資產驗收中承擔的角色，整理、保管由本部門管理的文件資料，並及時歸檔

五、無形資產檢查流程

1. 無形資產檢查流程圖

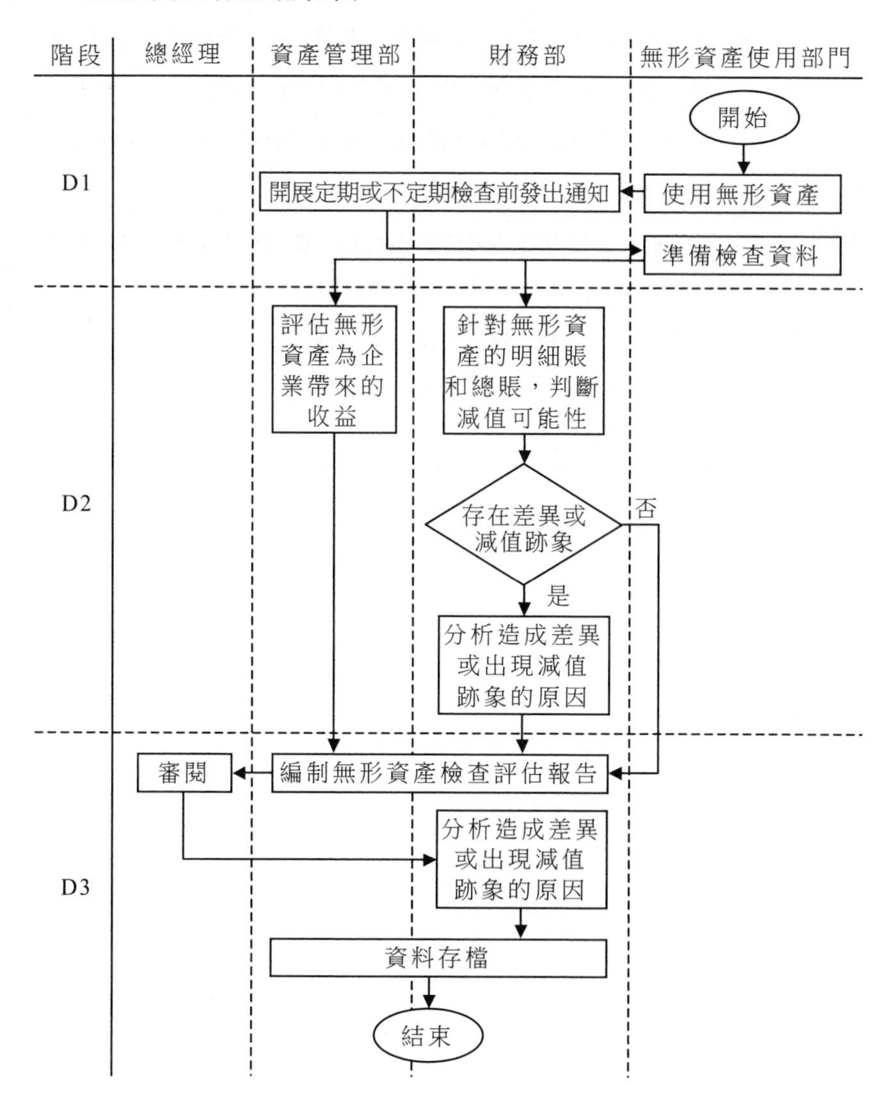

2. 無形資產檢查流程控制表

控制事項		詳細描述及說明
階段控制	D1	1. 企業應當定期或者至少在每年年末由資產管理部和財務部對無形資產進行檢查、分析，在檢查工作開展前，應根據每次檢查的時間、要求和所需準備的資料文件等向無形資產使用部門發出通知
	D2	2. 對於無形資產的檢查包括對無形資產所能帶來的收益的檢查和針對無形資產的賬務的檢查
	D3	3.《無形資產檢查評估報告》的內容不僅包括評估無形資產使用產生的收益，還包括無形資產賬務的情況 4. 財務部對可能發生減值跡象的無形資產，就計算其可收回金額；可收回金額低於帳面價值的，應當按照統一的準則計提減值準備、確認減值損失

六、無形資產處置流程

1. 無形資產處置流程圖

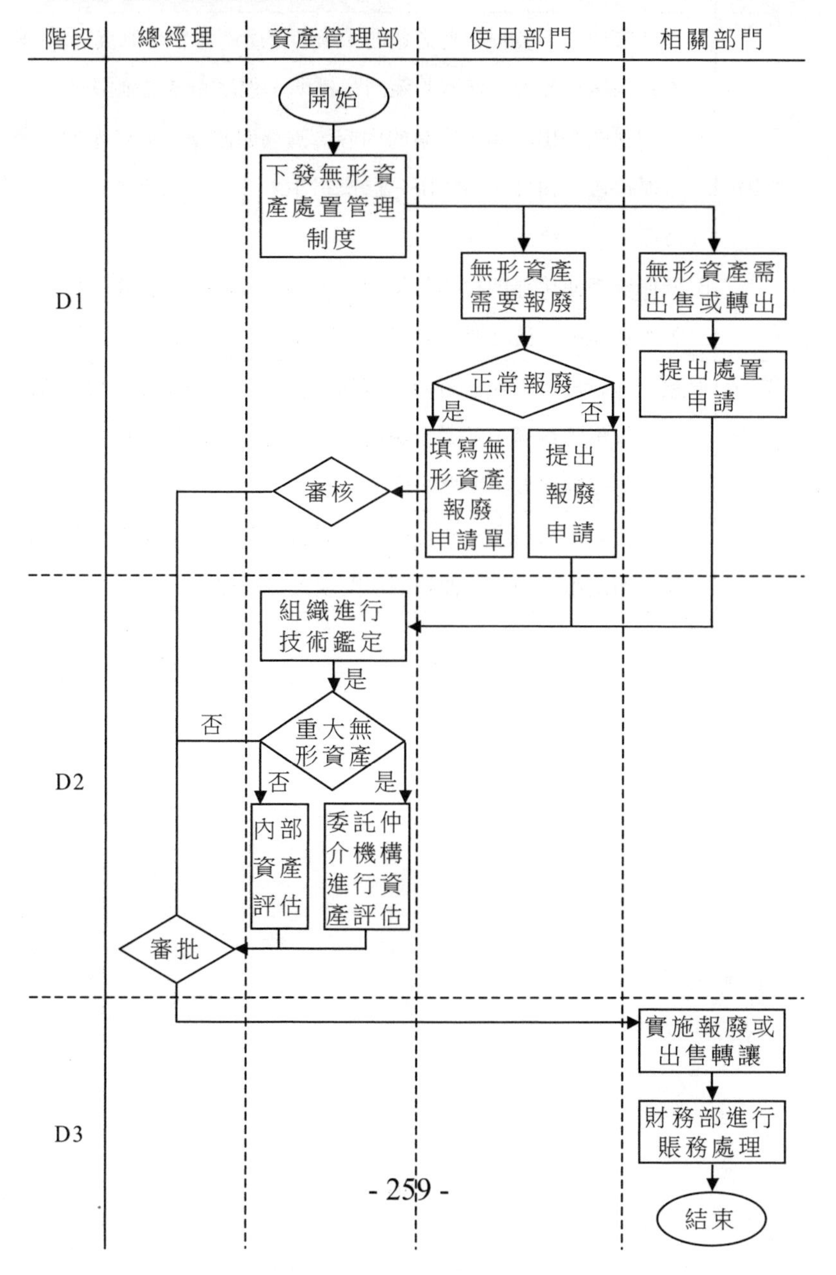

2. 無形資產處置流程控制表

控制事項		詳細描述及說明
階段控制	D1	1. 資產管理部下發經審批通過的《無形資產處置管理制度》，制度的內容包括無形資產處置的範圍、標準、程序和審批權限等 2. 相關部門提出的處置申請的內容，需列明該項無形資產的原價、已提折舊、預計使用年限、已使用年限、預計出售價格或轉讓價格等 3. 無形資產使用部門提出的使用期未滿、屬非正常報廢的申請需註明報廢理由、估計清理費用和回收殘值、預計出售價值等
	D2	4. 總經理對於重大無形資產處置的審批，要召開總經理辦公會的形式進行集體審議，並對審議的過程進行認真記錄，集體審議的結果作為總經理最終審批的依據
	D3	5. 無形資產的報廢、出售或轉讓的具體實施部門應由獨立於資產管理部和使用部門的其他相關部門或人員辦理

七、無形資產調撥流程

1. 無形資產調撥流程圖

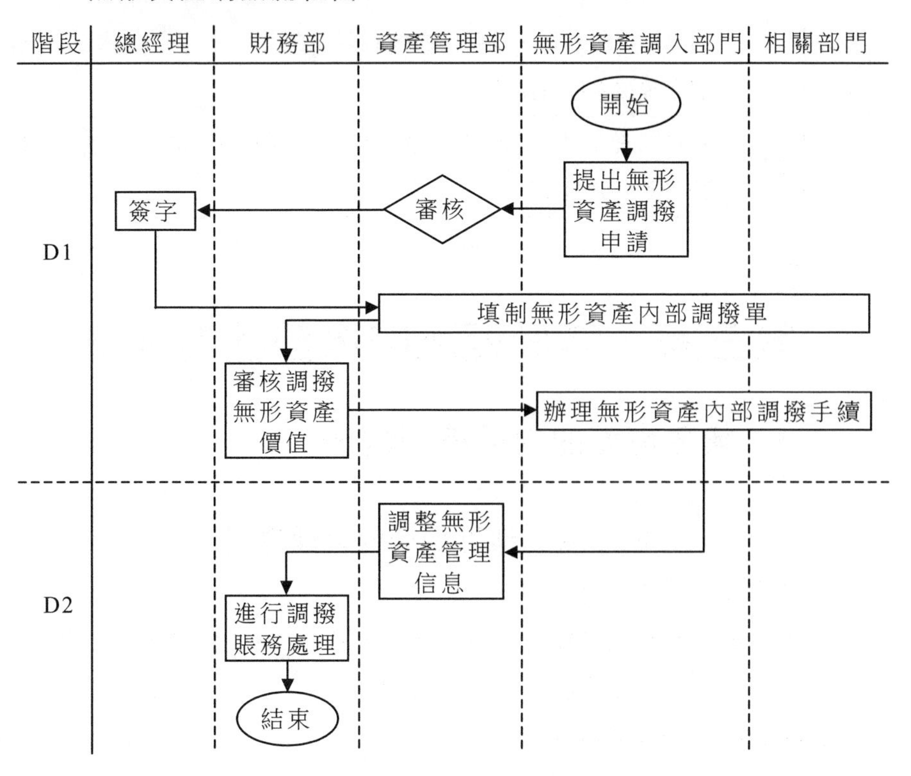

2. 無形資產調撥流程控制表

控制事項		詳細描述及說明
階段控制	D1	1. 資產管理部、無形資產調入部門、無形資產調出部門填寫「無形資產內部調撥單」的相應內容，「無形資產內部調撥單」的內容包括無形資產名稱、編號、調撥時間、調出部門、調入部門以及相關的審核審批信息等
	D2	2. 資產管理部及時在無形資產管理系統中調整調撥無形資產的編號、使用部門等信息

第三節　無形資產的內部控制辦法

一、無形資產的內部控制辦法

第 1 章　無形資產的管理體制

第 1 條　適用範圍。

本制度適用於企業擁有的專利權、非專利技術、商標權、著作權、特許權、土地使用權等無形資產的管理。

第 2 條　管理體制。

無形資產作為企業資產的重要組成部份，實行「統一領導、歸口管理、分級負責、責任到人」的管理體制。

1. 企業行政辦公室負責企業名稱、徽標的管理。
2. 研發部負責專利技術、非專利技術以及技術秘密的管理。
3. 行銷部負責企業注冊商標、品牌的管理。
4. 信息部負責本企業網路域名、著作權、制度彙編、電腦軟體、文檔資料及管理經驗資料的管理。

5. 投資發展部負責土地使用權的管理。

6. 財務部負責無形資產的綜合管理和會計核算。

第 2 章　無形資產投資的授權審批

第 3 條　無形資產投資預算管理。

1. 本企業所有無形資產投資預算的編制、調整、審批、執行等環節，均按《預算控制制度》執行。

2. 對於超預算或預算外無形資產的投資項目，由無形資產相關責任部門提出申請，經按照審批權限審批後再辦理相關手續。

第 4 條　無形資產購置審批權限。

1. 股東大會

根據公司章程關於資產購置的審批權限的規定，批准超限額的無形資產購置計劃。

2. 董事會

⑴ 審批除股東大會審批權限外的其他購置計劃，或對總經理決策權限作出授權。

⑵ 審批年度無形資產購置預算。

⑶ 審批年度無形資產購置計劃。

3. 總裁

召集總裁辦公會議，審議、批准授權範圍內的無形資產投資項目，並簽署購置方案、購置協定。

4. 財務部經理（或財務總監）

財務部經理（或財務總監）從資金價值管理角度對無形資產投資可行性分析報告進行評審，並簽署評審意見。

5. 企業投資管理委員會

投資管理委員會召開會議，對可行性分析報告進行審議。

6. 資產管理部(或無形資產購置承辦部門)

提出無形資產購置申請，編制可行性分析報告，說明無形資產購置的可行性和必要性。

第 5 條　無形資產驗收。

1. 外購無形資產

外購無形資產由企業資產管理部組織、相關部門參與，按照合約、技術交底文件規定的驗收標準進行驗收。

2. 自製無形資產

(1) 自製無形資產製作完成後，由項目負責人向管理部門提出驗收申請。

(2) 自製無形資產由管理部門負責組織驗收。

第 3 章　無形資產使用的授權審批

第 6 條　無形資產使用申請與審批。

1. 凡需使用本企業無形資產的部門或人員，必須向企業資產管理部申請，申請經過企業各級管理機構及人員審批，並簽署保密協定等約束文書後方可使用無形資產。

2. 無形資產使用部門負責無形資產的日常使用與保全管理，保證無形資產的安全與完整。

第 7 條　無形資產使用的賬務處理。

企業一旦取得無形資產，財務部經理(或財務總監)即需依據有關規定，結合企業實際情況，確定無形資產攤銷範圍、攤銷年限、攤銷方法、殘值等，並對無形資產的會計處理結果進行審核。

第 4 章　無形資產處置的授權審批

第 8 條　無形資產處置原則。

1. 企業本著公開、公正、合理、有序的原則，規範無形資產的處置行為，杜絕處置過程中的資產流失和違規現象。

2. 無形資產的處置，必須報經總裁辦公會議審議批准，必須由資產管理部(或無形資產處置承辦部門)組織專家進行論證和技術鑑定，並與交易對方進行商務談判，擬定無形資產處置合約或協議，處置價格不得低於市場評估值。

第 9 條　無形資產處置審批權限。

1. 股東大會

一次性處置或連續____個月累計處置無形資產總金額超過本企業無形資產____%及以上的處置計劃。

2. 董事會

批准除需經股東大會批准事項之外的處置計劃。

3. 總裁

召開總裁辦公會，在權限範圍內審批或授權審批無形資產的處置。

4. 資產管理部(或無形資產處置承辦部門)

審核無形資產權屬變動事項的有關資料。

第 10 條　子公司無形資產權屬變動審批。

1. 控股子公司處置單筆原值在_____萬元以下(含_____萬元)的無形資產時，需向集團總公司財務部備案。

2. 控股子公司處置單筆原值在_____萬元以上的資產，應先徵得集團總公司提名並出任該控股子公司的董事的意見，並於履行相應控股子公司的審議、批准程序後處置。

二、無形資產取得與驗收控制制度

第 1 章　總則

第 1 條　為加強與規範企業對無形取得與驗收管理，特制定本制度。

第 2 條　本制度適用於專利權、非專利技術、商標權、著作權、特許權、土地使用權等無形資產。

第 2 章　無形資產的增加

第 3 條　無形資產增加主要包括無形資產自創、購置、受贈、受讓、調撥和劃轉等活動所引起的無形資產的數量和價值量的增加。

第 4 條　無形資產的外購，要符合企業發展規劃，並經過充分論證和嚴格的審批程序，避免重覆、盲目引進。

1. 採購申請：請購部門提出採購申請，按授權審批權限交由相關部門審批，請購部門需同時提交所需採購的無形資產的性能、技術參數等。

2. 審核：無形資產管理部門及企業其他相關職能部門(如財務部、法務部等)對無形資產採購相關事項進行審核。

3. 審批：按照企業授權審批權限，相關管理部門或人員在授權範圍內審批。

第 5 條　自行開發或研製的項目應依法及時申請並辦理註冊登記手續，明確產權關係

第 3 章　無形資產的驗收

第 6 條　企業外購無形資產，必須取得無形資產所有權的有效證明文件，仔細審核有關合約、協議等法律文件，必要時應聽取專業人

員或法律顧問的意見。

第 7 條　企業自行開發的無形資產，應由研發部門、無形資產管理部門、使用部門共同填制無形資產移交使用驗收單，移交使用部門使用。

第 8 條　企業購入或者以支付土地出讓金方式取得的土地使用權，必須取得土地使用權的有效證明文件。除已經確認為投資性房地產外，在尚未開發或建造自用項目前，企業應當根據合約協定、土地使用權證辦理無形資產的驗收手續。

第 9 條　企業對投資者投入、接受捐贈、債務重組、政府補助、企業合併、非貨幣性資產交換、外企業無償劃撥轉入以及其他方式取得的無形資產均應辦理相應的驗收手續。

第 4 章　無形資產取得時的入賬處理

第 10 條　企業自行開發並按法律程序申請取得的無形資產，把依法取得時發生的註冊費、聘請律師費等費用作為無形資產的實際成本。

在研究與開發過程中發生的材料費用、直接參與開發人員的薪資及福利費、租金、借款費用、設備折舊費等，應於當期發生時計入當期損益；對於已計入各期費用的研究與開發費用，在該項無形資產獲得成功並依法申請取得專利時，不得再將原已計入費用的研究與開發費用資本化。

第 11 條　企業自行購進的無形資產，以實際支付的價款作為實際成本入賬。

1. 無形資產的購進是指無形資產的有償轉讓，涉及出讓和受讓雙方，即出讓方放棄無形資產獲得會計收益，受讓方付出代價獲得無形資產。

2. 受讓方支付的轉讓購買價，一般情況下應按全部支出作無形資產入賬，借記「無形資產」科目，貸記「銀行存款」等科目。

第 12 條　投資者投入的無形資產，企業應根據投資的具體情況進行賬務處理。

1. 一般來說，投資業務實現後，受資方應按照投資協定借記「無形資產」科目，貸記「實收資本」、「資本公積」等科目。無形資產長期投資業務一般應持續至受資企業經營終結辦理資產清算為止。

2. 若出資方與受資方約定有一定投資時效的投資方式(如聯營投資)，到期企業繼續經營，而無形資產投資業務終止並單獨清算。

⑴若雙方約定了該項無形資產的清算價格。由於該項資產的特殊性，議定清算價格一般低於投資成本，到投資終止清算時，受資方應借記「實收資本」、「資本公積」等科目，貸記「銀行存款」、「以前年度損益調整」等科目。

⑵如果雙方沒有議定結算價格或清算價格為 0 的，雙方均透過「以前年度損益調整」科目沖銷投資或資本記錄即可。

第 13 條　企業接受債務人以非現金資產抵償債務方式取得的無形資產，或以應收債權換入無形資產時，以應收債權的帳面價值加上應支付的相關稅費，作為實際成本。涉及補償的，按以下規定確定受讓無形資產的實際成本。

1. 收到補償的，以應收債權的帳面價值減去補償，加上應支付的相關稅費，作為實際成本。

2. 支付補償的，以應收債權的帳面價值加上支付的補償和應支付的相關稅費，作為實際成本。

第 14 條　企業以非貨幣性交易換入的無形資產，以換出資產的帳面價值加上應支付的相關稅費，作為實際成本。涉及補償的，按以下規定確定換入無形資產的實際成本。

1. 收到補償的，以換出資產的帳面價值加上應確認的收益和應支付的相關稅費減去補償後的餘額，作為實際成本。

2. 支付補償的，以換出資產的帳面價值加上應支付的相關稅費和補償，作為實際成本。

第 15 條　企業接受捐贈的無形資產，應按以下規定確定其實際成本。

1. 捐贈方提供有關憑據的，按憑據上標明的金額加上應支付的相關稅費，作為實際成本。

2. 捐贈方沒有提供有關憑據的，按如下順序確定其實際成本。

(1)同類或類似無形資產存在活躍市場的，以同類或類似無形資產的市場價格估計的金額，加上應支付的相關稅費，作為實際成本。

(2)同類或類似無形資產不存在活躍市場的，以該接受捐贈的無形資產的預計未來現金流量現值，作為實際成本。

三、無形資產使用管理制度

第 1 章　總則

第 1 條　為規範無形資產管理、提高企業無形資產競爭的能力和水準，保證企業無形資產的安全與完整，特制定本制度。

第 2 條　本制度適用於企業擁有的專利權、非專利技術、商標權、著作權、特許權、土地使用權等無形資產的日常使用管理。

第 2 章　無形資產使用與監督

第 3 條　凡使用本制度規定的上述無形資產，必須向資產管理部(或無形資產管理機構)提出申請，按照相關的授權審批程序，申請審批通過並簽署有關協定後方可使用相關無形資產。

第 4 條　企業資產管理部(或無形資產管理機構)在收到使用單位或部門的申請以後，與歸口管理部及其他相關部門共同對申請進行查證，並提出審核意見，審核後報總裁審批。

第 5 條　通過審批的單位或部門持審批後的申請書到資產管理部(或無形資產管理機構)簽訂使用和保密等相關協定，沒有通過審批的則返還申請資料。

第 6 條　企業資產管理部(或無形資產管理機構)會同財務部等相關部門在協商的基礎上，共同確定無形資產使用的收費標準，對無形資產使用單位或部門徵收合理的費用。

第 7 條　本企業特許其他單位使用本制度規定的上述無形資產，由資產管理部(或無形資產管理機構)會同財務部擬定方案，按照相應的授權審批程序，經授權人員批准後辦理相關手續，簽訂合約。合約應當明確無形資產特許使用期間的權利義務。

第 8 條　資產管理部(或無形資產管理機構)按照企業有關部門規定的時間和要求，編制企業無形資產匯總表及分析說明，向企業報告，為制定企業發展規劃及編制企業財務預算提供決策依據。

第 9 條　對長期閒置的無形資產，應及時合理調配，充分提高其利用率，盤活存量，發揮其最大效益。

第 10 條　企業所有部門、員工都有權利和義務監督企業無形資產的使用及管理情況，依法維護本企業無形資產的安全與完整。

第 11 條　各級歸口管理部門在管理中，有下列行為之一的，企業責令改正，並追究相關主管部門和直接責任人的責任。

1. 未履行其職責、對本單位所管轄的資產造成嚴重流失或損失浪費不反映、不報告、不提出建議、不採取相應管理措施的。

2. 在無形資產管理工作中，未按有關法律、法規辦事，濫用職權、擅自批准產權變動，造成嚴重後果的。

第 12 條　無形資產使用單位有下列行為之一的，資產管理部（或無形資產管理機構）有權責令其改正。經請示，依法追究主管和直接責任人員的責任。

1. 不如實進行產權登記、填報無形資產統計報表，隱瞞真實情況者。

2. 未按職責要求，致使本企業無形資產管理不善，造成重大損失的。

3. 對用於經營投資的資產不認真進行監督管理，不維護投資者權益、收繳財產收益的；未履行職責，放鬆無形資產管理，造成嚴重後果者。

4. 不按規定權限使用無形資產者。

5. 擅自處置無形資產和將無形資產用於經營投資的。

第 13 條　在無形資產的管理過程中，對取得下列成績之一的部門和個人，給予表彰和獎勵。

1. 積極開展無形資產管理工作，為企業創造較大效益者。

2. 在無形資產管理中有創新，運用和推廣現代技術並取得顯著效果者。

第 3 章　相關賬務管理

第 14 條　企業應當定期或至少於每年年末由資產管理部（或無形資產管理機構）和財務部對無形資產進行檢查、分析，預計其給企業帶來未來利益的能力。其具體工作如下。

1. 定期核對無形資產明細賬與總賬。

2. 對賬目差異進行及時分析與調整。

第 15 條　無形資產存在可能發生減值跡象的，應當計算其可收回金額；可收回金額低於帳面價值的，應當按照統一的會計準則制度的規定計提減值準備，確認減值損失。

四、無形資產處置與轉移管理制度

第 1 章　總則

第 1 條　處置鑑定處置無形資產應由無形資產業務主管部門(如資產管理部、財務部)組織專家進行論證和技術鑑定，確保無形資產處置的合理性。

第 2 條　處置審批。

根據授權審批權限，對無形資產業務主管部門上報的無形資產處置申請表進行審查，並簽署意見。

第 2 章　處置與轉移

第 3 條　無形資產的處置應當遵循公開、公正、公平的原則，嚴格履行審批手續，未經批准不得自行處置。

第 4 條　對使用期滿、正常報廢的無形資產，應由無形資產使用部門或業務主管部門填制無形資產報廢單，經企業授權部門或人員批准後對該無形資產進行報廢清理。

第 5 條　對使用期限未滿、非正常報廢的無形資產，應由無形資產使用部門提出報廢申請，註明報廢理由、估計清理費用和可回收殘值、預計出售價值等。無形資產業務主管部門應組織有關部門進行技術鑑定並提出處理意見，按規定程序審批後進行處置。

第 6 條　對擬出售或投資轉出的無形資產，應由有關部門或人員提出處置申請，列明該項無形資產的原價、已提折舊、預計使用年限、已使用年限、預計出售價格或轉讓價格等，報經企業授權部門或人員批准後予以出售或轉讓。

第 7 條　無形資產處置價格應當合理，報經企業授權部門或人員審批後確定。

第 8 條　重大無形資產處置項目。

1. 對於重大的無形資產處置，無形資產處置價格應當委託具有資質的仲介機構進行資產評估。

2. 對於重大無形資產的處置，應當採取集體合議審批制度，並建立集體審批記錄機制。

第 9 條　無形資產處置涉及產權變更的，企業無形資產業務主管部門會同歸口管理部門組織無形資產技術鑑定，督促相關人員及時辦理無形資產的產權確認手續。

第 10 條　企業出租、出借無形資產，應由無形資產業務主管部門會同財務部按規定報經批准後予以辦理，並簽訂合約協定，對無形資產出租、出借期間所發生的維護保全、稅費、租金、歸還期限等相關事項予以約定。

第 11 條　無形資產的內部調撥，應填制無形資產內部調撥單，明確無形資產名稱、編號、調撥時間等，送無形資產業務主管部門審查批准。無形資產業務主管部門提出處理意見，報相關審核批准後調撥或轉讓。

第 12 條　無形資產調撥的價值應當由企業財務部審核批准。

第 13 條　出售、出讓、轉讓、變賣企業無形資產的，應當經審計部審計。

第 14 條　無形資產業務主管部門要妥善保管好本企業無形資產管理文件、資料，建立健全企業無形資產產權登記檔案，掌握其變動情況。

五、無形資產重大處置集體合議審批制度

第 1 條　為加強對無形資產處置工作的管理，尤其是重大的無形資產處置，保證無形資產的處置利益，根據企業相關規定，特制定本制度。

第 2 條　重大無形資產處置項目，應當採取集體合議和企業總裁辦公會審批決定，並建立集體審批記錄機制。

第 3 條　重大無形資產處置項目主要包括但不限於下列情形。

1. 無形資產處置項目金額高達______萬元（含）以上的。

2. 無形資產處置涉及產權變更的。

3. 企業規定的其他屬於重大無形資產處置項目的情形。

第 4 條　無形資產業務主管部門對符合第 3 條規定的無形資產處置項目，應確定具體的處置方案，向總裁辦公會提出，報集體合議。

第 5 條　總裁辦公會合議後，由總裁或其授權簽署意見，報董事會審核審批。

第 6 條　無形資產集體合議的具體執行如下。

1. 總裁辦公會合議：由總裁或其授權主持，相關高層、資產價格鑑定評估部門、無形資產處置經辦部門負責人及處置方案擬定人員參加。

2. 董事會合議：由董事會成員、總裁或其授權相關處置經辦人員參加。

3. 根據無形資產處置的具體情況，也可邀請其他相關人員參加。

第 7 條　集體合議時，無形資產管理部門或使用部門及相關人員

應主動請求迴避。

第 8 條　無形資產處置集體合議的主要內容包括但不限於下列三項內容。

1. 被處置的無形資產原價、已提折舊、預計使用年限、已使用年限、預計處置價格等。

2. 被處置的無形資產目前在市場上的公認價值，一般委託具有資質的仲介機構進行評估。

3. 其他需要合議的內容。

第 9 條　合議時，無形資產處置經辦部門負責人及處置方案擬定人員應簡要介紹無形資產的使用情況、初步處置意見及處置依據等。

第 10 條　集體合議形成一致性處置意見的，按一致意見執行；不能形成一致性處置意見的，由總裁或董事長決定。

第 11 條　集體合議應做記錄，有不同意見的，也要在記錄中如實註明。參加集體合議的人員應在合議記錄上簽名。

第 12 條　所有參加集體合議的人員應對合議的內容予以保密。查閱該無形資產處置合議記錄時，也應經檔案管理部門負責人批准；複印該無形資產處置合議記錄時，應經總裁批准。

第四節　案例

【案例】ABC 商場的無形資產內部控制

ABC 商場於 1989 年 5 月開業，之後僅用 7 個月時間就實現銷售額 9000 萬元，1990 年達 1.86 億元，實現稅利 1315 萬元，1 年就跨入大型商場行列。到 1995 年，其銷售額一直呈增長趨勢，1995

年達 4.8 億元。該商場當年以其在經營和管理上的創新創造了一個平凡而奇特的現象。來自 30 多個省市的商界要員去參觀學習。

然而，1998 年 8 月 15 日，ABC 商場悄然關門，面對這殘酷的事實，人們眾說紛紜。導致商場倒閉的原因是多方面的，而其內部控制的極端薄弱是促成倒閉的主要原因之一。

該商場的冠名權屬於無形資產，其轉讓都是由總經理一個人說了算，只要總經理簽字同意，別人就可以建一個 ABC 商場。在經營管理上，ABC 商場有派駐人員，但由於並不掌控管理，所起的作用不大。這種冠名權的轉讓，能迅速帶來規模的擴張，可也給 ABC 的管理控制帶來了風險。對這些企業的管理上，ABC 並不嚴格，導致了某些企業在管理方面、服務品質或者產品品質等諸多方面給客戶們留下了不好的印象，在社會上造成了不良影響，對 ABC 這個品牌的影響起了負面作用。

ABC 商場沒有進行職責分工、權限範圍和審批程序不明確規範，機構設置和人員配備不科學不合理。關於無形資產的轉讓，照理應該經董事會討論通過，但實際上是總經理一個人說了算，只要他簽字同意，別人就可建個「ABC」，這樣不可避免的會導致一人多權形成舞弊的現象發生。

建議商場應該設置專門的無形資產管理部門，配備專門的無形資產管理人員對商場的無形資產進行綜合、全面、系統的管理。無形資產管理部門的主要職能包括：對企業所有無形資產的開發、引進、投資進行總的控制；就無形資產在企業生產經營管理中的實施應用的客觀要求，協調企業內部其他各有關的職能部門的關係；協調與企業外部有關專業管理機構的關係；協調企業與其他企業的關係；維護企業無形資產資源安全完整；考核無形資產的投入產出狀況和效益情況。

企業應當建立無形資產業務的崗位責任制，明確相關部門和崗位的職責、權限，確保辦理無形資產業務的不相容崗位相互分離、制約和監督。同一部門或個人不得辦理無形資產業務的全過程。有效的內部控制制度應該保證對同一項業務的審批、執行、記錄和覆核人員的職務分離，以減少因一人多權而導致的舞弊現象發生。

在授權審批方面要明確授權批准的範圍。通常無形資產研究與開發、購置和轉讓計劃都應納入其範圍。授權批准的層次，應根據無形資產的重要性和金額大小確定不同的授權批准層次，從而保證各管理層有權亦有責。明確被授權者在履行權力時應對哪些方面負責，應避免責任不清，一旦出現問題又難咎其責的情況發生。應規定每一類無形資產業務的審批程序，以便按程序辦理審批，以避免越級審批、違規審批的情況發生。

單位內部的各級管理層必須在授權範圍內行使相應職權，經辦人員也必須在授權範圍內辦理業務。審批人應當根據無形資產業務授權批准制度的規定，在授權範圍內進行審批，不得超越審批權限。經辦人在職責範圍內，按照審批人的批准意見辦理無形資產業務。對於審批人超越授權範圍審批的無形資產業務，經辦人員有權拒絕辦理，並及時向上級部門報告。

對於重大的無形資產投資轉讓等項目，應當考慮聘請獨立的仲介機構或專業人士進行可行性研究與評價，並由企業實行集體決策和審批，防止出現決策失誤而造成嚴重損失。

第八章

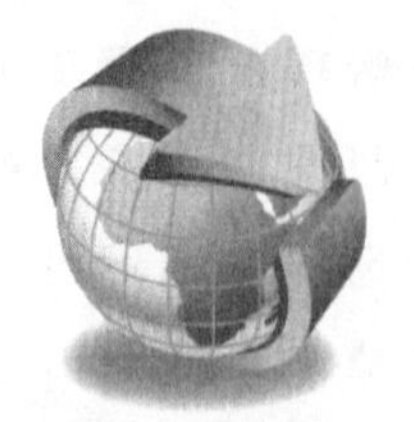

長期投資的內部控制重點

第一節　長期投資的內部控制重點

一、長期股權投資的授權批准

企業應當建立投資授權批准制度和審核批准制度，明確授權批准的方式、程序和相關控制措施，規定審批人的權限、責任以及經辦人的職責範圍和工作要求，並按照規定的權限和程序辦理投資業務。任何個人無權獨立做出重大投資決策。企業任何未經授權批准的投資行為，無論該種行為是否造成損失，都應該受到調查和追究。經授權的人員必須在授權範圍內開展和執行投資業務，任何越權行為也必須受到追究。

長期股權投資涉及的主要業務環節包括編制對外投資建議書，對外投資可行性研究，評估對外投資可行性研究報告，對外投資項目決策，編制對外投資實施方案，方案簽訂對外投資合約，投資項目的跟蹤管理，對外投資的收回、轉讓、核銷等基本業務環節。企業應當建立投資業務的崗位責任制，明確相關部門和崗位的職責權限，確保辦理投資業務的不相容崗位相互分離、制約和監督。

審批人應當根據對外投資授權審批制度的規定，在授權範圍內進行審批。經辦人應當在職責範圍內，按照審批人的批准意見辦理對外投資業務。對於審批人超越授權範圍審批的對外投資業務，經辦人有權拒絕辦理，並及時向審批人的上級授權部門報告。嚴禁未經授權的部門或人員辦理對外投資業務。有效的內部控制要求對外投資業務的各個環節要經過適當的授權批准。這些授權批准主要包括以下幾個方面。

1. 投資決策的授權批准程序

一般的投資項目可由授權的相關部門或人員在職責權限範圍內批准，對於重大投資項目的決策應當實行集體審議聯簽。對於未經批准的投資項目，經辦人員不得辦理。對於經過批准的投資項目，經辦人員應當在授權範圍內，按照審批人的批准意見執行對外投資的決策，嚴禁任何個人擅自決定對外投資或者改變集體決策意見。

2. 投資決策方案變更的授權批准程序

企業制定了對外投資實施方案，明確了出資時間、金額、出資方式及責任人員等內容以後，對外投資實施方案如有變更，應當經企業最高決策機構或其授權人員審查批准。

3. 投資合約的鑑定、更改的授權批准程序

對外投資業務都應該簽訂投資合約。在簽訂合約時可以徵詢企業的法律顧問或相關專家的意見，並經授權部門或人員批准後簽訂，不得擅自更改。對於經辦人超越權限，擅自更改合約內容等越位行為，應該給予相應的懲罰。對於審批人超越授權範圍審批的對外投資合約，經辦人也有權拒絕簽訂，並及時向審批人的上級授權部門報告。

未經授權的部門或人員簽訂的投資合約屬於無效合約。

4.投資有關權益證書的管理

企業應指定專門的部門或人員保管對外投資有關權益證書，並建立詳細記錄，未經授權批准的人員不得接觸權益證書。對於審批人超越授權範圍授權管理的權益證書，經辦人也有權拒絕執行，並及時向審批人的上級授權部門或人員報告。

5.投資收回、轉讓、核銷等的授權批准程序

投資如果出現需要提前或延遲投出資產、變更投資額、改變投資方式、中止投資等情況的，應當按程序報經原授權審批人或上級授權部門審批。對於企業核銷的投資，應當取得因被投資企業破產等原因而不能收回投資的法律文書和證明文件，並且經過集體審議批准。

企業應當根據投資類型制定相應的業務流程，明確投資中主要業務環節的責任人員、風險點和控制措施等。企業應當設置相應的記錄或憑證，如實記載投資業務各環節的開展情況，加強內部審計，確保投資的全過程得到有效控制。企業應加強對審批文件、投資合約或協定、投資方案、對外投資處置決議等文件的管理，應當明確各種與投資業務相關文件資料的取得、歸檔、保管、調閱等各個環節的管理規定及相關人員的職責權限。

二、投資可行性的研究評估控制

企業應當加強投資可行性研究、評估與決策環節的控制，對投資項目建議書的提出、可行性研究、評估、決策等做出明確規定，確保投資決策合法、合理。企業因發展戰略需要，在原投資基礎上追加投資的，仍應嚴格履行控制程序。

（一）投資建議書制度

1. 投資建議書的編制

企業應當編制對外投資建議書。投資建議書的內容根據項目的不同情況繁簡不同，但一般應包括：項目的必要性和依據、投資條件的初步分析、投資估算和資金籌措的設想、投資效益的初步估算等。

2. 投資建議書的評審

企業應當由相關部門或人員對投資項目進行分析與論證，分析論證的主要內容包括：投資的必要性和依據；投資條件的可靠性；投資估算的依據是否合理，估算數額是否恰當，所需投資的籌資方式、管道是否落實；投資效益的可靠性。

同時企業應對被投資企業資信情況進行盡職調查或實地考察，並關注被投資企業管理層或實際控制人的能力、資信等情況。投資項目如有其他投資者，應當根據情況對其他投資者的資信情況進行瞭解或調查。

（二）投資的可行性研究和報告評估制度

1. 投資的可行性研究

企業應當由相關部門或人員或委託具有相應資質的專業機構對投資項目進行可行性研究，編制可行性研究報告，重點對投資項目的目標、規模、投資方式、投資的風險與收益等做出評價。透過對與投資項目有關各方面的情況進行全面的調查研究，對各種投資方案進行分析，對投資後效益進行預測，為投資決策提供依據。

2. 可行性研究報告的評估

企業應當由相關部門或人員或委託具有相應資質的專業機構對可行性研究報告進行獨立評估，形成評估報告。對重大投資項目，必須委託具有相應資質的專業機構對可行性研究報告進行獨立評估。評估內容主要是：

⑴投資項目背景與發展概況分析是否真實、恰當。

⑵需求預測的方法、基礎數據是否科學合理、真實可靠，預測結果是否完整準確。

⑶投資條件是否充分具備。

⑷投資方案是否恰當可行，是否符合單位的實際情況、

⑸投資估算是否實事求是，資金籌措方式是否可行，管道是否可靠，是否符合有關規定。

⑹投資效益的指標體系是否科學，數字是否準確，是否符合投資政策。

評估完成後，應形成評估報告。評估報告應當全面反映評估人員的意見，並由所有評估人員簽章。

（三）投資決策控制

企業應當根據經股東大會(或者企業章程規定的類似權力機構)批准的年度投資計劃，按照職責分工和審批權限，對投資項目進行決策審批。重大的投資項目，應當根據公司章程及相應權限報經股東大會或董事會(或者企業章程規定的類似決策機構)批准。長期股權投資實行集體決策，決策過程應有完整的書面記錄。嚴禁任何個人擅自決定投資或改變集體決策意見。

企業可以設立投資審查委員會或者類似機構，對達到一定標準的投資項目進行初審。在初審過程中，應當審查下列內容：

⑴擬投資項目是否符合有關法律、法規和相關調控政策，是否符合企業主業發展方向和投資的總體要求，是否有利於企業的長遠發

展。

⑵擬訂的投資方案是否可行，主要的風險是否可控，是否採取了相應的防範措施。

⑶企業是否具有相應的資金能力和項目監管能力。

⑷擬投資項目的預計經營目標、收益目標等是否能夠實現，企業的投資利益能否確保，所投入的資金能否按時收回。

只有初審透過的投資項目，才能提交上一級管理機構和人員進行審批。

企業集團根據企業章程和有關規定對所屬企業投資項目進行審批時，應當採取總額控制等措施，防止所屬企業分拆投資項目、逃避更為嚴格的授權審批的行為。

三、投資執行控制

1. 投資實施方案的控制

⑴實施方案編制的控制

投資實施方案對於投資活動的成敗意義重大。它是具體落實投資計劃和投資合約的重要工具，以保證投資活動的有序進行。企業應當制定投資實施方案，明確出資時間、金額、出資方式及責任人員等內容。投資實施方案及方案的變更，應當重新履行審批程序。投資業務需要簽訂合約協定的，應當遵循《企業內部控制應用指引——合約協議》的相關規定。

實施方案的主要內容應包括：投資項目概述、投資活動實施主體或者投資項目小組成員、投資起始時間和階段計劃、投資活動的工作內容和執行程序。

⑵實施方案執行的控制

實施方案執行的控制主要是在方案的執行過程之中進行的。其主要內容包括：

①授權審批控制。對於已編制的實施方案，主管投資部門的管理人員要對其是否全面、完整，投資方式、投資額度和投資期限是否與投資合約或協定相符進行審核並批准。實施方案只有審批後，才能夠付諸實施。

②投資活動執行的審核控制。在每次執行人員執行完畢之後，應及時取得相關憑證，並由專人將這些原始憑證與投資合約、實施方案等進行核對。對於不相符合的原始憑證，應查明原因，及時處理。

③職責分離控制。實施方案的編制和實施方案的審批、投資的執行和投資的記錄、投資憑證的取得和投資憑證的保管、投資執行與投資執行的審核，都屬於不相容性質的職務，應採取相關人員相分離的制度。企業還應當對派駐被投資企業的有關人員建立時事報告、業績考評與輪崗制度。

2.投資的跟蹤管理與監測

投資的風險和投資者對投資收益的要求共同決定了企業應對投資進行跟蹤管理和監測，以提高投資的品質，確保最終取得投資收益。企業應當指定專門的部門或人員對投資項目進行跟蹤管理，掌握被投資企業的財務狀況、經營情況和現金流量，定期組織投資品質分析，發現異常情況，應當及時向有關部門和人員報告，並採取相應措施。

⑴直接派駐董事、監事及其他管理人員

對於以控制為目的的投資，比較適合採取直接派駐管理人員的控制方式。企業可以根據管理需要和有關規定向被投資企業派出董事、監事、財務負責人或其他管理人員。

⑵投資品質分析

投資品質分析主要是考察對外投資的投資收益情況。企業應當加強投資收益的控制，按照統一的會計準則對投資收益進行核算。每個會計期末，企業應對採用權益法核算的長期股權投資，根據被投資企業的收益等情況確定對企業投資收益的影響，並對投資減值進行測試，以確認投資收益。對於被投資單位以股票形式發放的股利，應及時更新帳面股份數量。

3. 投資權益證書的管理

投資的權益證書是證明對外投資業務的有效性文件，主要包括投資合約、投資證明、股票等。企業應加強對這些證書的管理以避免損失。企業應當加強投資有關權益證書的管理，指定專門部門或人員保管權益證書，建立詳細的記錄。未經授權人員不得接觸權益證書。財務部門應當定期和不定期地與投資管理部門和人員清點核對有關權益證書。

被投資企業股權結構等發生變化的，企業應當取得被投資企業的相關文件，及時辦理相關產權變更手續，反映股權變更對本企業的影響。

4. 投資的會計核算

企業應設置投資備查登記簿，記載被投資單位基本情況、動態信息、取得投資時被投資單位各項資產、負債的公允價值信息、歷年與被投資單位發生的關聯交易情況、發放股票股利情況等。企業應當定期和不定期地與被投資企業核對有關投資賬目，保證投資的安全、完整。

⑴對於簽訂投資合約或協定的投資，應按照會計制度的要求設置

有關帳戶進行總分類核算，同時還必須按被投資企業分別沒置明細賬進行明細核算，核算其他投資的投入及其投資收回等業務，並將投資的具體形式(如流動資產、固定資產或無形資產)、投向(即接受投資的企業)、投資計價以及投資收益等在投資登記簿中進行詳細的記錄。

⑵對於長期股權投資，除了設置股票投資的一級帳戶以及二級帳戶進行會計核算外，還應按被投資企業名稱設置明細賬。同時，備查賬簿應詳細地記錄股票或債券的名稱、面值、證書編號、數量、取得日期、經紀人名稱、購入成本和收取的股利等，從而有效地對企業透過對外投資取得的股票進行控制。

⑶企業在取得長期股權投資時，應正確核算投資的成本，這是對投資進行高品質管理和評價投資成效的基礎。長期股權投資的初始投資成本是指取得長期股權投資時支付的全部價款，或放棄的非現金資產的帳面價值以及支付的稅金、手續費等相關費用。其中，不包括長期股權投資所發生的評估、審計、諮詢費等費用，也不包括實際支付的價款中包含的已宣告但尚未領取的現金股利。投資成本記錄人員事先應核實投資手續的完整性、合法性，再編制記賬憑證，記賬憑證應由專人審核後方可記入投資明細賬等賬簿。

5.投資減值

企業應當加強對投資項目減值情況的定期檢查和歸口管理，減值準備的計提標準和審批程序按照企業資產減值內部控制的有關規定執行。企業應於每年年末或定期對長期股權投資進行檢查，並按照帳面價值與可收回金額孰低法計量。對由於市價持續下跌、被投資企業經營狀況惡化而導致可收回金額低於其帳面價值的，應當計提長期投資減值準備。企業應根據企業會計準則和制度的詳細規定確定長期投資減值準備的會計政策。期末由專職人員根據制定的會計政策對長期投資進行減值測試，並確定減值額。最後經財務經理進行審核之後，再予以入賬，核減長期投資帳面價值。

6. 投資處置控制

企業應當加強投資處置環節的控制，對投資收回、轉讓、核銷等的決策和授權批准程序做出明確規定。投資的收回、轉讓與核銷，應當按規定權限和程序進行審批，並履行相關審批手續。對應收川的投資資產，要及時足額收取。轉讓投資，應當由相關機構或人員合理確定轉讓價格，並報授權批准部門批准；必要時，可委託具有相應資質的專門機構進行評估。

核銷投資，應當取得因被投資企業破產等原因不能收回投資的法律文書和證明文件。

企業應當認真審核與投資處置有關的審批文件、會議記錄、資產回收清單等相關資料，並根據規定及時進行投資處置的會計處理。確保資產處置真實、合法。

企業應當建立投資項目後續跟蹤評價管理制度，對企業的重要投資項目和所屬企業超過一定標準的投資項目，有重點地開展後續跟蹤評價工作，並作為進行投資獎勵和責任追究的基本依據。

第二節　長期投資的控制流程與說明

一、長期股權投資的管理流程

1. 長期股權投資的管理流程圖

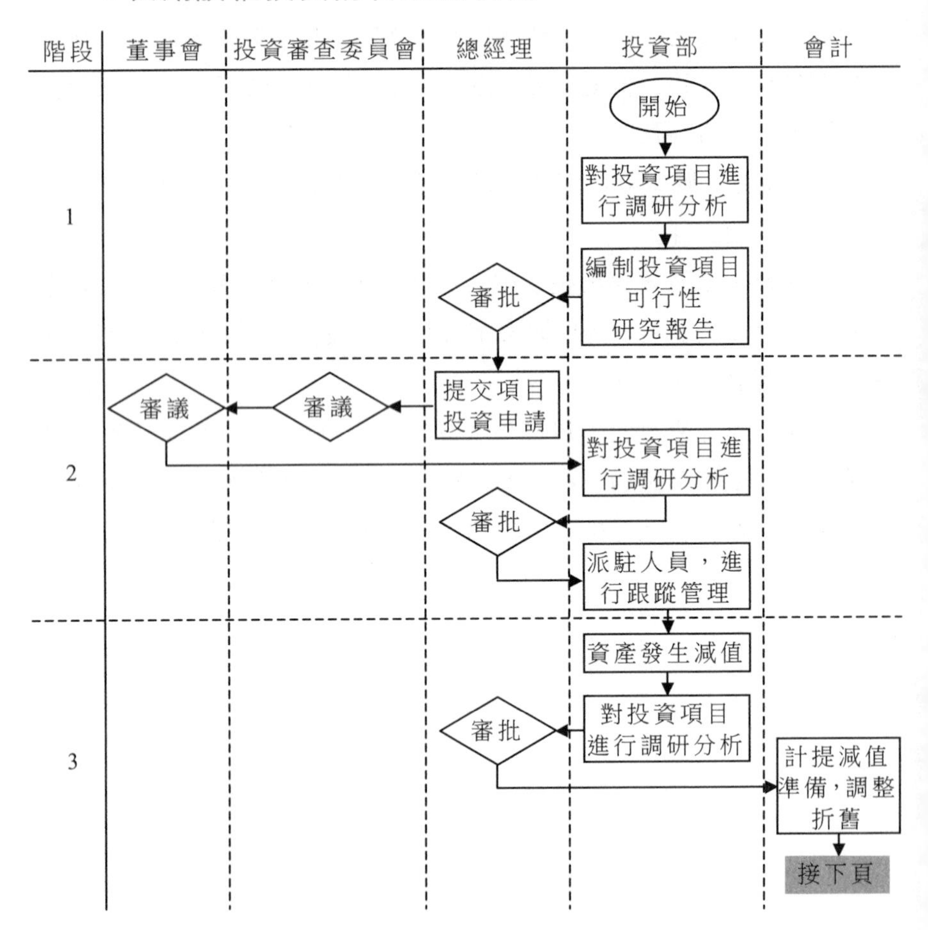

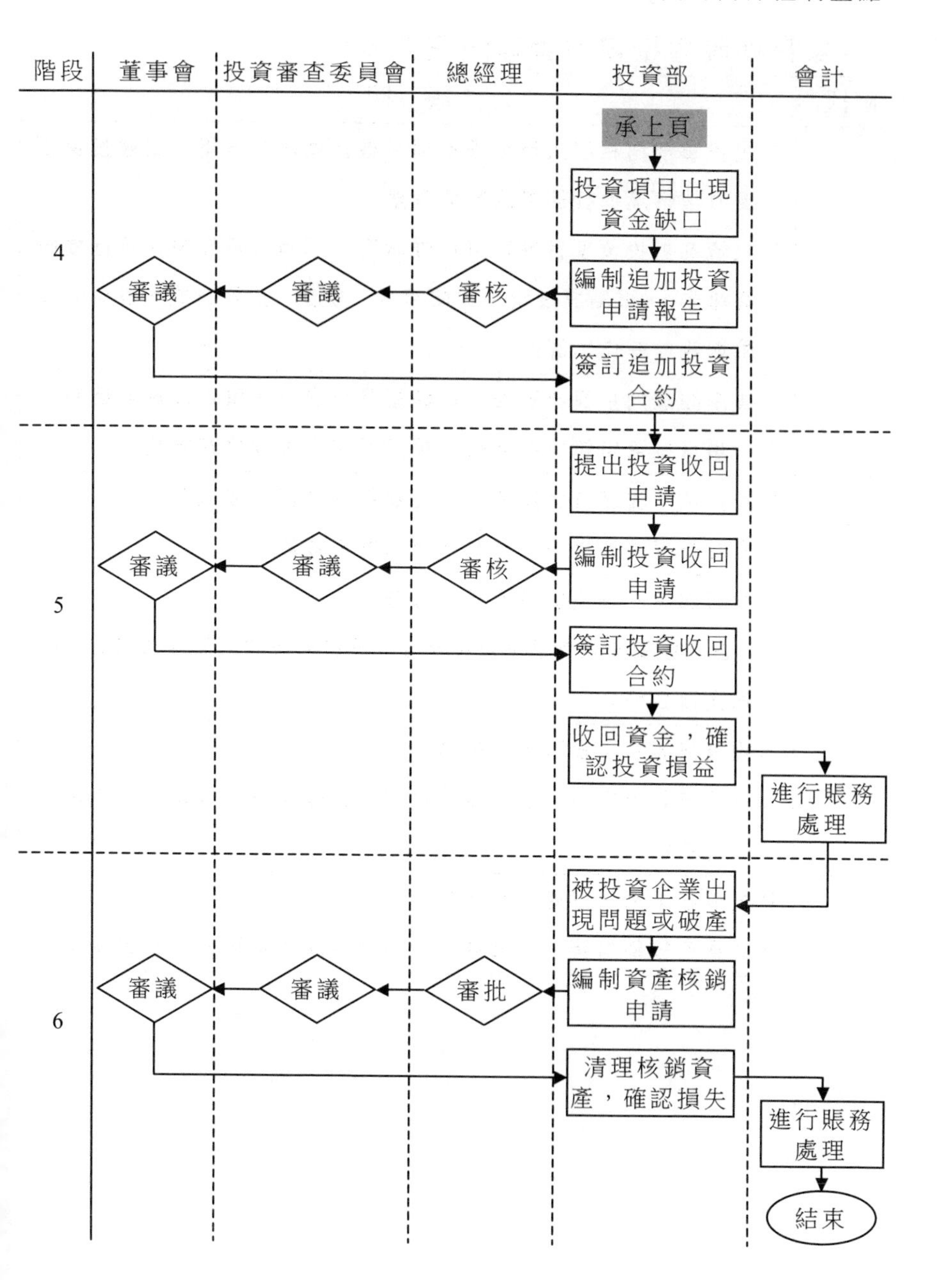
階段
董事會
投資審查委員會
總經理
投資部
會計
承上頁
投資項目出現資金缺口
4
審議
審議
審核
編制追加投資申請報告
簽訂追加投資合約
提出投資收回申請
審議
審議
審核
編制投資收回申請
5
簽訂投資收回合約
收回資金，確認投資損益
進行賬務處理
被投資企業出現問題或破產
審議
審議
審批
編制資產核銷申請
6
清理核銷資產，確認損失
進行賬務處理
結束

2.長期股權投資的管理流程控制表

階段	說　明
1	1.由投資部門相關人員對投資項目進行調研和分析，對被投資企業資信情況進行調查或實地考察 2.投資部對投資項目進行可行性研究，編制《投資項目可行性研究報告》，重點對投資項目的目標、規模、投資方式、投資的風險與收益等作出評價
2	3.由總經理向投資審查委員會和董事會提交《項目投資申請》 4.《項目投資申請》批准後，投資部制定投資實施方案
3	5.投資項目資產發生減值，投資部編制《資產減值表》 6.會計計提減值準備，調整折舊和攤銷數額
4	7.投資部編制《追加投資申請報告》 8.《追加投資申請報告》被批准後，投資部與被投資企業簽訂《追加投資合約》
5	9.投資部編制《投資收回申請》 10.《投資收回申請》批准後，投資部與被投資企業簽訂《投資收回合約》
6	11.投資部編制《資產核銷申請》 12.《資產核銷申請》批准後，投資部清理核銷資產，確認損失

二、投資決策的審批流程

1. 投資決策審批流程圖

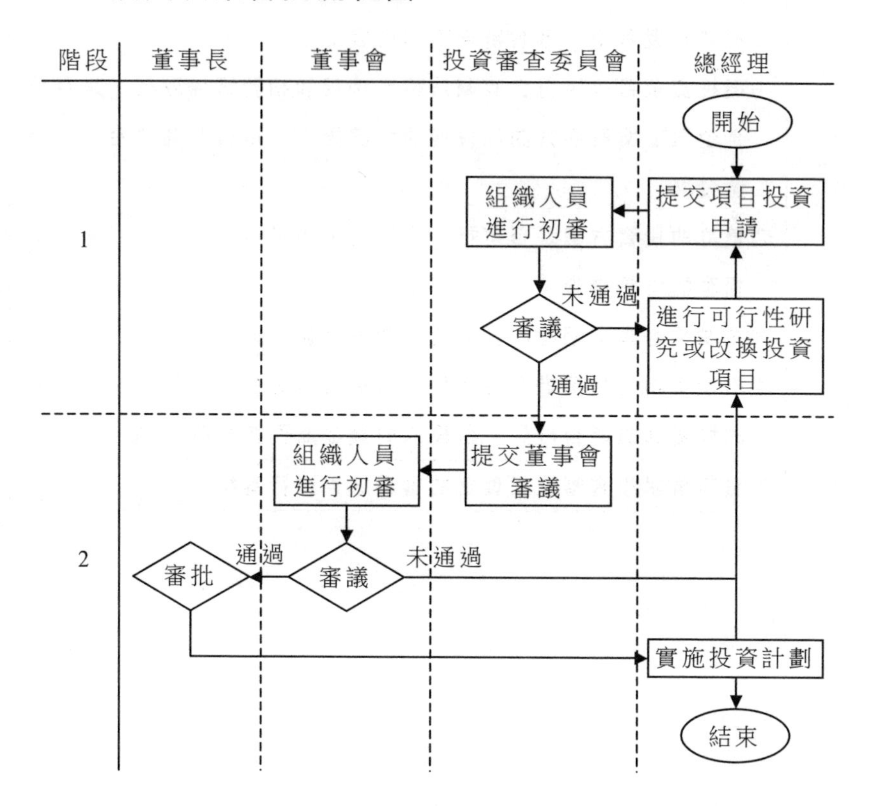

2. 投資決策審批流程控制表

階段	說　明
1	1. 由總經理提交《項目投資申請》，其中應包括《投資項目可行性報告》和《評估報告》 2. 在初審過程中，應當審查下列內容： ⑴擬投資項目是否符合有關法律、法規和相關調控政策，是否符合企業主業發展方向和投資的總體要求，是否有利於企業的長遠發展 ⑵擬訂的投資方案是否可行，主要的風險是否可控，是否採取了相應的防範措施 ⑶企業是否具有相應的資金能力和項目監管能力 ⑷擬投資項目的預計經營目標、收益目標等是否能夠實現，企業的投資利益能否確保，所投入的資金能否按時收回
2	3. 董事會對投資審查委員會的審議結果進行審核

三、投資的評價管理流程

1. 投資的評價管理流程圖

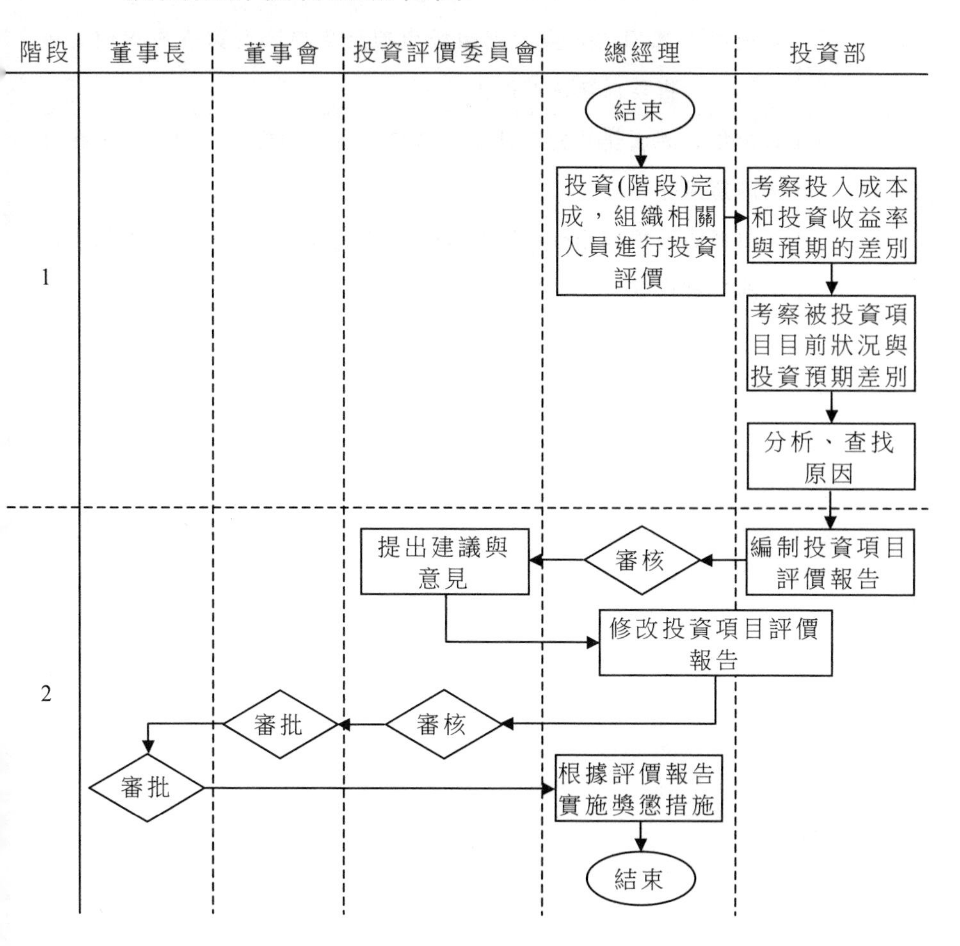

2.投資評價管理流程控制表

階段	說　明
1	1. 由投資部相關人員考察投入成本和投資收益率與預期的差別，分析差別產生的原因 2. 由投資部相關人員考察被投資項目目前狀況與投資預期的差別，分析差別產生的原因
2	3. 由投資評價委員會對評價報告提出意見和建議，包括獎懲措施的運用等 4. 由總經理根據修改和審批後的《投資項目評價報告》實施具體的獎懲措施

四、投資的執行管理流程

1. 投資的執行管理流程

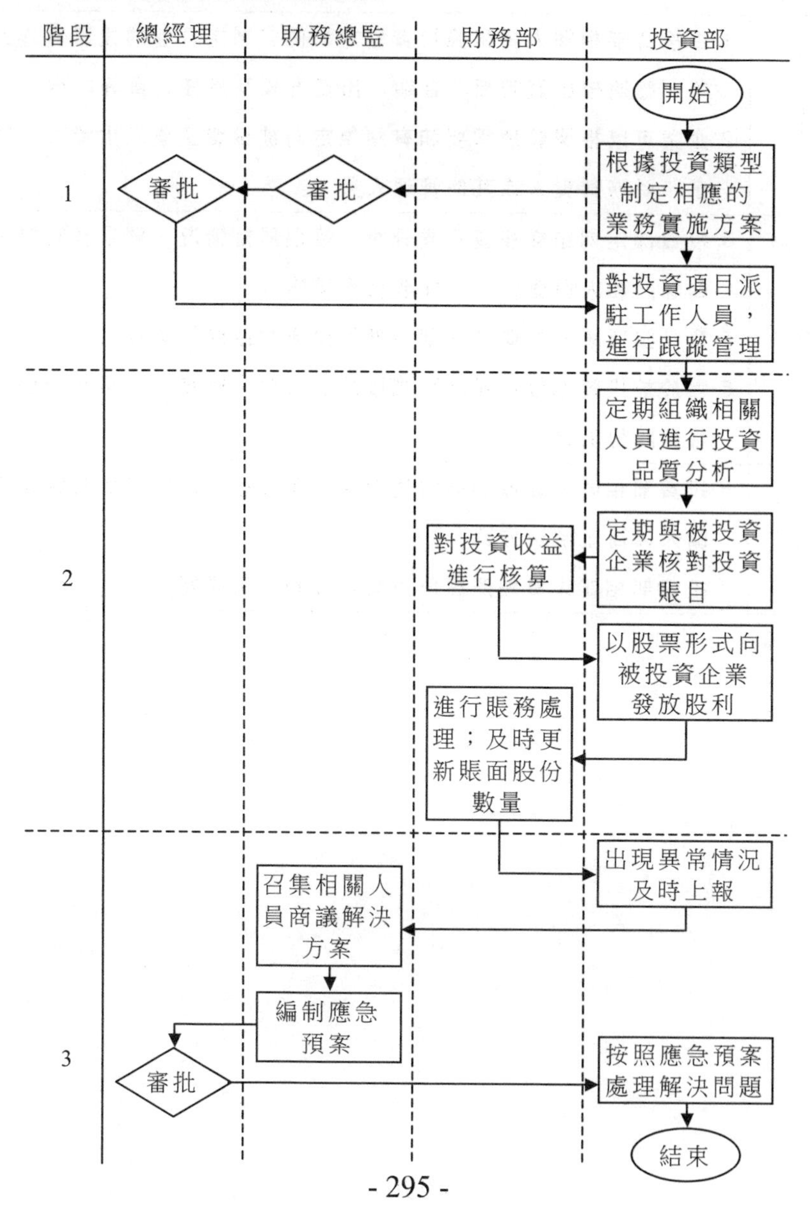

2. 投資的執行管理流程控制表

階段	說　明
1	1. 由投資部相關人員根據投資協定的內容制定具體的投資實施方案，應明確出資時間、金額、出資方式及責任人員等內容 2. 企業可以根據管理需要和有關規定向被投資企業派出董事、監事、財務負責人或其他管理人員
2	3. 投資部定期組織投資品質分析，發現異常情況，應當及時向有關部門和人員報告，並採取相應措施 4. 會計按照統一的會計準則制度對投資收益進行核算 5. 對於被投資單位以股票形式發放的股利，財務主管應及時更新帳面股份數量
3	6. 投資部相關人員發現異常情況要及時上報，由財務總監組織相關人員商議解決方案 7. 投資部相關人員按照應急預案處理和解決問題

五、投資的收回流程

1. 投資的收回流程控制圖

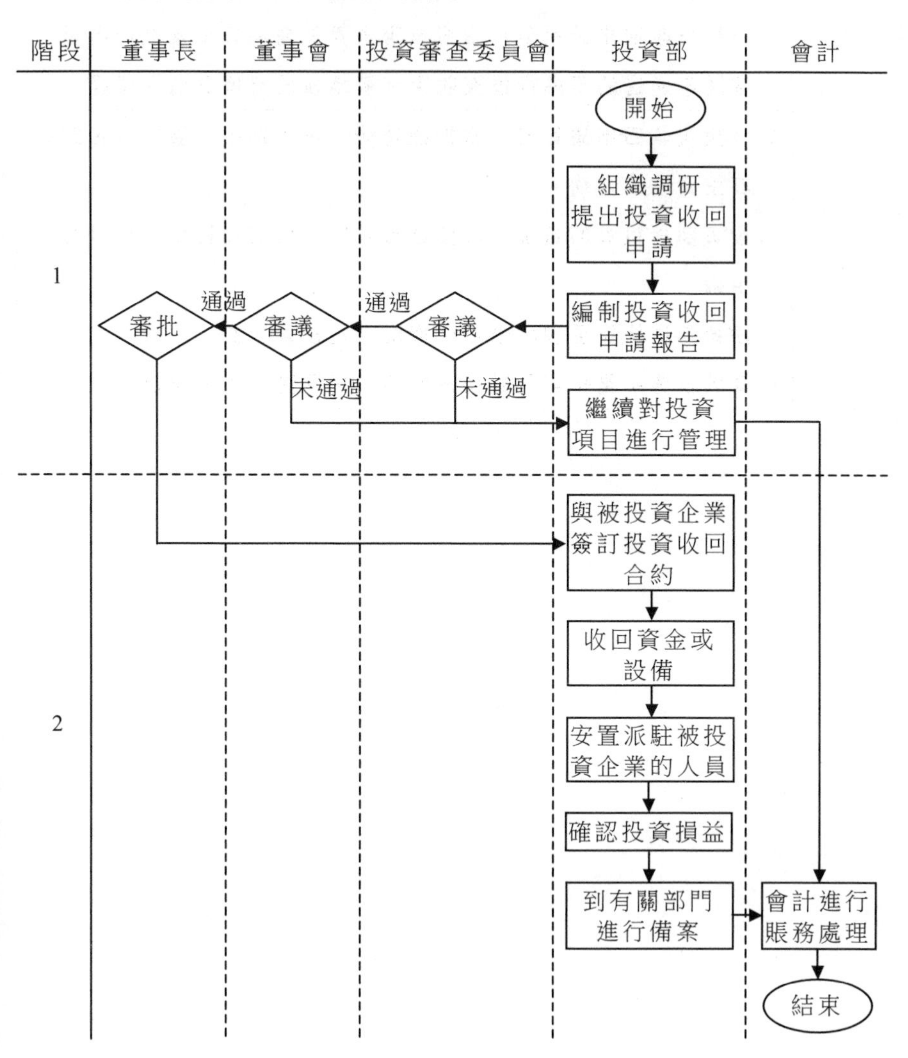

2.投資的收回流程控制表

階段	說　明
1	1.投資部相關人員進行調研和分析，提出投資收回申請 2.《投資收回申請報告》由投資審查委員會和董事會進行審議，審議不通過的不進行投資收回，繼續按投資項目進行管理
2	3.《投資收回申請報告》審批通過後，投資部應與被投資企業簽訂投資收回合約 4.投資部對投資的資金和設備進行收回，與被投資企業辦理交接手續 5.投資部根據資金和設備收回情況確定投資損益 6.會計根據所屬長期股權投資的不同情況進行賬務處理

六、投資的轉讓流程

1. 投資的轉讓流程圖

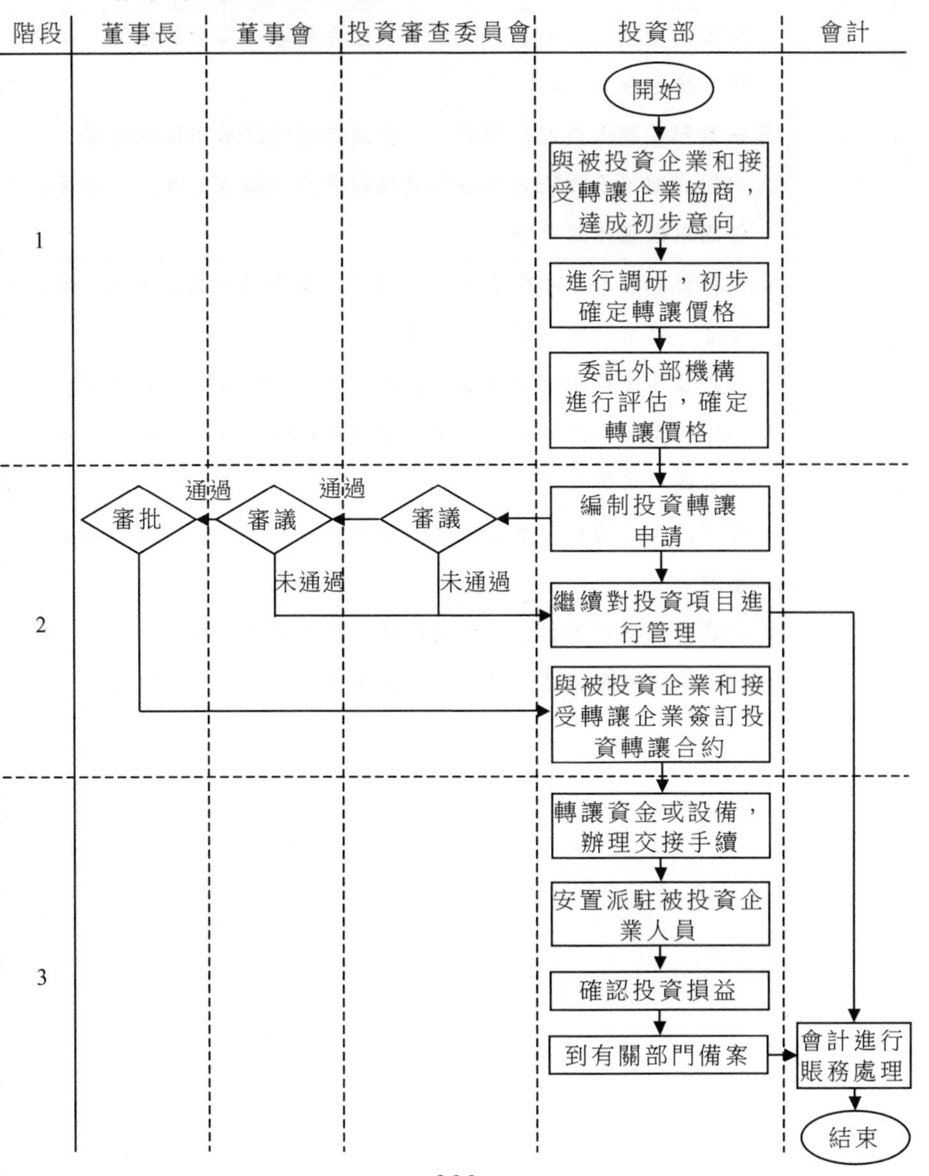

2. 投資的轉讓流程控制表

階段	說　明
1	1. 投資部相關人員與被投資企業和接受轉讓企業洽談協商，達成初步轉讓意向 2. 投資部相關人員進行調研，初步確定轉讓價格和轉讓條件 3. 由投資部經理委託外部專業機構對投資轉讓進行評估，根據評估結果確定轉讓價格
2	4. 投資部編制《投資轉讓申請》，申請內容應包括轉讓形式、轉讓金額、轉讓時間、轉讓條件等 5. 《投資轉讓申請》未被審議通過，仍按照投資項目進行管理 6. 《投資轉讓申請》審議通過，投資部與被投資企業和接受轉讓企業簽訂轉讓合約
3	7. 投資部與被投資企業和接受轉讓企業三方辦理投資轉讓的交接手續 8. 投資轉讓交接手續完成後應到有關部門進行備案 9. 會計根據所屬長期股權投資轉讓的不同情況進行賬務處理

第三節　長期投資的內部控制辦法

一、投資的授權批准制度

第 1 章　總則

第 1 條　為了加強企業對長期股權的投資行為的管理，防範投資風險，保證投資安全，提高投資效益，根據法律法規，結合本企業實際情況，特制定本制度。

第 2 條　本制度適用於涉及長期股權投資的所有人員。

第 3 條　本制度中的長期股權投資是指包括對子公司投資、對聯營企業投資和對合營企業投資及投資企業持有的對被投資單位不具有共同控制或重大影響，並且在活躍市場中沒有報價、公允價值不能可靠計量的權益性投資。

第 2 章　授權與審批內容

第 4 條　企業的長期股權投資，包括可行性研究報告的編制、投資過程的管理及投資的處置均由投資部負責。

第 5 條　長期股權投資授權方式。

企業的長期股權投資授權採用書面授權與工作說明書相結合的方式。

第 6 條　長期股權投資的授權程序如下圖所示。

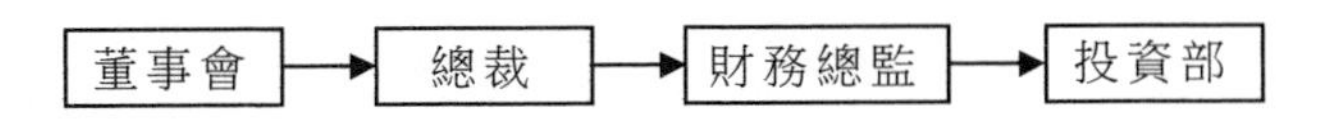

第 7 條　長期股權投資的審批程序規定如下。

1. 投資部對長期股權投資的各種報告進行初審後呈交財務總監

進行審核。

2. 財務總監對其進行評估分析後簽署意見並轉呈法律顧問審核。

3. 法律顧問確認其符合法律法規後呈交總裁審批。

4. 總裁審批後交由投資部執行。

第 8 條　長期股權投資的審批限額規定如下。

1. 投資部經理可審批萬元以下的長期股權投資。

2. 財務總監可審批_____萬～_____萬元的長期股權投資。

3. 總裁可審批_____萬～_____萬元的長期股權投資。

4. 超過_____萬元的投資必須交由董事會進行審議。

第 9 條　長期股權投資必須逐級審批，禁止越級審批。

第 10 條　單項長期股權投資超過企業上年度年末淨資產額的%的必須報董事會審議。

第 11 條　長期股權投資審批內容規定如下。

1. 投資項目符合產業政策和企業的長期發展規劃。

2. 投資方案是否安全、可行，主要風險是否可控，是否採取了相應的風險防範措施。

3. 投資項目的預計經營目標、收益目標等是否能夠實現，企業的投資利益能否確保，所投入的資金能否按時收回。

4. 投資方案是否與企業的投資能力與項目監管能力相適應。

第 12 條　企業的長期股權投資原則上不許增資，確需增資的，需重新製作投資項目建議書和可行性研究報告並按規定程序審批。

二、長期股權投資的決策制度

第 1 章　總則

第 1 條　為了加強控制××××股份有限公司(簡稱為「股份公司」)對外長期股權投資業務的內部控制，控制投資方向與投資規模，防範投資風險，保證對外投資活動的合法性和效益性，根據有關法律法規，結合股份公司內部管理文件規定，制定本制度。

第 2 條　本辦法適用於股份公司及其控股子公司的長期股權投資行為。

第 3 條　本制度中的長期股權投資是指包括對子公司投資、對聯營企業投資和對合營企業投資及投資企業持有的對被投資單位不具有共同控制或重大影響，並且在活躍市場中沒有報價、公允價值不能進行可靠計量的權益性投資。

第 4 條　相關部門職責規定如下。

1. 股份公司投資部負責投資項目狀況的跟蹤。

2. 公司財務部對投資項目定期收集財務報表，並做分析與管理，監督投資單位的利潤分配、股利支付，維護公司的合法權益。

3. 投資項目的所有相關文件均須報公司總裁辦公室存檔。

4. 簽訂對外投資合約時，應當徵詢公司法律顧問或相關專家的意見，並經相應審批機構授權後，方可簽訂。

第 2 章　長期股權投資決策權限及投資方向

第 5 條　股份公司投資決策權限如下。

1. 股東大會為股份公司長期股權投資活動的最高審批機構，根據對外投資活動涉及金額的大小，授權董事會、經理層分級審批。

2. 股份公司所有長期股權投資活動均須經公司經理層會議審議透過並形成決議，根據審批權限，逐級報批。

3. 股份公司長期股權投資活動的審批，應當根據《公司章程》規定的對外投資活動分級審批權限(如下表所示)和審批程序，提交董事會、股東大會審議。

對外投資活動分級審批權限一覽表

序號	項目	經理層	董事會	股東大會
1	交易涉及資產總額	＜總資產4%	為總資產4%(含)～30%	＞總資產30%(含)
2	交易標的的主營業務收入	＜年度主營業務收入的4%	年度主營業務收入的4%(含)～30%	＞年度主營業務收入的30%(含)
3	交易標的的淨利潤	＜年度淨利潤的4%	為年度淨利潤的4%(含)～30%	＞年度淨利潤的30%(含)
4	交易的成交金額佔淨資產比例	＜4%	4%(含)～30%	＞30%(含)
5	交易產生利潤	＜年度淨利潤的4%	為年度淨利潤的4%(含)～30%	＞年度淨利潤的30%(含)
6	涉及資產總額	＜4%	為4%(含)～30%	＞30%(含)
7	關聯交易金額	＜淨資產的0.5%	為淨資產的0.5%(含)～4%	＞淨資產的4%(含)
備註： 1. 所有參照數據均為股份公司最近一期經審計的財務指標。 2. 涉及資產、股權收購的對外投資活動，都必須進行審計或評估。				

4. 經理層、董事會、股東大會審議上述交易時應形成會議記錄，

記錄內容應當完整、詳實，並由出席會議的董事、監事、高級管理人員簽字。

第 6 條　控股子公司投資決策權限如下。

1. 股份公司對控股子公司的長期股權投資行為具有決策和審批權。

2. 控股子公司的長期股權投資應嚴格執行股份公司的審批程序，並在簽訂意向協議時立即報告股份公司投資部，履行信息披露義務。

第 7 條　股份公司對與本公司主業關聯度較高的投資領域內的投資項目給予積極鼓勵；對於投資領域外的其他投資項目，將嚴格控制。

第 8 條　長期股權投資必須簽訂合約、協定，明確投資和被投資主體、投資方式、作價依據、投資金額及比例、利潤分配方式等。投資後必須將投資責任落實到部門，落實到人。

第 3 章　股份公司投資的申報審批

第 9 條　股份公司投資由各相關部門根據部門相應職責對各投資建議或機會加以初步分析，從所投資項目市場前景、所在行業的成長性、相關政策法規是否對該項目已有或潛在的限制、公司能否獲取與項目成功要素相應的關鍵能力、公司是否能籌集項目投資所需資源、項目競爭情況、項目是否與公司長期戰略相吻合等方面進行評估，認為可行的，組織編寫項目建議書，並上報主管副總或總裁。

第 10 條　主管副總或總裁同意後，由投資部或相關部門組織調研，並制訂投資計劃和項目可行性報告，提請經理層會議討論，並組織評議，提出意見。

第 11 條　經理層辦公會根據《公司章程》及審批權限審批或逐

級報批。

第 12 條　經公司審批機構批准後，由相關部門組織實施。

第 4 章　控股子公司投資項目申報審批

第 13 條　控股子公司的投資項目由子公司向股份公司相關部門申報。投資申報應包括以下資料。

1. 投資項目概況(目的、規模、出資額及方式、持股比例等)。
2. 投資效果的可行性分析。
3. 被投資單位近三年的資產負債表和損益表。

第 14 條　股份公司相關部門收到投資項目申報資料後，進行初步審核，並向主管副總或總裁報告。

第 15 條　主管副總或總裁將投資計劃提請經理層會議討論，並組織評議，並根據公司章程及審批權限審批或逐級報批。

第 16 條　股份公司根據《公司章程》和有關規定對控股子公司投資項目進行審批時，應採取總額控制等措施，防止控股子公司分拆投資項目、逃避較為嚴格的授權審批的行為。

三、長期股權投資處置管理制度

第 1 章　總則

第 1 條　為了加強企業對長期股權投資行為的管理，防範投資風險，保證投資安全，提高投資益，特制定本制度。

第 2 條　本制度適用於涉及長期股權投資處置的所有人員。

第 3 條　本制度中所指的投資處置是指因各種原因企業將長期股權投資做出收回、轉讓或核銷等相關處置。

第 2 章　投資狀況分析與投資處置審批

第 4 條　投資部相關人員在編制投資處置報告前要對投資項目做仔細的分析，財務人員須將投資，目的財務分析狀況提供給投資部的相關項目負責人員作參考。

第 5 條　投資處置報告中要求投資項目狀況的記錄必須真實可靠，論證必須充足，依據必須經得起推敲。

第 6 條　對投資資產的處置必須按照程序與權限逐級審批，每級審批人必須簽署意見並蓋章，禁止越級審批。

第 7 條　投資處置的審批程序。

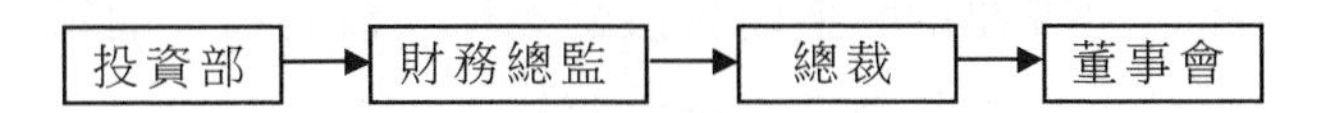

第 8 條　投資處置時長期股權投資超過______萬元或佔到企業上一會計年度末淨資產的_____%必須經過董事會的審批。

第 9 條　投資資產的評估方的選擇必須得到審批。

第 3 章　投資資產評估與處置

第 10 條　投資相關負責人員對投資資產的評估必須公正、客觀，禁止營私舞弊，重大的投資項目必須聘請相應資質的專業機構來對企業的投資項目進行評估，專業機構需出示證明其專業資質的材料或證書，及負責過的項目等，由財務總監負責審核備案。

第 11 條　投資資產回收、轉讓、核銷的處置標準。

1. 應收回的投資資產，應及時足額回收。

2. 投資資產應由專業機構或財務人員、投資管理人員等合理確定其轉讓價格。

3. 核銷投資應當取得因被投資企業破產等原因不能收回投資的法律文書和證明文件。

第 12 條　有下列情形之一者，企業對長期股權投資做出收回處理。

1. 按照企業相關規定，企業對投資項目的經營期滿。

2. 投資項目經營不善導致無法到期償還債務，依法實施破產。

3. 發生不可抗事件，投資項目無法繼續經營。

4. 投資合約中規定的投資中止的情況出現或發生時。

第 13 條　有下列情形之一者，企業對長期股權投資做出轉讓處理。

1. 投資項目已經明顯違背公司經營方向。

2. 投資項目出現連續虧損而且扭虧無望，沒有市場前景。

3. 企業由於自身經營資金不足需要補充資金。

4. 企業認為沒有必要繼續投資的其他情形。

第 4 章　投資處置存檔與懲罰

第 14 條　投資部指定專人將與投資處置有關的審批文件、會議記錄、資產回收清單等資料編號建檔，以備隨時審核。若資料丟失，後果由投資部經理與保管人員共同承擔。

第 15 條　在投資處置行為中，凡具有以下情形對企業的投資處置決策造成誤導，致使企業的資產損失的任何單位和個人，企業經追查到底，視企業資產損失多少進行處理，情節嚴重的將移交司法機關處理。

1. 投資項目的管理人員對投資項目管理不善的。

2. 因故意或嚴重過失造成投資項目重大損失的。

3. 故意拖延時間或隱瞞投資項目狀況，造成投資項目損失不可挽回的。

4. 與外方故意勾結，造成企業投資損失的。

5. 未按投資審批程序審批或越級審批給企業投資造成損失的。

6. 提供虛假材料和報告，怠忽職守，給企業投資造成損失的。

四、長期股權投資的執行制度

第 1 章　總則

第 1 條　為了加強企業對長期股權的投資行為的管理，防範投資風險，保證投資安全，提高投資效益，特制定本制度。

第 2 條　本制度適用於涉及長期股權投資的所有人員。

第 3 條　本制度中的長期股權投資是指包括對子公司投資、對聯營企業投資和對合營企業投資及投資企業持有的對被投資單位不具有共同控制或重大影響，並且在活躍市場中沒有報價、公允價值不能可靠計量的權益性投資。

第 2 章　長期股權投資的方案、合約與權益證書

第 4 條　投資部人員所編制的投資方案應明確企業的出資時間、金額、出資方式、責任人及利潤收回方式、時間等內容。

第 5 條　投資實施方案發生變更時，必須重新根據審批程序進行審批。

第 6 條　投資合約的簽訂由企業的法定代表人透過書面授權書所委託的代表簽訂，其他人無權簽訂。

第 7 條　企業以現金或其他方式出資後，投資部需及時取得長期股權投資的權益證書，進行記錄後交財務人員保管。

第 8 條　權益證書由財務部的財務文員保管，財務文員將投資部交來的權益證書詳細記錄後，放入保險櫃中，未經授權，任何人員不得接觸權益證書。

第 9 條　財務經理定期或不定期與投資部經理及權益證書的保管人員及經手人員核對有關的權益證書。

第 3 章　長期股權投資執行過程中人員與財務的管理

第 10 條　投資部需指派專員對投資項目進行跟蹤管理，指派人員與企業指派的其他人員配合，定期分析投資品質，分析被投資企業的財務狀況、經營狀況、現金流量等重要指標，並撰寫分析報告。

第 11 條　企業對派往被投資企業的董事、監事、財務負責人或其他管理人員及投資部派出的專員實行年度或任期內的績效考評與輪崗制度，這些人員在年度或任期內需向企業提供述職報告。

第 12 條　投資部應將被投資企業發生的重大事項及時上報財務總監與總裁，以方便企業對長期股權投資的處置，保證長期股權投資業務的安全與效益。

第 13 條　被投資企業的重大事項主要包括但不限於下列 11 項內容。

1. 推薦或更換本企業指派人員的崗位或職責。
2. 被投資企業董事會、股東大會的議程與事項。
3. 被投資企業經營方向、經營方式發生了重大改變或調整。
4. 被投資企業的主要股東發生了變化。
5. 被投資企業的註冊資本發生了變化。
6. 被投資企業期望本企業為其提供任何形式的貸款性融資或債權擔保。
7. 被投資企業合併、分立、上市、變更公司形式、解散或清算等。
8. 涉及上述事項的章程或合約的修改。
9. 被投資企業的長期投資項目。
10. 被投資企業解聘或聘任高級管理人員。

11. 企業管理層認為重要的其他事項。

第 14 條　企業投資部定期收集被投資企業的財務報表交予財務部，由財務部根據會計準則制度和企業的相關會計制度對長期股權投資的收益進行核算，編制會計報表。

第 15 條　被投資企業如果以股票形式發放股利，財務部應及時更新帳面股份數量。

第 16 條　財務部應定期或不定期地與被投資企業核對相關的投資賬目，保證投資的安全、可靠。

第 17 條　會計人員在確定長期股權投資項目減值準備的計提標準後，需報財務經理與財務總監審核、審批。

第 18 條　審計人員應定期審計長期股權投資項目的減值情況。

第 19 條　投資部應制定投資備查登記簿，以便企業隨時掌握長期股權投資的狀況。

第 20 條　投資備查登記簿的內容包括但不限於下列四項。

1. 被投資企業的基本狀況、動態信息。
2. 取得投資時被投資企業各項資產、負債的公允價值信息。
3. 企業歷年與被投資企業發生的關聯交易情況。
4. 被投資企業發放股票股利的情況。

第四節　案例

【案例】集團的對外投資，控制不力

GW 集團註冊資本 5 億元，該集團下轄全資、控股機構 18 個，20 多家企業，其中 3 家控股上市公司(「GW 酒店」、「CK 動力」、「TN 新材」)，經營範圍涵蓋酒店旅遊、電子信息、能源新材料、裝飾材料、機械製造、遠洋海運、出口貿易、房地產裝飾等諸多領域，投資分佈在多個城市。到 2005 年末，集團總資產達 33.19 億元，淨資產達 13.69 億元，經營收入達 13.5 億元，利潤 1.01 億元。集團投資涉足酒店業、高新技術、房地產等多個產業。不過，透過全面、審慎地分析 GW 集團在投資領域的態勢，其表面繁榮之下的潛伏問題也漸漸顯現出來。

經過現場調研，GW 集團投資內部控制程序的缺陷漸漸顯露曲來，主要表現為重大決策缺乏內部監管。

首先，重大決策缺乏內部監管。以 GW 集團投資天宇節能科技有限企業項目的內部控制情況為例。一是投資計劃、審批及決策程序作用受限。集團曾聘請有關專家研究該項目發展前景，並派人到該企業考察論證，向董事會提交了可行性調查分析報告，草擬了合作協議。2003 年 7 月，GW 集團董事會進行會議表決，大部份董事對可行性報告與協議持保留意見，個別反對。因董事長堅持，董事會決議以無形資產出資，受讓 30%的股權(600 萬元)，轉讓價格為 1 元。允許 GW 天宇節能科技有限企業(以下簡稱 GW 天宇)使用「GW」注冊商標。二是風險意識淡薄。GW 天宇向集團借款時，結算中心主任批示「等 GW 天宇借紫煙 GW 大酒店的投資歸還後再借」，但 GW 集團總經理批示「考慮到產品市場前景好，又是子公司，為支持該企業渡過難關，同意在控制風險的前提下借款，分期撥付」。於是，該企業順利得到了借款，而其過程明顯沒有得到有效的內部監管。集團派駐 GW 天宇的人員也沒有很好地履行職責，尤其是財務總監，沒有對企業的資金流動進行監控，即使發現問題也沒有及時向 GW 集團彙報，以致 GW 集團借出的 800 萬元資金被該企業總經理個人操縱，揮霍一空。三是投資活動未進行會計記錄。GW 集團賬上對該企業的投資沒有反映，加上該企業已經停止運作，集團合併報表上沒有對該企業的資產狀況和經營情況進行反映，內部財務監管也是缺位。

其次，投資的事前控制不全面。投資可行性分析不嚴謹，導致投資 GW 光電慣導技術企業存在巨大風險：一是可行性研究分析不嚴謹。GW 集團旗下子公司 GW 大酒店於 2002 年投資 GW 光電慣導技術企業，該項目的投資可行性分析報告非常不嚴謹，缺乏經濟指標分析和投資回收期分析。二是未掌握技術、人員及市場，在投資 GW 光電慣導技術企業，該項目所要求的核心技術掌握在某科技大學手中，且其技術人員均由國防科技大學派出。該項目的產品主要供國防使用，民用化還有很長一段時間，而部隊的市場變幻莫測，其規律性難以把握，且該項目的投資額較大，規劃總投資 1 億元，目前已投資 9153.33 萬元，實際到位資金約 5500 萬元，除註冊資本 2000 萬元外，GW 集團共提供貸款擔保 3500 萬元，該項目今後的投資回報很難預測，風險較大。三是投資產品盈利能力不高。該產品雖然毛利率較高，但規模化生產的難度較大。2002 年，該企業實現主營業務收入 346.24 萬元，其中產品銷售收入 116.24 萬元。2003 年一年只實現銷售收入 469.5 萬元。2005 年該項目開始盈利，GW 大酒店實現投資收益 210.60 萬元，但未分配現金紅利。如果產品規模不能做起來，該項目就很難做到盈利。

再次，投資的中期控制缺失。GW 大酒店於 2001 年 8 月收購了原秦台電腦網路有限企業 50%的股權，並將該企業更名為 GW 秦台電腦網路有限企業。在投資立項階段後，該企業賬上體現出嚴重虧損，但出資協議約定 GW 大酒店用 1050 萬元資金收購該企業 50%的股權(註冊資金 300 萬元)，然後再增資 450 萬元，共 1500 萬元，佔該企業(增資後註冊資金 1000 萬元)股權的 50%，GW 大酒店實際出資 1200 萬元，享有被投資企業的權益僅 303 萬元，溢價 897 萬元。由於該企業原股東未履行出資義務，GW 大酒店於 2002 年向法院起訴該企業原股東。法院於 11 月 8 日一審判決 GW 大酒店勝訴，裁定被告返還企業股權收購款並進行清算。至 2006 年 4 月，該訴訟仍在處理中，GW 大酒店對該訴訟可能帶來的損失計提了長期投資減值準備 400 萬元。

最後，投資的後期控制不力。GW 鋁業企業第三期技改投資項目，雖然前期調研較全面、決策過程沒有「一言堂」，但是後期內部控制情況缺少與合作方和第三方保持及時的信息溝通，被動地任由事態發展，導致投資受損。

第九章

籌資控制的內部控制重點

第一節　籌資的內部控制重點

一、籌資的業務控制

籌資的決策環節是籌資業務流程的起點，直接關係到籌資的成功與否。籌資決策控制，直接影響到籌資決策的執行和籌資的償付控制，是整個籌資業務控制的重要部份。企業應當建立籌資業務決策的控制制度，對籌資方案的擬訂設計、籌資決策程序等做出明確規定，確保籌資方式符合成本效益原則，籌資決策科學、合理。

籌資方案是由企業財會部門負責擬訂的，一般是針對具體的資金需要設計的具體程序或者具體的工作安排與實施說明。籌資方案的擬訂，最直接的依據就是籌資預算，但籌資方案比籌資預算更加詳細具體，是籌資預算的具體化和細化。企業擬訂的籌資方案應當符合有關法律、法規、政策和企業籌資預算要求，明確籌資規模、籌資用途、籌資結構、籌資方式和籌資對象，並對籌資時機選擇、預計籌資成本、潛在籌資風險和具體應對措施以及償債計劃等做出安排和說明。企業擬訂籌資方案，應當考慮企業經營範圍、投資項目的未來效益、目標債務結構、可接受的資金成本水準和償付能力。在境外籌集資金的，還應當考慮籌資所在地的政治、法律、匯率、利率、環保、信息安全等風險以及財務風險等因素。

1. 籌資規模確定

企業的籌資方案應先確定籌資的規模。一方面方案所要明確的籌資規模要符合年度籌資預算確定的籌資規模，即不能超過籌資預算；另一方面，方案明確的籌資規模主要是由投資項目決定的，即取決於所籌集資金是用於生產經營的需要還是用於對外投資或者調整資金結構的需要。相對而言，生產經營需要的資金一般變動不是很大，而且規模數量較小，根據歷史數據可以比較容易地確定籌資規模。但是，如果是用於調整資金結構的，一般屬於長期籌資計劃和年度籌資預算考慮的內容。如果用於投資項目，則在確定籌資規模時應該重點考慮該投資項目的財務可行性，然後根據投資項目所預計的資本投入來確定籌資的規模。

2. 籌資方式的選擇

選擇籌資方式是擬訂籌資方案的重點。籌資方式的確定，應該由投資項目決定，在加權綜合資本成本最低的籌資方案前提下，選擇籌資個別成本最低的籌資方式，同時還需要綜合考慮籌資規模、籌資時機、籌資期限以及企業對籌資風險的偏好。如果企業籌資的用途是流動資產投資，則根據流動資產具有週期較短、易於變現、經營中所需補充數額較小及佔用時間段等特點，宜選擇短期籌資方式，如短期借款。但是，如果單位籌資用於長期投資或者購置固定資產，則由於這類用途要求資金數額大、佔用時間長，因而適宜選擇各種中長期籌資方式，如長期借款、融資租賃、發行債券和股票等。

3. 選擇籌資時機

所謂籌資時機，就是指有利於企業籌資的籌資環境和時機等因素。企業應該對其籌資所涉及的各種可能的影響因素作綜合具體分析。

首先，企業本身對籌資環境的影響相對於外部環境而言是非常有限的，只能適應外部籌資環境而無法左右外部籌資環境，這就要求單位必須充分發揮主動性，積極尋求並把握各種有利時機，確保籌資獲得成功。

其次，由於外部籌資環境複雜多變，企業籌資決策要具有超前預見性，能夠及時掌握國內外的利率、匯率等金融市場的各種信息，瞭解國內外的宏觀經濟形勢、貨幣及財政政策以及國內外的政治環境等各種外部環境，合理分析預測影響單位籌資的各種有利和不利條件，以及可能出現的各種變化趨勢，尋求最佳的籌資時機。

最後，企業在分析籌資時機時，必須考慮到具體籌資方式的特點，結合實際情況，適時制定出合理的籌資決策。例如，企業可能在某一特定的環境下，不適合發行股票籌資，而適合銀行貸款籌資；可能在某一地區不適合發行債券籌資，但可能在另一地區卻相當適合；可能在某一時間需要設備，不適合先透過其他籌資方式籌資再購進設備，而適合直接透過融資租賃方式獲得設備。

另外，企業的不同成長週期面臨不同的籌資方式，例如，成立初期，資金來源主要是註冊資金，主要透過吸收直接投資；成長階段，可能會向銀行借款，債務性資金增加；快速發展階段和成熟階段，其產品在市場上佔有一定的比例，且比較穩定時，可以選擇股票籌資。

4. 籌資對象的選擇

企業明確籌資規模、籌資結構、籌資方式後，應該按照公開、公平、公正的原則慎重選擇籌資對象。籌資對象的選擇，必須置於透明的市場環境之中，便於公眾的監控與選擇，這樣才能保證籌資的科學決策，盡最大可能地選擇籌資成本較低的籌資對象。同時，還要考慮資金來源的安全性和可靠性，對相關風險給予足夠的關注，如吸收直接投資時，應該讓專門的信用機構或專業評估機構對投資方的信用情況進行評估認定。如果籌資涉及仲介機構的，應對仲介機構的資信狀況和資質條件進行充分的調查和瞭解。

一般來講，銀行借款的籌資對象比較容易確定，且對銀行等金融機構的信用及資金實力也容易瞭解；面債券和股票籌資的金額比較大，發行時間比較長，同時推銷債券和股票還需要有專門的技巧和經驗。

5. 預計籌資成本

籌資成本是指企業籌措資金而支出的費用。它主要包括籌資費用和使用費用兩個部份。籌資費用指企業在資金籌集過程中發生的各種費用，如委託金融機構代理發行股票、債券而支付的承銷費、註冊費，仲介機構的評估費和評審費等，向銀行借款時支付的手續費等。它通常在籌集資金時一次性支付，在投資過程中不再發生。資金使用費是指企業在生產經營、投資過程中因使用資本而付出的費用。這種費用有兩個特徵：一是與企業的生產經營活動緊密相關，二是費用多少取決於使用時間的長短。例如，向股東支付的股利、向債券人支付的利息、向出租方支付的租金等都屬於資金使用費用。通常情況下，長期資金的使用費因籌資數量的多少和使用時間的長短而不同。籌資金額大、使用時間長的資金，其資金使用成本比較高；反之，則資金使用成本相對較低些。

籌資成本是決定籌資效率的決定性因素。企業籌資決策的首要原則，就是籌資的總收益要大於籌資的總成本，如果單位籌集資金所產生的收益不能彌補籌資成本，就應該做出取消籌資的決策。籌資成本的計算往往涉及多種因素，企業在籌資方案中應該考慮到各種因素的影響，儘量精確地預計籌資成本，為決策提供合理的依據。

6. 籌資方案的評估

企業對重大籌資方案應當進行風險評估，形成評估報告，報董事會或股東大會審批。評估報告應當全面反映評估人員的意見，並由所有評估人員簽章。未經風險評估的方案不能進行籌資。企業應當擬定多於一個的籌資方案，綜合考慮籌資成本和風險評估等因素，對方案進行比較分析後，履行相應的審批程序後，確定最終的籌資方案。

7. 籌資方案的審批

企業應當建立籌資方案的集體決策機制，對於重大籌資方案，應當實行集體決策審批或者聯簽制度。決策過程應有完整的書面記錄。企業籌資方案需經有關管理部門或上級主管單位批准的，應及時報請批准。

企業應當建立籌資決策責任追究制度，明確相關部門及人員的責任，定期或不定期地進行檢查。

二、籌資的授權批准控制

籌資業務雖然在大多數企業發生的次數比較少，但是對企業的財務狀況和經營狀況的影響卻非常大，可能會直接影響到其生存和發展。因此，對籌資業務發生的有效授權進行控制是一個很重要的環節。為此，企業應當對籌資業務建立嚴格的授權批准制度，明確授權批准方式、程序和相關控制措施，規定審批人的權限、責任以及經辦人的職責範圍和工作要求。

企業應當建立籌資業務的崗位責任制，明確有關部門和崗位的職責、權限，確保辦理籌資業務的不相容崗位相互分離、制約和監督。同一部門或個人不得辦理籌資業務的全過程。結合籌資業務流程及其內容，籌資崗位應該包括籌資預算的編制和審批，籌資方案的擬訂，籌資方案的決策，籌資合約的審核、訂立、執行，籌資款項的償付審批與執行、籌資業務執行與相關會計記錄等。

⑴審批人員應當根據籌資業務授權批准制度的規定，在授權範圍內進行審批，不得超越審批權限。作為經辦人應當在職責範圍內，按照審批人的批准意見辦理籌資業務；對於超越授權範圍審批的籌資業務，經辦人有權拒絕辦理，並及時向審批人的上級授權部門報告。嚴格禁止未經授權的機構或人員辦理籌資業務。

⑵企業應當制定籌資業務流程，明確籌資決策、執行、償付等環節的內部控制要求，並設置相應的記錄或憑證，如實記載各環節業務的開展情況，確保籌資全過程得到有效控制。

⑶企業應當建立籌資決策、審批過程的書面記錄制度以及有關合約或協定、收款憑證、支付憑證等資料的存檔、保管和調用制度，加強對與籌資業務有關的各種文件和憑據的管理，明確相關人員的職責權限。

三、籌資的執行控制

籌資執行是籌資業務的核心，直接決定了籌資業務的成敗。企業應當建立籌資決策執行環節的控制制度，對籌資合約協議的訂立與審核、資產的收取等做出明確規定。

1. 籌資合約的訂立與審核

企業應當根據經批准的籌資方案，按照規定程序與籌資對象，與仲介機構訂立籌資合約或協議。企業相關部門或人員應當對籌資合約或協議的合法性、合理性、完整性進行審核，審核情況和意見應有完整的書面記錄。

籌資合約或協議的訂立應當符合相關法律法規的規定，並經企業有關授權人員批准。重大籌資合約或協議的訂立，應當徵詢法律顧問或專家的意見。

企業籌資透過證券經營機構承銷或包銷企業債券或股票的，應當選擇具備規定資質和資信良好的證券經營機構，並與該機構簽訂正式的承銷或包銷合約或協議。

企業變更籌資合約或協議，應當按照原審批程序進行。

2. 籌集資金的收取

企業會計部門應當嚴格按照確定的籌資方案辦理籌資業務。企業應當按照籌資合約或協議的約定及時足額取得相關資產。企業取得貨幣性資產，應當按實有數額及時入賬。企業取得非貨幣性資產，應當根據合理確定的價值及時進行會計記錄，並辦理有關財產轉移手續。對需要進行評估的資產，應當聘請有資質的仲介機構及時進行評估。

3. 籌資費用的支付控制

企業在籌資過程中會發生各種各樣的籌資費用，如委託金融機構代理發行股票、債券而支付的承銷費、註冊費，仲介機構的評估費和評審費，向銀行借款時支付的手續費等。它通常在籌集資金時一次性支付，在籌資過程中不應再發生。企業應當加強對籌資費用的計算、核對工作，確保籌資費用符合籌資合約或協議的規定。企業應當結合償債能力、資金結構等，保持合理的現金流量，確保及時、足額償還到期本金、利息或已宣告發放的現金股利等。

為了避免籌資費用計算和支付中的錯誤與舞弊，所有資金費用的支付都必須經過有關部門和人員的覆核與批准，從控制的意義上講，嚴格禁止在沒有批准的情況下將單位的資金支付出去，即使是應該支付的資金費用也是如此。

4.籌集資產的使用控制

企業應當按照籌資方案所規定的用途使用對外籌集的資金。例如，發行公司債券籌集的資金，必須用於審批機關批准的用途，不得用於彌補虧損和非生產性支出；發行股票籌資的資金，必須嚴格按照招股說明書的要求使用。由於市場環境變化等特殊情況導致確需改變資金用途的，應當履行審批手續，並對審批過程進行完整的書面記錄。嚴禁擅自改變資金用途。屬於上市公司的，還需要進行相應的信息披露。

有時雙方簽訂的合約或者協議中會對籌集資金的用途做出明確、詳細的規定，此時企業應該按照合約或協議規定使用資金，以避免不必要的違約責任發生。同樣，如果由於市場環境變化等特殊情況導致確需改變資金用途的，也應當履行審批手續，並對審批過程進行完整的書面記錄。

企業應建立持續符合籌資合約協議條款的控制制度，其中應包括預算不符合條款要求的預警和調整制度。

法律、行政法規或者監管協議規定應當披露的籌資業務，企業應及時予以公告和披露。

四、籌資的償還控制

企業正確、及時地償付，不僅直接影響單位的信譽，而且有利於下一輪或新的籌資業務的順利進行。因此，對籌集資金的償付控制非常重要。企業應當建立籌資業務償付環節的控制制度，對支付償還本金、利息、租金、股利(利潤)等步驟、償付形式等做出計劃和預算安排，並正確計算、核對，確保各項款項償付符合籌資合約或協議的規定。

支付利息、租金是債務性籌資所承諾的保證。為了保證按時償還利息、租金，企業應當安排專門人員負責利息、租金的計算工作，並將不同借款的利息支付日期、租金的支付日期分別在利息支付備忘錄上予以記載，防止可能發生的違約事件。企業支付籌資利息、租金等，應當履行審批手續，經授權人員批准後方可支付。企業透過向銀行等金融機構舉借債務籌資，其利息的支付方式也可按照雙方在合約協定、協定中約定的方式辦理。但是，對於發行債券籌資來說，由於債券的受息人比較多，企業很難按照債權人逐個計算和支付利息，此時企業可以委託代理機構對外償付利息，企業委託代理機構對外支付債券利息的，應清點、核對代理機構的利息支付清單，並及時取得有關憑據。

第二節　籌資的內部控制流程與說明

一、籌資的決策管理流程

1. 籌資的決策管理流程圖

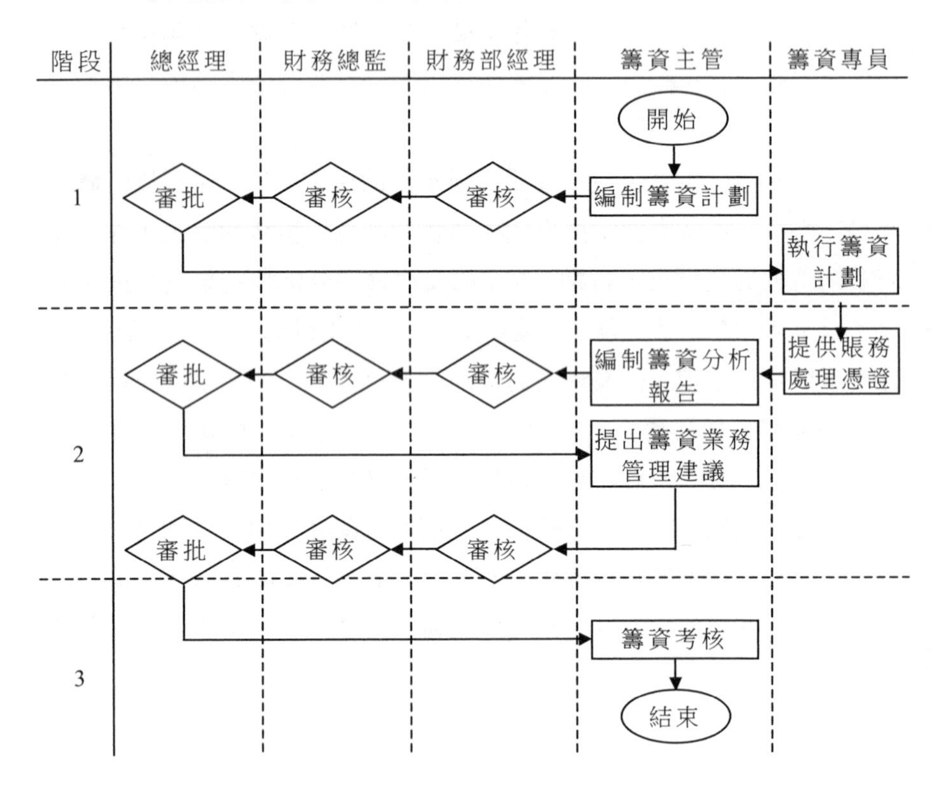

2. 籌資的決策管理流程控制表

階段	說　明
1	1. 財務部籌資主管每年根據公司下年度的利潤預算、投資計劃及有關資金安排，預測公司的自由資金和長短期融資規模，編制《籌資計劃》，按規定權限報批後執行
2	2. 籌資專員將相關憑證給財務部相關人員進行賬務處理 3. 籌資主管根據公司資金狀況和金融業務市場的變化編制《籌資分析報告》 4. 提出籌資業務管理建議，報送財務部經理、財務總監和總經理審核、審批
3	5. 籌資主管負責對籌資活動的執行進行考核，提出考核建議並進行考評

二、籌資的授權批准流程

1. 籌資的授權批准流程

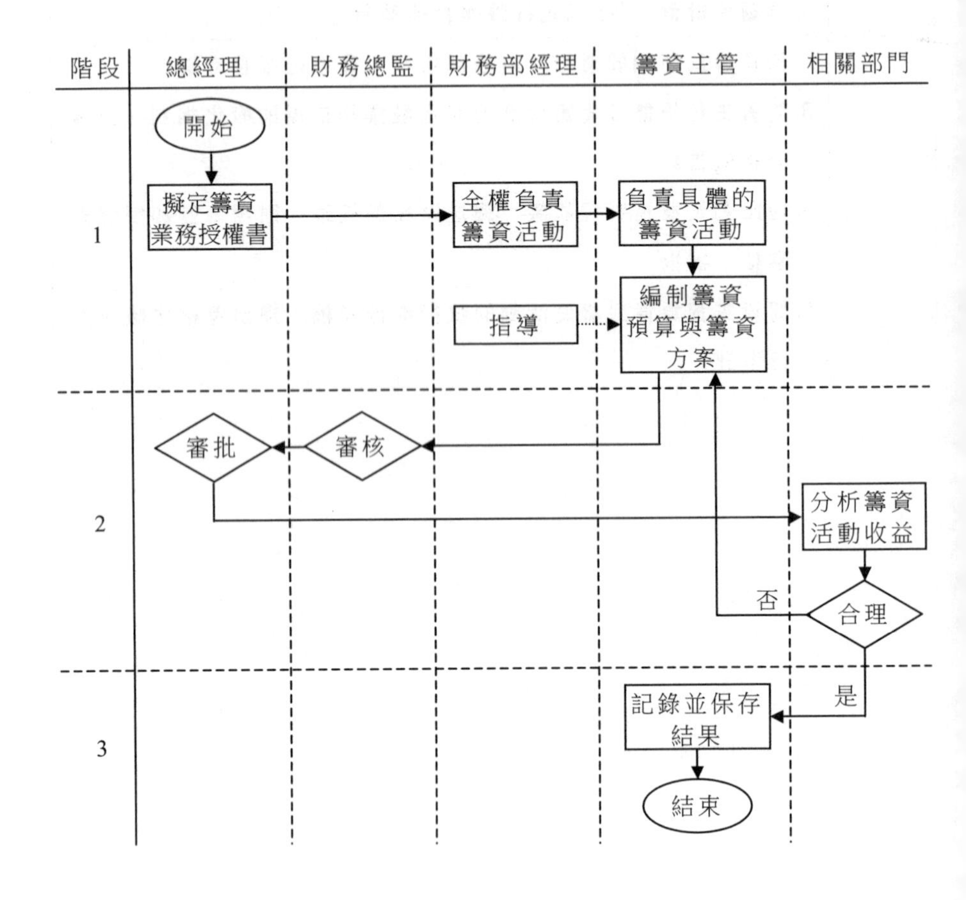

2. 籌資授權批准流程控制表

階段	說　明
1	1. 總經理擬定《籌資業務授權書》 2. 總經理授權財務部經理全權負責籌資活動 3. 財務部經理授權籌資主管負責具體的籌資活動，包括編制《籌資預算》與《籌資方案》 4. 籌資主管編制《籌資預算》，並針對具體籌資程序或籌資活動制定籌資方案，財務部經理進行相應的指導
2	5. 《籌資預算》和《籌資方案》得到財務總監的審核和總經理的審批後，企業應聘請法律顧問和財務顧問共同對該項籌資活動對未來淨收益增加的可能性及籌資方式的合理性進行審核 6. 如果《籌資預算》和《籌資方案》不合理，籌資主管應對籌資預算和籌資方案重新修訂；如果合理，應及時保管資料並執行《籌資預算》和《籌資方案》
3	7. 籌資主管負責以書面形式記錄審核結果，並特別註明籌資的執行程序及應當辦理的各項手續，以便於今後修改

三、籌資的業務管理流程

1. 籌資的業務管理流程圖

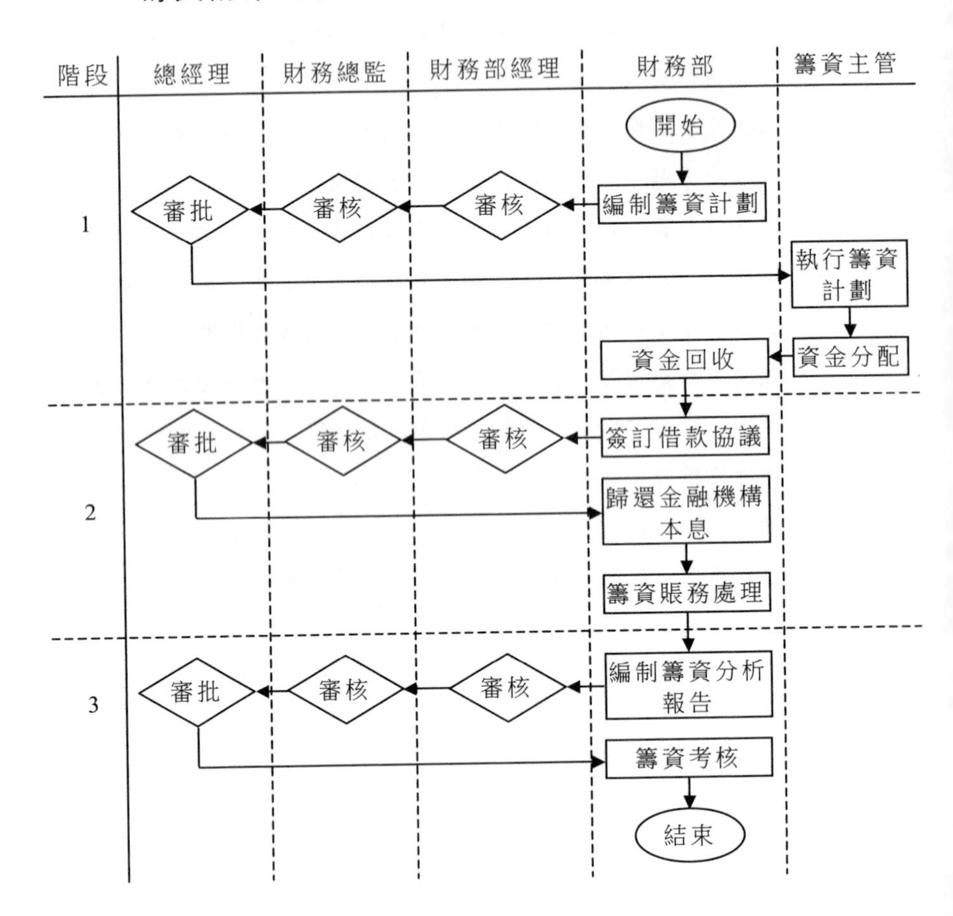

2. 籌資的業務管理流程控制表

階段	說　明
1	1. 財務部每年根據下年度初步資金預算及有關資金安排預測資金使用情況，編制籌資計劃報財務部經理、財務總監審核並報總經理審批 2. 籌資主管根據籌資計劃辦理與相關金融機構的借款或融資業務手續，借款合約或融資合約的簽訂必須經總經理審批 3. 籌資主管根據投資計劃或各所屬單位的資金使用計劃，做好內部資金分割使用管理工作，並簽訂《分割使用協議》 4. 財務部根據內部資金《分割使用協定》做好各所屬單位資金及利息的回收工作
2	5. 財務部與金融機構簽訂《借款協議》，做好借款本息的核對與管理工作，報財務部經理、財務總監審核並由總經理審批透過後，歸還金融機構的本息 6. 財務部根據審核後的相關會計憑證做好賬務處理工作
3	7. 籌資主管根據資金使用狀況及金融市場的變化編制《籌資分析報告》，報財務部經理、財務總監審核並報總經理審批 8. 財務部經理定期或不定期對籌資主管的籌資工作進行考核，並將考核意見上報總經理

四、籌資決策的執行流程

1. 籌資的決策執行流程圖

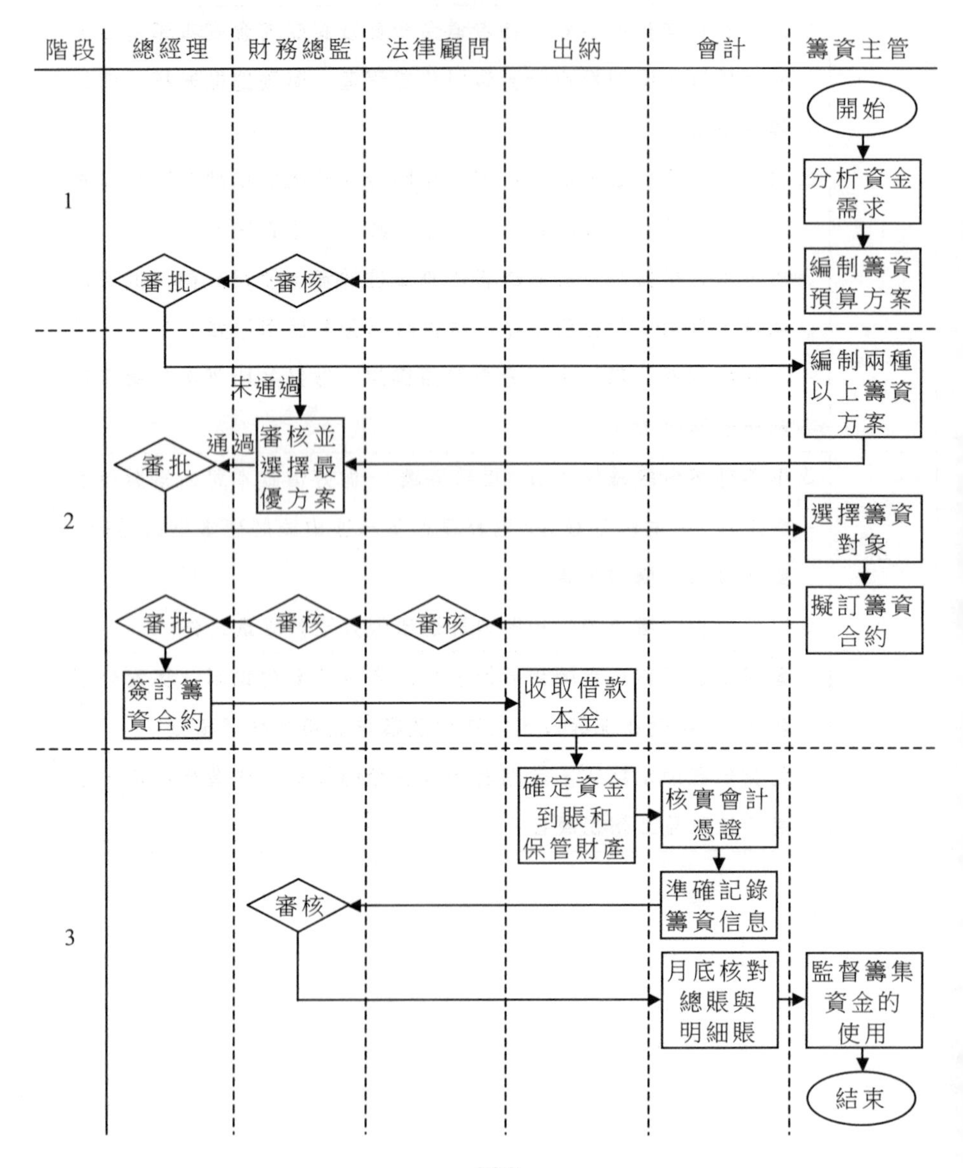

2. 籌資決策執行流程控制表

階段	說　明
1	1. 籌資主管分析資金需求，並針對企業在預算期內需要新借入的長期借款、經批准發行的債券、股票及對原有借款、債券的還本付息、股息的股利支付等內容編制預算
2	2. 籌資主管根據審批後的籌資預算編寫兩種以上《籌資方案》，以備選擇 3. 《籌資方案》如果沒有通過，籌資主管應重新編寫《籌資方案》 4. 《籌資方案》如果通過，籌資主管應按照批准的籌資方案擬訂《籌資合約》，並報送法律顧問審核 5. 出納需根據《籌資合約》，在規定時間內收取貸款銀行或其他金融機構的借款本金
3	6. 《籌資合約》簽訂後，出納需要及時核實籌資資金的到賬情況，並指定專人放於專用保險櫃中，並做好記錄，定期清點 7. 每月月底，總賬會計需與明細賬會計核對賬簿記錄的發生額和餘額，核對無誤後，雙方在科目餘額表上簽字確認，確保籌資業務會計記錄真實、準確 8. 根據《籌資合約》中對籌資資金的使用要求，籌資主管與籌資專員定期監督籌措資金的使用情況

五、籌資合約的訂立流程

1. 籌資合約訂立流程圖

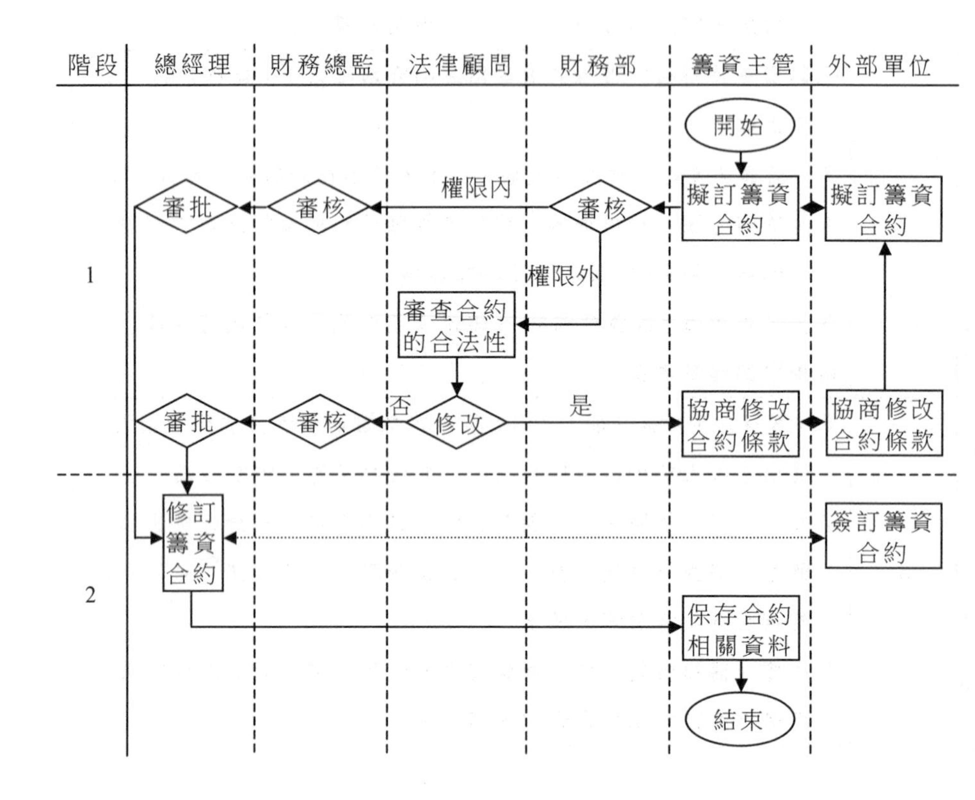

2. 籌資合約的訂立流程控制表

階段	說　明
1	1. 籌資主管擬訂《籌資合約》，與簽訂合約的業務單位取得一致意見後，報財務部經理進行審核 2. 財務部經理判斷《籌資合約》是否屬於權限範圍內，如果是在權限範圍內，直接報送給財務總監審核和總經理審批；如果是在權限範圍外，報法律顧問進行審核 3. 法律顧問就《籌資合約》的合法性、合理性、完整性進行審核 4. 法律顧問如果認為《籌資合約》需要修改，直接將《籌資合約》回饋給籌資主管 5. 籌資主管與外部單位就合約的條款進行協商，並做出修改
2	6. 總經理與合約當事人簽訂《籌資合約》 7. 由籌資主管保管合約及相關資料

六、籌資的業務償付流程

1. 籌資的業務償付流程圖

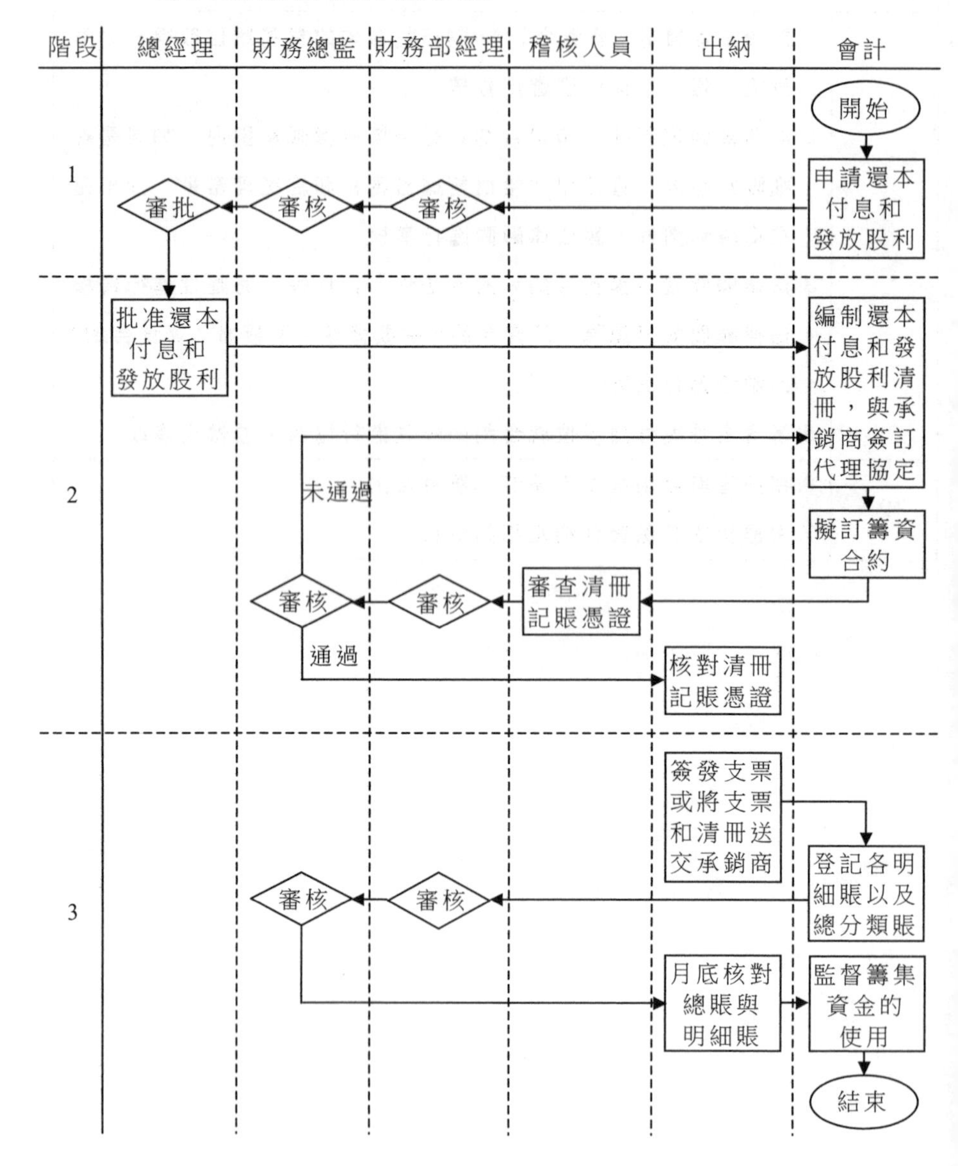

2. 籌資的業務償付流程控制表

階段	說　明
1	1. 會計人員申請還本付息和發放股利，並提交給上級主管進行審核和審批
2	2. 會計人員根據實收資本(股本)明細賬、債券存根記錄與企業的股利(利潤)分配方案，編寫利息發放清冊 3. 股票與債權若由承銷商代理發放，則需與承銷商簽訂代理協定，並根據代理協定編寫記賬憑證 4. 稽核人員根據籌資合約協定中的條款，認真審核股利發放清冊中應付股利總額與單個股東應付股利額度的準確性，並認真核實利息支付清單與憑據
3	5. 財務總監審核簽字後交予財務部經理，由財務部經理指示出納辦理還本付息和發放股利手續 6. 會計人員需根據記賬憑證、發放清冊與所附的原始憑證，及時登記短期借款、長期借款、長期應付款、應付債券、應付股利、財務費用等明細賬，直接或匯總等級總分類賬 7. 每月月底，總賬會計需與明細賬會計核對雙方賬簿記錄的發生額和餘額，核對無誤後，雙方在科目餘額表上簽字確認，確保籌資償付業務會計記錄真實、可靠

第三節　籌資的內部控制辦法

一、籌資的授權批准制度

第 1 章　總則

第 1 條　目的。

為規範企業在經營中的籌資行為，降低籌資風險，特制定本制度。

第 2 條　範圍。

本制度適用於企業核定的與籌資行為相關的所有人員。

第 3 條　籌資行為的界定。

本制度所指的籌資行為，是指企業為了生產經營活動的需要，透過向銀行借款、發行債券或股票的手段籌集資金的過程。

第 4 條　本制度中籌集的資金分為長期借款與短期借款。

1. 長期借款是指借款期限在一年以上的銀行和非銀行金融機構的借款和發行股票或發行一年以上的債券所籌集的資金。

2. 短期借款是指借款期限在一年以內的資金，包括商業票據、商業信用、銀行和非銀行金融機構的短期借款等。

第 2 章　授權與批准內容

第 5 條　籌資授權方式。

企業籌資授權均需以授權書為准，逐級授權，口頭通知與越級授權視為無效授權。

第 6 條　籌資授權程序。

1. 總裁授權財務經理全權負責籌資活動。

2. 財務部經理授權籌資主管負責具體的籌資行為，包括編制籌資預算與籌資方案。

第 7 條　籌資預算與籌資方案的批准程序。

1. 財務部經理指導籌資主管編制好籌資預算與籌資方案後，簽字呈送財務總監。

2. 財務總監對籌資預算和籌資方案進行審核，審核無誤後簽字呈送總裁。

3. 總裁負責審批籌資預算與籌資方案。

第 8 條　企業短期借款的審批權。

1. 財務部經理審批限額：______萬元以內

2. 財務總監審批限額：______萬元（含）～______萬元

3. 總裁辦公會審批限額：______萬元（含）以上

第 9 條　短期借款超過限額標準的由總裁批准。

第 10 條　超過______萬元的籌資須由企業的高級管理層共同審批。

第 11 條　企業籌資的批准需逐級進行，禁止越級批准。

第 12 條　對越級批准造成企業損失的人員，情節輕微的企業追究其責任並處理，情節嚴重的將交由司法機關進行處理。

二、籌資的決策管理制度

第 1 章　總則

第 1 條　目的。為規範企業在經營中的籌資行動，減少籌資風險，降低資金成本，特制定本制度。

第 2 條　範圍。

本制度適用於與籌資決策相關的所有人員。

第 3 條　相關概念的界定。

1. 本制度所指的籌資預算是指企業在預算期內就需要新借人的長期借款、經批准發行的債券、股票及對原有借款、債券的還本付息、股票的股利支付等所編制的預算。

2. 本制度所指的籌資方案是指標對具體的資金需要所設計的具體程序或具體的籌資活動安排與計劃實施的相關說明。

第 2 章　籌資預算與籌資方案

第 4 條　籌資預算的編寫內容。

1. 籌資預算需合理安排籌資規模和籌資結構。

2. 籌資預算選擇適合企業的籌資方式。

3. 籌資預算需確定企業最佳的資金成本。

4. 籌資預算需嚴格控制財務風險。

5. 籌資預算要根據上期預算的完成情況分析其對本期預算的影響。

第 5 條　籌資方案的合格標準。

1. 籌資方案需確定籌資總額、籌資結構、借款期限。

2. 籌資方案需根據企業具體情況，確定籌資方式和籌資管道。

3. 籌資方案需分析、計算和比較各種籌資方式和籌資管道的利弊。

4. 籌資方案需分析各種方案的可行性。

5. 籌資方案需具體說明籌資時機的選擇、預計籌資成本、潛在的籌資風險和具體的應對措施以及償債計劃等。

第 6 條　籌資方案的選優標準。

1. 籌資方案符合法律法規的規定。

2. 籌資方案的籌資總收益大於籌資總成本。

3. 籌資方案的籌資成本最小，利益最大。

4. 籌集的資金符合企業經營的需要，籌集資金額的多少適宜。

第 7 條　籌資預算與籌資方案的審批規定。

1. 籌資預算與籌資方案的審批程序參照《籌資授權批准制度》。

2. 編寫好的籌資預算和籌資方案實行聯簽制，各級審核人員均需簽字蓋章，否則按失職論處。

第 3 章　籌資決策的要求與處理

第 8 條　籌資預算與籌資方案在決策時需有完整的書面記錄，在執行前需向執行人員出示。否則，執行人員有權拒絕執行。

第 9 條　重大的籌資決策需企業的高級管理層集體審批。

第 10 條　籌資決策實行責任追究制，本著「誰出事，誰負責」的原則進行責任追究，一查到底。

三、籌資的執行管理制度

第 1 章　總則

第 1 條　目的。

為規範企業在經營中的籌資行為，降低資金成本，減小籌資風險，特制定本制度。

第 2 條　範圍。

本制度適用於與籌資執行相關的所有人員。

第 2 章　籌資執行管理

第 3 條　籌資方案的審核批准。

籌資方案的審核批准參照《籌資授權批准制度》。

第 4 條　籌資合約或協議的擬寫、審核。

1. 擬寫的籌資合約或協議需嚴格按照批准的籌資方案的內容撰寫。

2. 擬訂好的籌資合約或協議，需由擬定合約人員上級的逐級審核並報法律顧問進行審核，以確保合約或協議的合法性、合理性及完整性。

3. 逐級審核籌資合約或協定時需做好書面記錄，否則視為瀆職。

4. 企業變更原籌資合約或協議的，需按照原程序審核、批示並作好書面記錄。

第 5 條　收取資產。

1. 出納人員需根據籌資合約或協定，在規定時間內向貸款銀行或其他金融機構收取借款本金。

2. 籌資合約或協議簽訂後，出納人員需及時核實籌集資金的到賬情況，發現異常及時彙報，否則出納人員承擔相關責任。

3. 籌資合約或協定簽訂後，企業的會計人員需及時檢查貸款憑證手續是否齊全、內容是否合法，確保與籌資合約或協定的內容保持一致。

第 6 條　保管資產。

保管的資產是指股票、債券等有價證券部份。

1. 企業指定專人負責，放於專用保險櫃中並作好記錄，定期清點。

2. 資產若交予其他機構代管：

(1)企業需指定人員與代管機構的人員一起將資產加封，雙方人員在交接單上簽字確認。

(2)企業需建立資產登記簿，記錄存放時間、地點、期限、每張金額、總金額、編號、經手人等，並定期核對。

第 7 條　記賬與對賬。

1. 會計人員需根據記賬憑證與所附的原始憑證，及時登錄總賬及明細賬，確保籌資信息的準確無誤。

2. 每月月底，總賬會計需與明細賬分類會計核對雙方賬簿記錄的發生額和餘額，核對無誤後，雙方在科目餘額表上簽字確認，確保籌資業務會計記錄的真實、可靠。

第 8 條　監督籌集資金的使用。

根據籌資合約或協定中對籌集資金的使用要求，籌資主管與籌資專員應加強監督籌資資金的使用情況，合理調度資金，優化資金的運用，提高資金的使用效率。

四、籌資的償付管理制度

第 1 章　總則

第 1 條　目的。

為規範企業在經營中的籌資行為，降低資金成本，減小籌資風險，特制定本制度。

第 2 條　範圍。

本制度適用於對籌資償付各個環節的控制。

第 2 章　籌資償付控制

第 3 條　籌資償付的申請。

1. 會計人員根據籌資合約或協定的條款，在發放股利或繳納利息的規定時間前計算出應發放或繳納的數額並提出申請。

2. 籌資償付申請需經財務部經理、財務總監、總裁逐級審核、批示，並就此過程做好書面記錄。

第 4 條　編制記賬憑證。

1. 籌資申請批准後，會計人員根據實收資本(股本)的明細賬、債券存根記錄與企業的股利(利潤)分配方案，編寫借款利息、股利或債券本金以及利息的發放清冊。

2. 股票與債券若由承銷商代理發放，則需與承銷商簽訂代理協定，並根據代理協定編寫記賬憑證。

第 5 條　審核記賬憑證。

1. 稽核人員需根據籌資合約或協定中的條款認真審核還本付息清冊中應付本金與利息的準確性。

2. 稽核人員需認真審核股利發放清冊中應付股利總額與單個股東應付股利的準確性。

3. 稽核人員需認真核實利息支付清單與憑據。

4. 稽核人員核實後，由稽核經辦人簽字呈交財務部經理簽批覆核。

5. 財務部經理再次覆核記賬憑證的會計處理的正確性和發放清冊的真實性、合法性和正確性，審核後簽字，呈交財務總監審核。

6. 財務總監審核簽字後交予財務部經理，由財務部經理指示出納人員辦理還本付息和發放股利手續。

7. 記賬憑證的審核過程需做成書面記錄，禁止越級或縮短過程。

第 6 條　籌資償付的發放。

1. 出納人員在接到發放清冊和記賬憑證後，需認真核對發放清冊上的金額，確保清冊上的明細金額的合計額與總計額保持一致。

2. 出納人員在支付利息或股利時，需做繳納或發放記錄。

3. 出納人員需注意：領取股利或債券本金時，需持本人身份證及股票、債券的所有權證領取並簽字蓋章，禁止代領。

4. 籌資償付時出納人員需認真核實股票、債券及相關證件的真實性。

5. 出納人員需在發放後的股利與利息證券上加蓋「作廢」或「已發放」章，漏蓋後果由出納人員承擔。

6. 出納人員在籌資償付中錯誤情節較輕者在企業內部處理，造成特別嚴重後果的交由司法機關處理。

第 7 條　記賬與對賬。

1. 會計人員需根據記賬憑證、發放清冊與所附的原始憑證，及時登記短期借款、長期借款、長期應付款、應付債券、應付股利、財務費用等明細賬，直接或匯總登記總分類賬。

2. 每月月底，總賬會計需與明細賬分類會計核對雙方賬簿記錄的發生額和餘額，核對無誤後。雙方在科目餘額表上簽字確認，確保籌資償付業務會計記錄真實、可靠。

第四節　案例

【案例 1】籌資業務內部控制的失控

查賬人員在查閱某企業「實收資本」總賬時，發現在貸方出現 1200000 元發生額，但摘要內容沒有註明誰是投資者，對應科目為「銀行存款」，時間為 2010 年 7 月 13 日，查賬時間為 7 月 25 日。查賬人員對沒有註明投資者感到疑惑，懷疑有轉移收入的可能。查賬人員調閱了 7 月 13 日借記銀行存款的會計憑證，付款單位為某製造公司，被查企業恰好也為同一產品的製造公司，會計部門無有關此筆存款的更多資料。經與付款單位聯繫，知其購買該企業產品，價值 1200000 元，於 7 月 12 日匯出。返回查閱該企業銷貨合約，證實 1200000 元實為銷售收入。

該小企業會計人員想隱瞞收入，少交利稅，使其自有資金增多，故而將應記作銷售收入的 1200000 元增加了資本金，這種轉移收入的錯誤做法，提醒小企業應加強對籌資業務活動的內部控制。

【案例 2】企業對籌資業務授權審批控制的失控

某企業準備進行一筆籌資。對於籌資的方式、使用和帳戶安排等工作的具體操作內容，總經理並不是十分清楚，只有財務部門清楚整個籌資過程和細節，而最後的協議都是由總經理來簽。但是總經理對財務部門的具體籌資行為放鬆了管理和控制，出現了控制缺陷，財務經理竟然帶著錢跑了，最後只能由總經理負擔這個責任。

該小企業總經理應該把工作的權力與責任均衡分配，在不同部門之間產生一個牽制作用，讓籌資活動由多層次、多階段的環節共同組成，這是內部控制設計和執行的一個重要原則。以科學而嚴密的授權審批控制進行籌資業務的分工和配合，可以高效地運用小企業的各類資源、確保達到籌資業務的控制目標。同時，小企業應提高關鍵崗位人員的素質，為籌資業務過程中關鍵崗位的人員提供和配備所需的資源，並確保他們的經驗和知識與職責權限相匹配，職責擔負形式、認可方式與小企業的發展目標相一致。

第十章

擔保控制的內部控制重點

第一節　擔保的內部控制重點

一、擔保的授權批准

企業應當建立擔保授權制度和審核批准制度，並明確審批人對擔保業務的授權批准方式、權限、程序、責任和相關控制措施，規定經辦人辦理擔保業務的職責範圍和工作要求，並按照規定的權限和程序辦理擔保業務。

企業應當建立擔保業務的崗位責任制，明確相關部門和崗位的職責權限，確保辦理擔保業務的不相容崗位相互分離、制約和監督。

1. 明確擔保業務的審批權限

審批人應當根據擔保業務授權批准制度的規定，在授權範圍內進行審批，不得超越權限審批。經辦人應當在職責範圍內，按照審批人的批准意見辦理擔保業務。對於審批人超越權限審批的擔保業務，經辦人員有權拒絕辦理。

嚴禁未經授權的機構或人員辦理擔保業務。

2. 制定擔保政策

企業要明確擔保的對象、範圍、方式、條件、程序、擔保限額和禁止擔保的事項，定期檢查擔保政策的執行情況及效果。

企業內設機構和分支機構不得對外提供擔保。

3. 擔保業務責任追究制度

企業對在擔保中出現重大決策失誤、未履行集體審批程序或不按規定執行擔保業務的部門及人員，應當嚴格追究責任人的責任。

企業對外部強制力強令的擔保事項，有權拒絕辦理。未拒絕辦理的，該擔保事項引發的法律後果和責任，由做出擔保決策的人員承擔。

4. 制定擔保業務流程

企業明確擔保業務的評估、審批、執行等環節的內部控制要求，並設置相應的記錄，如實記載各環節業務的開展情況，確保擔保業務全過程得到有效控制。

二、擔保的業務流程

擔保是指根據法律、法規或當事人的約定，保證合約履行、保障債權人利益實現的法律措施，是債權人為了降低違約風險、減少資金損失，由債務人或第三方提供履約保證或承擔責任的行為。債權人與債務人及其他第三方簽訂擔保協定後，當債務人由於各種原因而違反合約時，債權人可以透過執行擔保保證債權的安全。

擔保業務流程主要包括以下環節：

⑴擔保業務的受理。

⑵如果被擔保企業符合擔保條件，擔保企業要對其進行評估和審

查。

⑶審查評估完成之後，股東大會、董事會或經授權的代理機構根據評估部門的評估報告，參考相關法律和財務專家意見，對擔保業務進行集體審批決策。

⑷根據集體評審的意見，如果被擔保企業符合擔保條件並集體同意提供擔保的，企業要與被擔保企業訂立擔保合約。

⑸如果被擔保企業的擔保業務符合其關於反擔保規定，企業應該要求申請人提供反擔保，同時也要對反擔保的資產進行評估。

⑹擔保業務執行時，企業的業務執行部門要切實建立擔保業務執行情況的監測報告，及時跟蹤被擔保企業的經營情況，加強被擔保人財物風險及擔保事項實施情況的監測，定期形成書面報告，及時採取有效措施化解風險。

三、擔保的評估控制

企業應當對擔保業務進行風險評估，確保擔保業務符合法律、法規和本企業的擔保政策，防範擔保業務風險。

企業應當建立嚴格的擔保業務評估制度，採用適當的評估方法，對擔保業務進行評估，確保擔保業務符合擔保政策。原則上，企業不能為與自己無任何來往和聯繫的單位提供擔保；提供的擔保金額不能太大；在提供擔保時應該要求對方提供反擔保。企業承擔擔保業務時，應當組織相關人員對申請擔保主體的資格，申請擔保項目的合法性，申請擔保單位的資產品質、財務狀況、經營情況、行業前景和信用狀況，申請擔保單位反擔保和第三方擔保的不動產、動產和權利歸屬等進行全面評估，形成評估報告。

在對外提供擔保時，為了對擔保事項進行準確的評估，需要對方提供如下資料：擔保申請書；被擔保方的營業執照；項目可行性研究報告；向銀行借款的合約或意向書；當期的資產負債表、利潤表和現金流量表等財務報表；其他需要提供的資料。收到上述資料後，需要認真分析，對被擔保方的財務狀況、項目的可行性以及擔保可能引起的潛在風險等做出準確的評價，並以此為基礎決定是否需要向對方提供擔保。

企業對擔保業務進行風險評估，至少應當採取下列措施：

⑴審查擔保業務是否符合有關法律、法規以及本企業發展戰略和經營需要。

⑵評估申請擔保人的資信狀況，評估內容一般包括：申請人基本情況、資產品質、經營情況、行業前景、償債能力、信用狀況用於擔保和第三方擔保的資產及其權利歸屬等。

⑶審查擔保項目的合法性、可行性。

⑷綜合考慮擔保業務的可接受風險水準，並設定擔保風險限額。

⑸企業要求申請擔保人提供反擔保的，還應當對與反擔保有關的資產狀況進行評估。

企業可以委託仲介機構對擔保業務進行風險評估，評估結果應當形成書面報告。

被擔保人出現下列情形之一的，企業不得提供擔保：

⑴擔保項目不符合法律、法規和政策規定的。

⑵已進入重組、託管、兼併或破產清算程序的。

⑶財務狀況惡化、資不抵債的。

⑷管理混亂、經營風險較大的。

⑸與其他企業存在糾紛，可能承擔較大賠償責任的。被擔保人要

求變更擔保事項的，企業要重新進行評估。

四、擔保的審批控制

在審批中，需要有明確的責任，防止所謂的審批流於形式；對於重要的擔保審批失誤而引起單位重大損失的，應該追究相關審批人員的責任。

在股份公司中，擔保事項一般是由董事會審批，重大金額的擔保還需要經過股東大會決定；如果是上市公司的話，對外擔保還需要請獨立董事審核並發表獨立意見。

企業應當按照確定的權限對擔保業務進行嚴格審批。重大擔保業務，應當報經董事會或者企業章程規定的類似決策機構批准。

上市公司須經股東大會審核批准的對外擔保，包括但不限於下列情形：

⑴上市公司及其控股子公司的對外擔保總額，超過最近一期經審計淨資產 50%以後提供的任何擔保。

⑵為資產負債率超過 70%的擔保對象提供的擔保。

⑶單筆擔保額超過最近一期經審計淨資產 10%的擔保。

⑷對股東、實際控制人及其關聯方提供的擔保。

一旦擔保事項經過審批之後，有關部門和人員應當根據評估報告和審批意見，按規定權限和程序訂立擔保合約。在合約中需要對雙方的權利業務等做出盡可能詳細的規定。重要擔保業務合約的訂立，應當徵詢法律顧問或專家的意見。同時，企業還應當組織相關人員對擔保合約的合法性、完整性等有關內容進行詳細審核。在進行具體審核時，要特別注意如下方面：合約的訂立是否符合相關法律；合約的有關條款是否完備；合約中有關術語的表達是否有歧義；其他需要關注的事項。

企業為關聯方提供擔保的，應當按照關聯交易內部控制相關規定處理。

被擔保人要求變更擔保事項的，企業應當重新進行審批。

五、擔保的執行控制

在對擔保項目進行評估和審批之後，如果審批構或人員同意提供擔保，企業有關部門或人員應當根據職責權限，按規定的程序訂立擔保合約協議。訂立擔保合約協定應當符合合約協定內部控制相關規定。

1. 訂立擔保合約注意的問題

擔保企業在訂立擔保合約前，應當組織相關人員對擔保合約的合法性和完整性進行審核，重要的擔保合約的訂立應當徵詢法律專家和顧問的意見，保證擔保合約符合相關法律、法規的有關規定。具體而言，在擔保合約訂立過程中，其應注意以下問題：

⑴申請擔保人同時向多方申請擔保的，企業應當與其在擔保合約協議中明確約定本企業的擔保比率，並落實擔保責任。

⑵企業應當在擔保合約協定中明確要求被擔保人定期提供財務報告與有關資料，並及時報告擔保事項的實施情況。

⑶企業應當建立擔保事項台賬，詳細記錄擔保對象、金額、期限、用於抵押和質押的物品、權利和其他有關事項。

2. 對擔保項目和被擔保企業的監測與報告

擔保合約簽訂之後，就進入擔保合約執行階段，擔保企業從此開始承擔擔保責任，為了防範和降低擔保業務帶來的風險，加強對擔保項目的控制，擔保企業應當對擔保項目和被擔保企業進行監測和定期報告。

⑴被擔保企業經營的監控。企業應當指定專門的部門和人員，定期監測被擔保人的經營情況和財務狀況，定期對擔保項目進行跟蹤和監督，瞭解擔保項目的執行、資金的使用、貸款的歸還、財務運行及風險等方面的情況。對於異常情況和問題，應當做到早發現、早預警、早報告；對於重大問題和特殊情況，應當及時向企業管理層或者董事會報告。

⑵擔保協議的保管。企業應當加強對擔保合約協議的管理，指定專門部門和人員妥善保管擔保合約協定、與擔保合約協定相關的主合約協定、反擔保函或反擔保合約協議，以及抵押、質押權利憑證和有關的原始資料，保證擔保項目檔案完整、準確，並定期進行檢查。

⑶反擔保財產的管理。企業應當加強對反擔保財產的管理，妥善保管被擔保人用於反擔保的財產和權利憑證，定期核實財產的存續狀況和價值，發現問題及時處理，確保反擔保財產安全完整。

3. 擔保責任的解除、代償和追償

企業應當在擔保合約協議到期時全面清理用於擔保的財產、權利憑證，按照合約協議約定及時終止擔保關係。

⑴無代償解除

無代償解除擔保責任是指被擔保企業在擔保貸款到期門內全部償還借款金額而發生的擔保企業擔保責任的解除。無代償解除擔保責任後，反擔保合約也隨即宣佈終止，擔保企業應將抵押或質押物的所有權及其憑證全部交回反擔保企業。

⑵代償解除

代償解除是指被擔保企業在借款合約約定還款期內未能及時足額償還借款，擔保企業代替被擔保企業償還所欠貸款而發生的擔保責任的解除。

不論是代償還是無代償解除擔保責任，擔保企業均應向貸款方索取解除擔保責任通知書。

⑶對代償的控制和管理

①代償前的核查。擔保企業在接到貸款方的索取通知書支付代償貸款之前，要認真仔細核查索賠通知書、借款合約和各種擔保合約、被擔保企業提供的申報資料，及擔保項目的真實性、完整性和合規性。

②確定代償後對被擔保企業追償的權利。代償完畢後，擔保企業應向借款企業發送代償款支付通知單和代償款相關憑證，同時向反擔保人發送履行擔保責任通知書，並與被擔保企業就代償發生的各項費用的承擔、被擔保企業的還款計劃等達成協議，並簽訂相關法律文件，以落實擔保企業的追償權利。

⑷代償項目的追償

在落實好擔保企業的追償權利後，為保證代償資金的回收，儘量減少擔保企業因代償產生的損失，擔保企業應加強對代償項目的管理和控制，並採取各種有效措施來行使追償權。

企業對外提供擔保預計很可能承擔連帶賠償責任的，應當按照統一的會計準則制度的規定對或有事項的規定進行確認、計量、記錄和報告。

對擔保業務的信息披露，按照有關法律、法規和信息披露內部控制相關規定執行。

第二節　擔保的內部控制流程與說明

一、擔保的業務管理流程

1. 擔保的業務管理流程圖

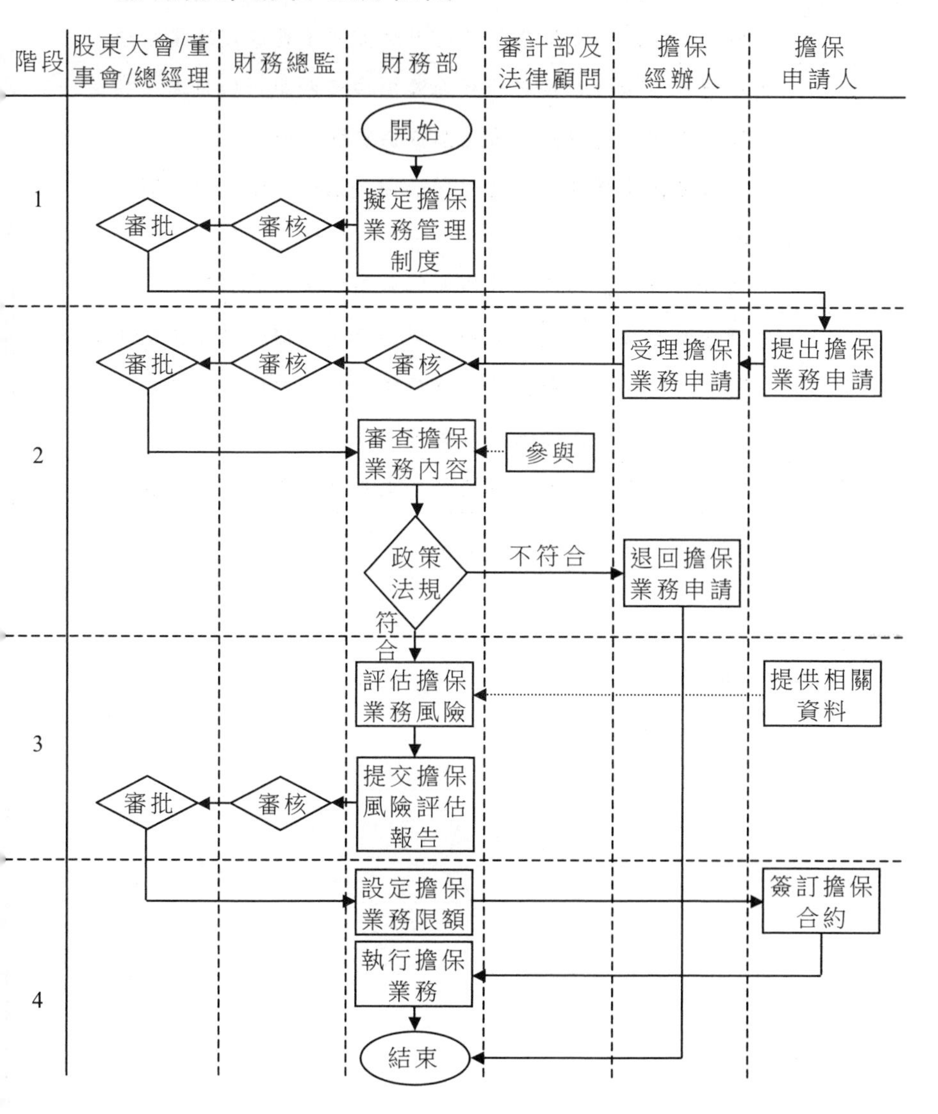

2. 擔保業務管理流程控制表

階段	說　明
1	1. 企業為了防範擔保業務風險，確保擔保業務符合相關法律、法規，需制定擔保業務管理制度對擔保業務的開展進行規範
2	2. 企業各項擔保業務必須經過董事會或股東大會批准，企業任何部門或個人均無權代表企業提供擔保服務 3. 審查擔保業務是否符合有關法律、法規及企業發展戰略和經營的需要 4. 審計部及法務部相關人員參與對擔保業務的審查
3	5. 《擔保風險評估報告》的主要內容包括擔保申請人提出擔保的背景、接受擔保業務的利弊分析、拒絕擔保業務的利弊分析、擔保業務的評估結論及建議等
4	6. 綜合考慮擔保業務的可接受風險水準，設定擔保風險限額

二、擔保的風險評估

1. 擔保的業務風險評估流程圖

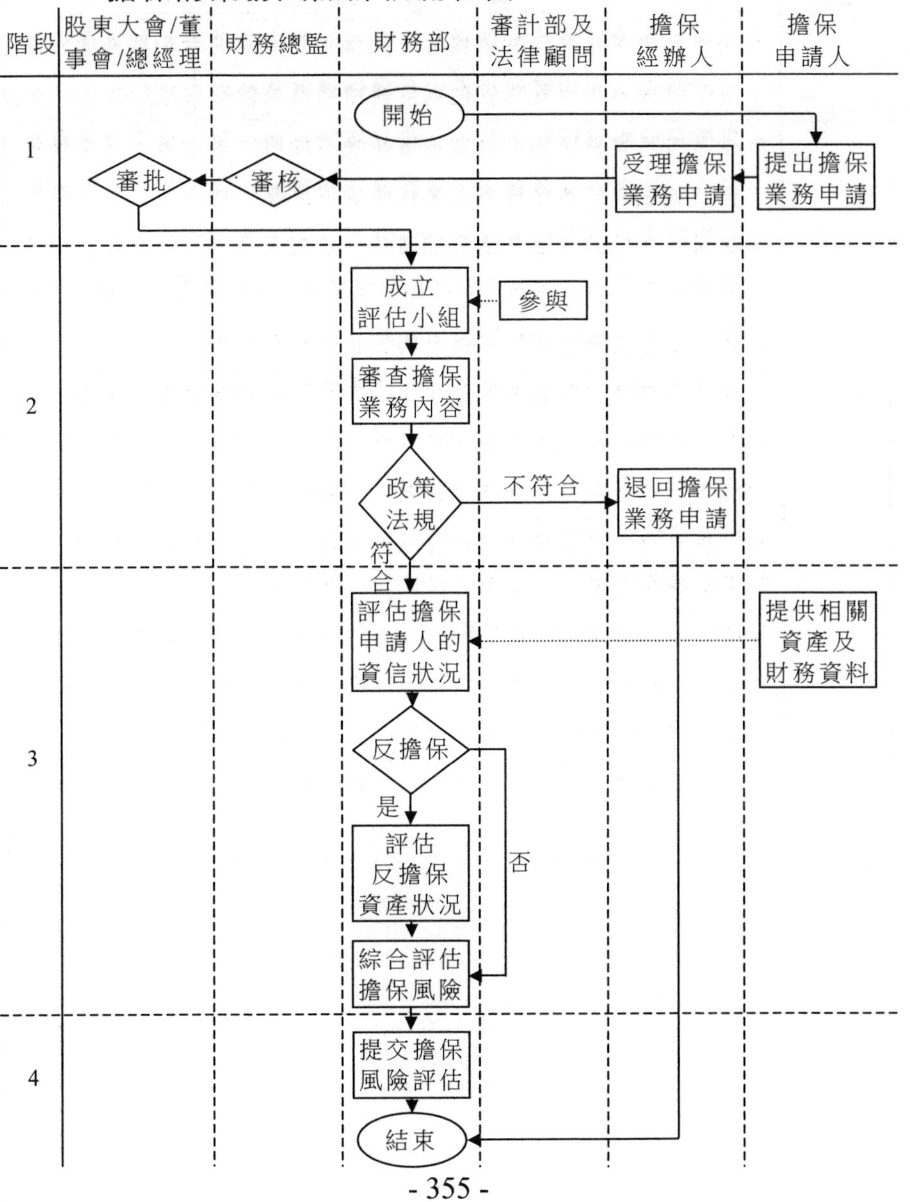

2. 擔保業務風險評估流程控制表

階段	說　明
1	1. 企業各項擔保業務必須經董事會或股東大會批准，企業任何其他部門或個人均無權代表企業提供擔保業務
2	2. 對擔保風險進行評估時，要成立風險評估小組，小組成員主要包括財務部相關負責人、審計部及法務部相關人員，需要收集的相關資料主要包括以下六個方面： ⑴申請擔保人的營業執照、企業章程影本、法定代表人身份證明、反映與本企業有關聯關係的資料等基礎性資料 ⑵擔保申請書、擔保業務的資金使用計劃或項目資料 ⑶近年經審計的財務報告等財務資料 ⑷申請擔保人的資信等級評估報告及還款能力分析報告等資料 ⑸申請擔保人與債權人簽訂的主合約影本 ⑹申請擔保人提供反擔保的條件和相關資料
3	3. 評估申請擔保人的資信狀況，評估內容一般包括申請人的基本情況、資產品質、經營情況、行業前景、償債能力、信用狀況以及用於擔保和第三方擔保的資產及其權利歸屬情況等
4	4. 擔保業務風險評估完成之後，由評估小組負責人撰寫《擔保風險評估報告》

三、擔保的審核批准流程

1. 擔保的審核批准流程圖

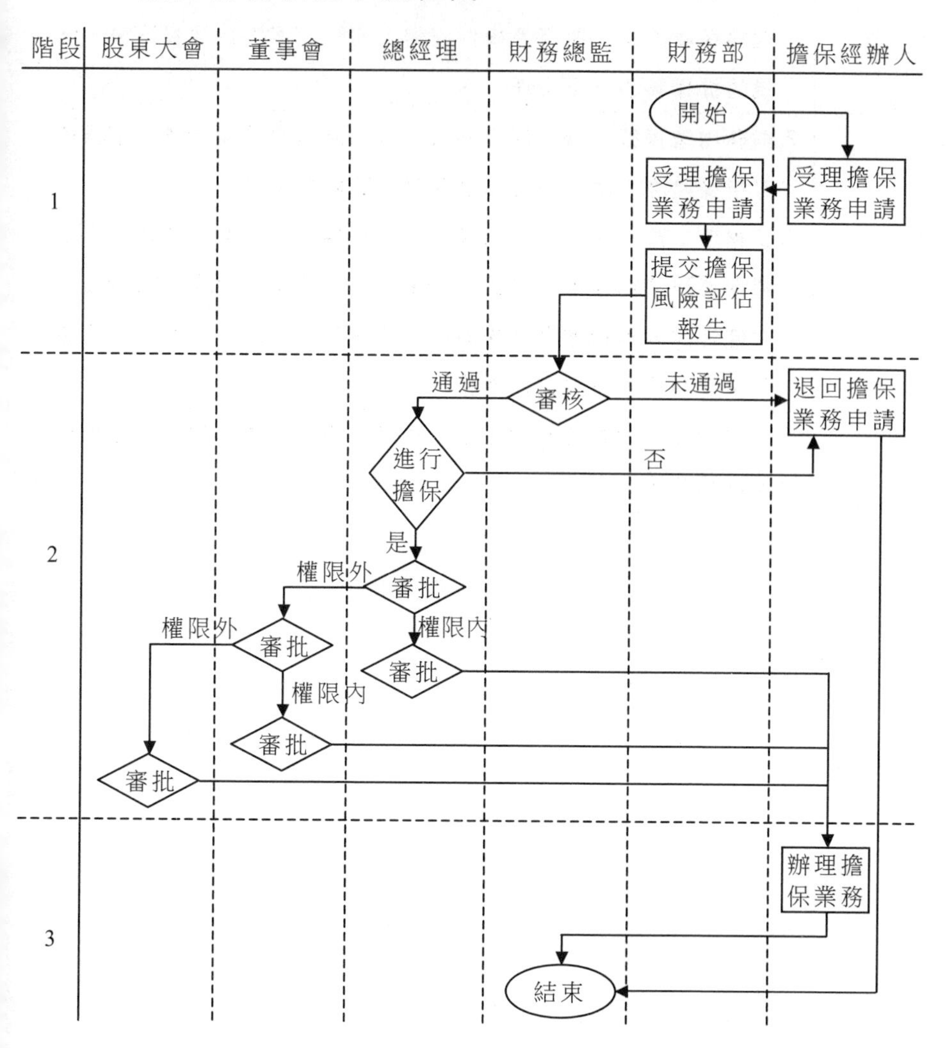

2. 擔保的審核批准流程控制表

階段	說明
1	1. 擔保經辦人應當掌握與擔保相關的專業知識和法律法規，在受理擔保業務時，要經過擔保經辦人初審，不符合相關法律、法規的擔保業務不予受理
2	2. 財務總監根據《擔保風險評估報告》給出的結論及擔保業務的可接受風險水準決定企業是否要接受此擔保業務 3. 企業應當建立擔保授權制度和審核批准制度，並明確審批人對擔保業務的授權批准方式、權限、程序、責任和相關控制措施，規定經辦人辦理擔保業務的職責範圍和工作要求，並按照規定的權限和程序辦理擔保業務
3	4. 擔保業務風險評估完成之後，由評估小組負責人撰寫《擔保風險評估報告》

四、擔保的跟蹤監督流程

1. 擔保的跟蹤監督流程圖

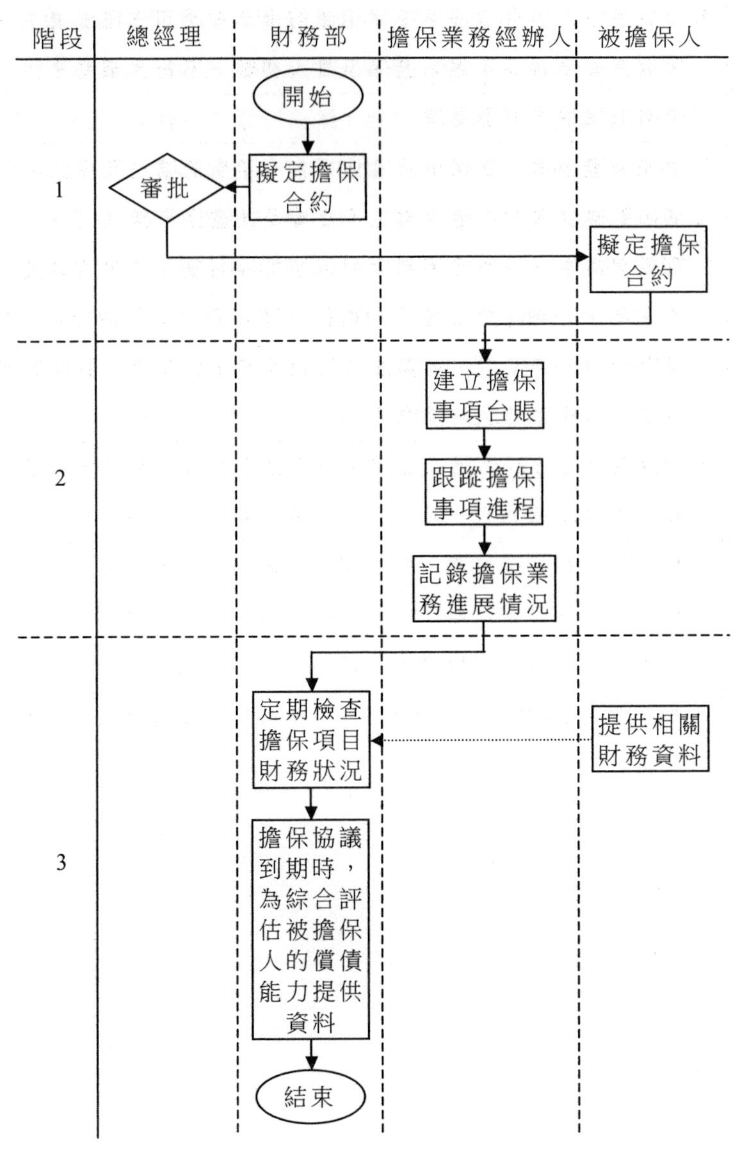

2. 擔保的跟蹤監督流程控制表

階段	說　明
1	1. 防止擔保合約中某些項目不符合法律、法規和政策的規定，企業擬定的《擔保合約》應首先由企業的法律顧問審核
2	2. 企業應當建立擔保事項台賬，詳細記錄擔保對象、金額、期限、用於抵押和質押的物品、權利和其他有關事項 3. 擔保經辦人員負責對擔保項目的執行狀況進行定期或不定期的跟蹤和監督，主要包括監督檢查時限和檢查監督項目兩個方面的內容，一般來說，監督檢查時限的規定如下： (1) 擔保期限在______年以內的，擔保風險在______級以上的擔保項目，擔保經辦人員需每個月進行一次跟蹤檢查 (2) 擔保期限在______年以上的擔保項目，擔保經辦人員至少每季進行一次監督檢查，檢查監督的內容包括擔保項目進度是否按照計劃進行、被擔保人的經營狀況及財務狀況是否正常、被擔保人的資金是否按照《擔保合約》的規定使用及有無挪用現象、被擔保人的資金週轉是否正常等
3	4. 擔保合約到期時，財務部門要提供有關被擔保單位的財務狀況的資料

第三節　擔保的內部控制辦法

一、擔保的授權審批制度

第 1 章　總則

第 1 條　為明確企業對外提供擔保業務的審批權限，規範企業擔保行為，防範和降低擔保風險，根據法律法規及規範性文件規定，結合本企業實際情況，特制定本制度。

第 2 條　本制度所稱擔保，是指企業依據擔保合約或者協議，按照公平、自願、互利的原則向被擔保人提供一定方式的擔保並依法承擔相應法律責任的行為。

第 3 條　企業董事會和管理高層應審慎對待並嚴格控制擔保產生的債務風險，對違反法律法規和企業擔保政策的擔保業務所產生的損失依法承擔連帶責任。

第 4 條　本制度適用於企業各業務部門、管理部門、各子公司及分支機構。

第 2 章　擔保的申請審核

第 5 條　企業指定專門擔保經辦人員負責受理擔保業務申請，具體人選由財務部提名，經總裁審批後確定。

第 6 條　企業財務部擔保業務負責人負責對擔保業務申請進行初審，確保申請擔保人滿足以下資信條件。

1. 管理規範，運營正常，資產優良。

2. 近三年連續盈利。現金流穩定，並能提供經外部審計的財務報告。

3. 申請擔保人資產負債率不超過_____%。

4. 資信狀況良好，銀行評定信用等級不低於_____級。

5. 近一年內無因擔保業務引起的訴訟或未決訴訟。

第 7 條　申請擔保人有下列情況的，財務部擔保業務負責人應退回其擔保申請。

1. 擔保申請不符合法律法規或企業擔保政策的。

2. 財務狀況已經惡化、信譽不良，且資不抵債的。

3. 已進入重組、託管、兼併或破產清算程序的。

4. 近三年內申請擔保人財務會計文件有虛假記載或提供虛假資料的。

5. 企業曾為其擔保，發生過銀行借款逾期、拖欠利息等情況，至本次擔保申請時尚未償還的。

6. 未能落實用於反擔保的有效財產的。

7. 與其他企業存在糾紛，可能承擔較大賠償責任的。

8. 董事會認為不能提供擔保的其他情形。

第 8 條　財務部擔保業務負責人將審核透過的擔保申請提交財務總監審核，並於審核透過後組織開展擔保業務風險評估工作。

第 3 章　擔保業務審批

第 9 條　企業各項擔保業務必須經董事會或股東大會批准，或由總裁在董事會授權範圍內批准後具體實施，企業其他任何部門或個人均無權代表企業提供擔保業務。

第 10 條　總裁的審批權限。

單筆擔保金額在______萬元以下(含______萬元)、年度累計金額萬元以下(含______萬元)的擔保項目由董事會授權總裁審批。

第 11 條　董事會的審批權限。

1. 審批超出總裁審批權限的擔保項目。

2. 企業董事會的審批權限不應超出企業擔保政策中的有關規定。

第 12 條　股東大會的審批權限。

1. 審批超出董事會審批權限的擔保項目。

2. 審批單筆擔保額超過企業最近一期經審計淨資產 10%的擔保項目。

3. 審批擔保總額超過企業最近一期經審計淨資產 50%以後提供的擔保項目。

4. 審批申請擔保人資產負債率超過 70%的擔保項目。

5. 審批對企業股東、實際控制人及其關聯方提供的擔保項目。

第 13 條　擔保經辦人員應在職責範圍內按照審批人的批准意見辦理擔保業務。對於審批人超越權限審批的擔保業務，擔保經辦人員應拒絕辦理。

第 4 章　擔保合約審查

第 14 條　非經企業董事會或股東大會批准授權，任何人無權以企業名義簽訂擔保合約、協定或其他類似法律文件。

第 15 條　在批准簽訂擔保合約或協議前，應將擬簽訂的擔保合約或協定文本及相關材料送企業審計部、法律顧問處審查。

第 16 條　審計部、法律顧問應至少審查但不限於擔保合約或協定的下列內容。

1. 被擔保方是否具備法人資格及規定的資信狀況。

2. 擔保合約及反擔保合約內容的合法性及完整性。

3. 擔保合約是否與企業已承諾的其他合約、協議相衝突。

4. 相關文件的真實性。

5. 擔保的債權範圍、擔保期限等是否明確。

第 17 條　訂立擔保合約時，擔保業務負責人必須全面、認真地審查主合約、擔保合約和反擔保合約的簽訂主體及相關內容。

第 18 條　法律顧問應視情況適度參與擔保合約的意向、論證、談判及簽約等過程事務。

第 19 條　已經審查的擔保合約，如需變更或未履行完畢而解除，需重新履行審介程序。

第 5 章　履行擔保責任審核

第 20 條　被擔保人債務到期後______個工作日內未履行還款義務，或被擔保人破產、清算，債權人主張企業履行擔保責任時，擔保經辦人員受理債權人發出的《履行擔保責任通知書》。

第 21 條　財務部擔保業務負責人審核《履行擔保責任通知書》的有效性及相關證據文件，核對款項後報財務總監或有權簽字人審批。

第 22 條　財務總監或有權簽字人審批通過後，財務部擔保業務負責人向債權人支付墊付款項。

二、擔保的風險評估制度

第 1 章　總則

第 1 條　目的。

1. 防範擔保業務風險，確保擔保業務符合法律法規和本企業的擔保政策。

2. 規範企業擔保風險評估工作，合理、客觀地評估擔保業務風險，確保風險評估為擔保決策提供科學依據。

第 2 條　責任部門。

1. 財務部擔保業務負責人、審計部、法律顧問共同組成擔保風險評估小組，負責擔保業務的風險評估工作。

2. 在擔保經辦人員受理擔保申請，並經過財務部擔保業務負責人、財務總監審核透過後，組建擔保風險評估小組開展擔保業務的風險評估工作。

第 2 章　擔保風險評估程序規定

第 3 條　收集擔保風險評估資料。

風險評估小組應認真收集或要求申請擔保人提供包括但不限於以下資料。

1. 申請擔保人的營業執照、企業章程影本、法定代表人身份證明、反映與本企業關聯關係的資料等基礎性資料。

2. 擔保申請書、擔保業務的資金使用計劃或項目資料。

3. 近______年經審計的財務報告等財務資料。

4. 申請擔保人的資信等級評估報告及還款能力分析報告等資料。

5. 申請擔保人與債權人簽訂的主合約影本。

6. 申請擔保人提供反擔保的條件和相關資料。

第 4 條　評估擔保風險。

企業對擔保業務進行風險評估，至少應當採取下列措施。

1. 審查擔保業務是否符合法律法規以及企業發展戰略和經營需要。

2. 審查擔保項目的合法性、可行性。

3. 評估申請擔保人的資信狀況，評估內容一般包括：申請人基本情況、資產品質、經營情況、行業前景、償債能力、信用狀況、用於擔保和第三方擔保的資產及其權利歸屬等。

4. 綜合考慮擔保業務的可接受風險水準，並設定擔保風險限額。

5. 評估與反擔保有關的資產狀況。

第 5 條　撰寫評估報告。

1. 擔保評估結束後，擔保風險評估小組應向企業財務總監提交擔保風險評估報告，評估報告應包括但不限於以下內容。

(1) 申請擔保人提出擔保申請的背景。

(2) 接受擔保業務的利弊分析。

(3) 拒絕擔保業務的利弊分析。

(4) 擔保業務的評估結論及建議。

2. 擔保風險評估報告須按照規定經財務總監、總裁審批通過後，為企業作出擔保決策提供依據。

三、擔保的執行管理制度

第 1 章　總則

第 1 條　目的。為準確掌握擔保業務的進展情況，及時化解擔保風險或儘量減少擔保風險給企業造成的損失，特制定本制度。

第 2 條　本制度適用於企業的所有擔保業務。

第 2 章　建立擔保事項台賬

第 3 條　擔保業務實行過程中，擔保經辦人負責設置擔保業務事項台賬，對擔保相關事項進行詳細、全面的記錄。

第 4 條　擔保業務記錄至少包括但不限於以下內容。

1. 被擔保人的名稱。

2. 擔保業務的類型、時間、金額及期限。

3. 用於抵押財產的名稱、金額。

4. 擔保合約的事項、編號及內容。

5. 反擔保事項。

6. 擔保事項的變更。

7. 擔保信息的披露。

第 3 章　擔保業務監督檢查

第 5 條　擔保經辦人員負責對擔保項目的執行狀況進行定期或不定期的跟蹤和監仟。

第 6 條　監督檢查時限。

1. 擔保期限在______年以內的，擔保風險在______級以上的擔保項目，擔保經辦人員需每一個月進行一次跟蹤檢查。

2. 擔保期限在______年以上的擔保項目，擔保經辦人員至少每季進行一次監督檢查。

第 7 條　監督檢查項目。

1. 擔保項目進度是否按照計劃進行。

2. 被擔保人的經營狀況及財務狀況是否正常。

3. 被擔保人的資金是否按照擔保項目書的規定使用，有無挪用現象等。

4. 被擔保人的資金週轉是否正常等。

第 8 條　對於在檢查中發現的異常情況和問題，應本著「早發現、早預警、早報告」的原則及時上報擔保項目負責人，屬於重大問題或特殊情況的，應及時向企業管理層或董事會報告。

第 4 章　合約協議管理

第 9 條　擔保業務經總裁、董事會或股東大會在權限範圍內批准後，應當與被擔保人訂立書面擔保合約或協議。

第 10 條　訂立擔保合約或協議，企業法律顧問應結合被擔保人的資信狀況，嚴格審核各項義務性條款，以保證企業的權益。

第 11 條　合約檔案管理人員專門保管擔保合約協定、與擔保合約協定有關的主合約協定、反擔保合約協定等。

第 12 條　合約檔案管理人員負責有關擔保及反擔保財產和權利憑證等原始文件資料的管理。

第 13 條　合約檔案管理人員配合財務部擔保業務負責人定期核實反擔保財產的存續狀況和價值，確保反擔保財產的安全與完整。

第 14 條　財務部擔保業務負責人應當在擔保合約到期時全面清理用於擔保的財產和權利憑證，按照合約約定及時終止擔保關係。

第四節　案例

【案例】擔保鏈就是繫著地雷

「擔保鏈」到底是「餡餅」，還是「陷阱」，時常有刺眼的上市公司並不情願的新聞披露讓我們時不時鬱悶。隨手拾取幾個過去幾年間的零散片斷來剖析一下。

啤酒花「擔保鏈」事件引發新疆板塊的「地震」，讓人們對「擔保鏈」危害感覺觸手可及。啤酒花擔保鏈下，剛剛上了胡潤富豪榜的企業董事長艾克拉木·艾沙由夫失蹤了——當初何等風光，最後亡命天涯；大股東股份被凍結了——啤酒花第一大股東恒源企業的持股全部被凍結；啤酒花股價連續 8 個跌停，其封盤量仍高達 6700 餘萬股——投資者 8 天內市值損失大約 60%；與啤酒花「擔保鏈」相關的上市公司新疆眾合、天山股份等股票也紛紛跌落馬下。那麼，中國上市公司擔保究竟有多嚴重？

在擔保鏈下，為數不少的中國上市公司的活力正逐漸被鎖住、困死，一些上市公司因此戴上 ST 帽子，更有甚者最終退市。除此之外，擔保鏈正日益成為一個「毒瘤」侵蝕著中國金融業的肌體，啤酒花涉及的 18 億元擔保由此引出銀行業的憂思，而其股價雪崩引發的新疆板塊的「地震」以及市場的波動也凸顯違規擔保對證券市場的極大危害。在新疆啤酒花擔保鏈中，2003 年 11 月 4 日啤酒花公佈與董事長艾克拉木・艾沙由夫失去聯繫的同時，公佈了其自查結果：企業對外擔保累計近 18 億元，其中有近 10 億元的對外擔保決議未按規定履行信息披露義務。有關資料顯示，在啤酒花擔保圈中，共涉及天山股份、匯通水利、友好集團、新疆眾和 4 家新疆上市公司，互保額度總計近 6 億元，協定有效期 1 至 3 年不等，但協定到期日全部集中在 2004 年的 3 月份至 8 月份。

從法人治理層面看，需要界定如下幾條：

第一，揭示擔保風險。目前出現的擔保鏈，存在一損俱損的作用。由於一些上市公司償債能力差，銀行實際上把風險轉嫁給了充任擔保人的上市公司的投資者。由於上市公司治理結構不很完善，如果政策無變化，這種擔保鏈將繼續存在。但我們要不斷宣傳擔保風險，同時依舊提倡抵押貸款和質押貸款，進一步推進信用貸款，適當降低擔保貸款的比重。

第二，建立上市公司償債能力評估體系。可以委託專業機構，對需要其他上市公司擔保的上市公司償債能力定期進行評估。評估費用由需要擔保人的上市公司支付。按評估結果，評估機構給上市公司評定等級，並予以公佈。上市公司如果要對其他上市公司擔保，可以參考被擔保方的所在等級，謹慎抉擇。

第三，進一步限制董事會對外擔保的權利。目前，一些上市公司往往授權董事會有處置若干金額資產的權利。從投資角度看，這是合理的。但上市公司對外擔保，雖然是一種商業行為，但並不是一種投資活動。如果由規章制度或股東大會限制董事會的對外擔保權利，那麼，現行的擔保風險可以進一步降低。當然，擔保行為在貸款活動中將始終存在。我們在目前強調擔保風險，並不排除擔保行為合理的一面。一方面，我們要對一些上市公司的濫擔保行為加以限制；另一方面，作為商業行為，擔保行為的合法性也必須充分肯定。

心得欄

第十一章

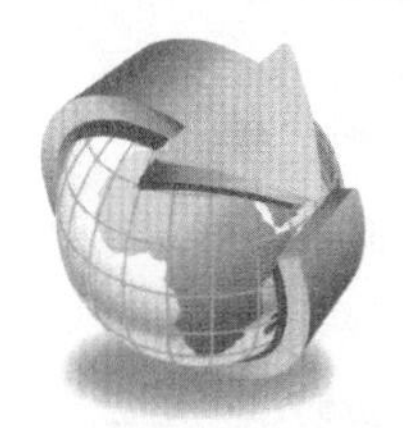

合約控制的內部控制重點

第一節　合約管理職責分工與授權批准

對合約實施內部控制，企業應建立合約管理崗位責任制，確保合約的擬定、審批與執行分開，並互相制約與監督企業中與合約管理有關的崗位及其職責權限。

合約控制崗位職責一覽表

合約控制崗位	主要職責	不相容職責
1.董事長	· 授權總裁代表企業行使合約相關職權 · 簽署合約（協定）簽章授權委託書 · 審批超出總裁權限的重大合約（協議）	· 審批企業合約管理制度 · 審批總裁權限內的合約
2.總裁	· 審批企業合約管理制度 · 審批企業主營業務格式合約 · 審批各部門的合約文本 · 審核超出各部門負責人審核權限的合約 · 負責對外重大合約協定的談判與簽章	· 制定企業合約管理制度 · 制定企業格式合約 · 制定各部門的合約文本 ·負責企業一般性合約的簽章 ·審批超出本職權限的合約

續表

3.法務部經理	· 審核企業合約管理制度 · 審核企業格式合約 · 審核各部門合約文本 · 參與重大合約的談判 · 審核企業合約台賬 · 審核有關合約糾紛的法律訴訟文件	· 制定企業合約管理制度 · 制定企業格式合約 · 制定各部門合約文本 · 參與一般性合約談判 · 設置企業合約台賬
4.各部門負責人	· 草擬與本部門業務相關的合約文本內容 · 協助擬定企業主營業務格式合約 · 負責超出業務經辦人員權限的合約談判 · 初審業務經辦人員與合約對方擬定的合約條款 · 監督本部門合約的簽訂及履行情況	· 制定企業格式合約 · 審核本部門的合約文本 ·負責經辦人員權限內的合約談判 ·在授權委託的範圍外簽訂合約
5.法律顧問	· 草擬企業合約管理制度 · 草擬企業主營業務格式合約 · 草擬企業重大或特殊合約 · 監督、指導各部門起草及修訂合約文本 · 查證擬簽約對象的合法身份及法律資格 · 審查業務經辦人員與合約對方擬定的合約具體條款 · 參與法律關係複雜的合約談判 · 協助業務經辦人員依法簽訂、變更和解除合約 · 檢查合約履行情況 · 協助各部門處理合約中的糾紛 · 負責合約糾紛的仲裁及訴訟	· 審核企業合約管理制度 ·審核企業主營業務格式合約 ·審核企業重大或特殊合約 · 擬定各部門的合約文本 · 參與一般性合約的談判 · 與合約對方簽訂合約 · 辦理合約變更手續

續表

6.業務經辦人員	· 對擬簽約對象進行資格調查 · 與合問對方商討合約條款，負責擬定合約 · 在授權委託的範圍內簽訂合約 · 定期彙報合約的履行情況 · 與合約對方協商解決合約糾紛 · 辦理合約變更、清結手續	· 擬定企業合約管理制度 · 擬定本部門合約文本 ·審核與合約對方擬定的合約 ·在授權委託的範圍外簽訂合約 ·對合約對方提起仲裁或訴訟
7.財務人員	· 調查擬簽約對象的資信狀況 · 按照合約約定條款辦理財務手續 · 按照合約約定條款收付款項 · 按照合約約定條款履行賠償責任	· 擬定企業合約管理制度 · 擬定企業格式合約 · 辦理合約變更、清結手續
8.合約檔案管理員	· 設置企業合約台賬 · 建立和保管合約檔案	審核企業合約台賬
9.印章管理人員	保管合約專用章	使用合約專用章

第二節　合約的內部控制流程與說明

一、合約編製控制流程

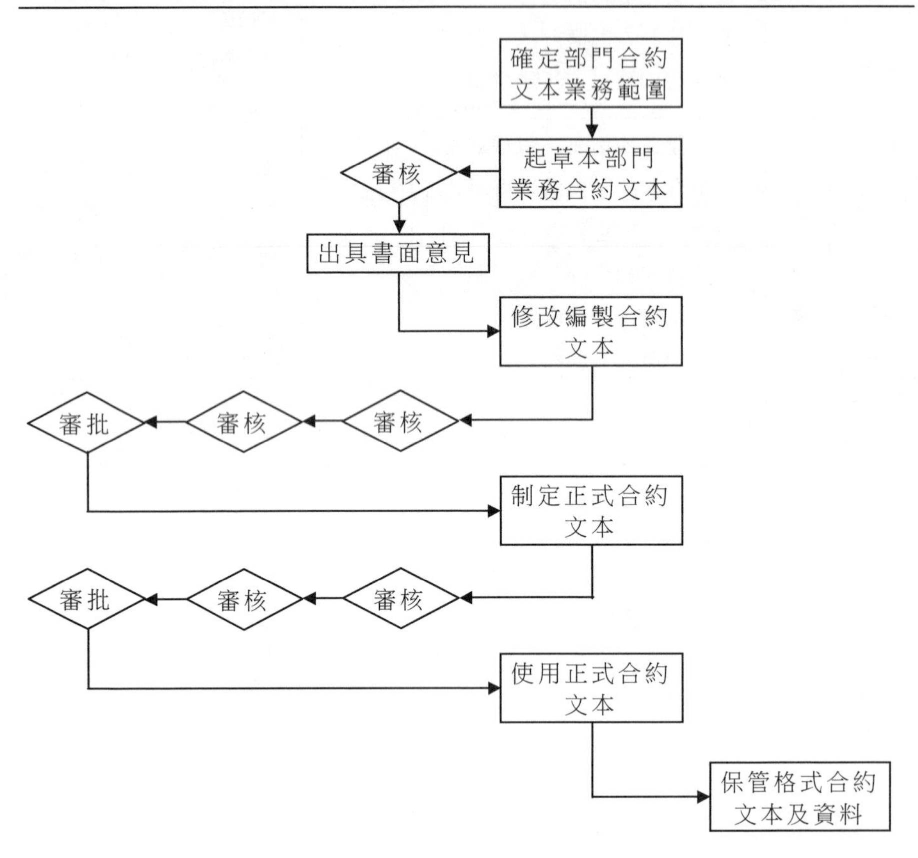

二、合約審核控制流程

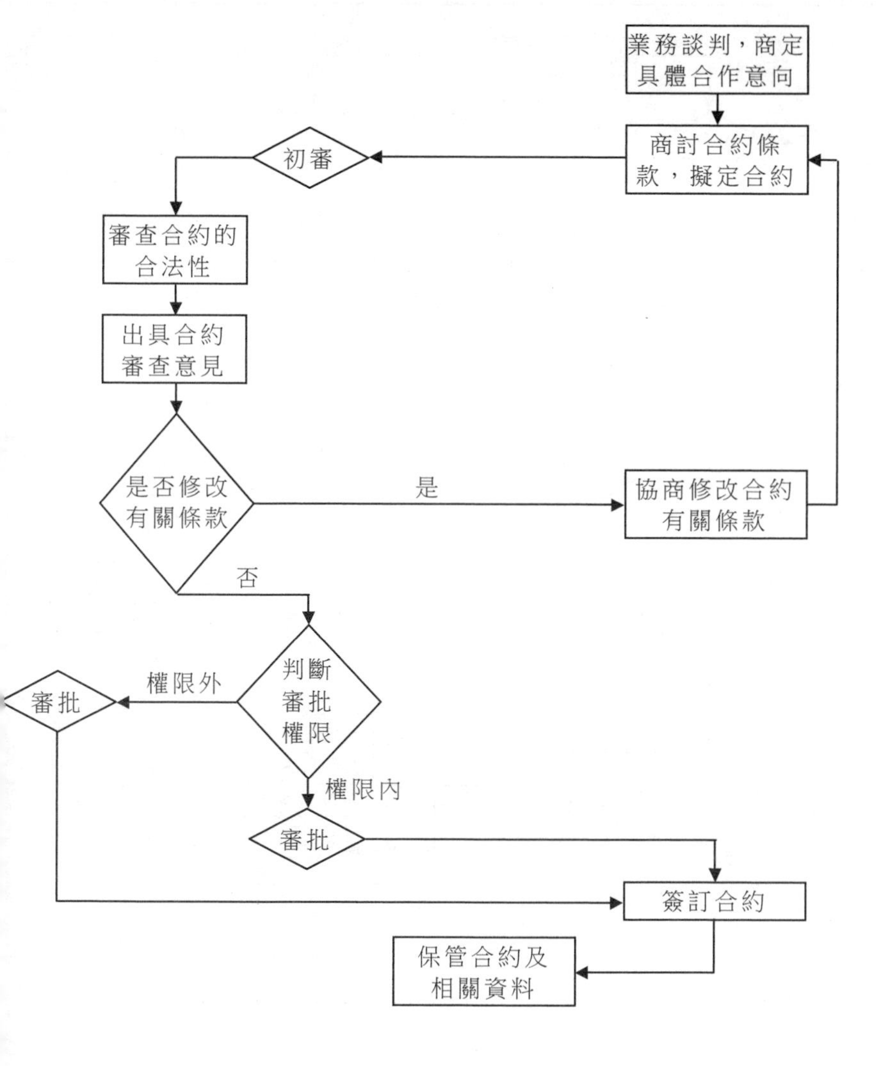

總裁
法律顧問
各部門負責人
合約檔案管理員
業務經辦人
合約對方當事人
業務談判，商定具體合作意向
商討合約條款，擬定合約
初審
審查合約的合法性
出具合約審查意見
是否修改有關條款
是
協商修改合約有關條款
否
判斷審批權限
權限外
審批
權限內
審批
簽訂合約
保管合約及相關資料

三、合約訂立控制流程

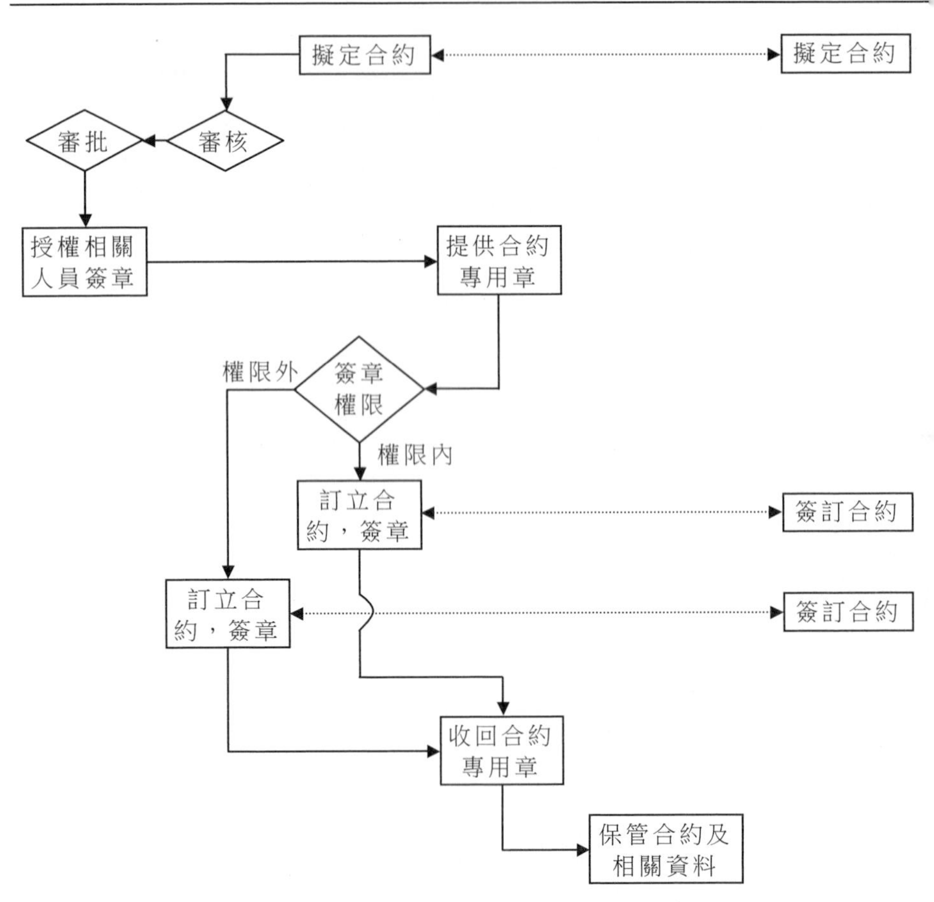
總裁
各部門負責人
業務經辦人
印章管理員
合約檔案管理員
合約對方當事人
擬定合約
擬定合約
審批
審核
授權相關人員簽章
提供合約專用章
權限外
簽章權限
權限內
訂立合約，簽章
簽訂合約
訂立合約，簽章
簽訂合約
收回合約專用章
保管合約及相關資料

四、合約印章使用控制流程

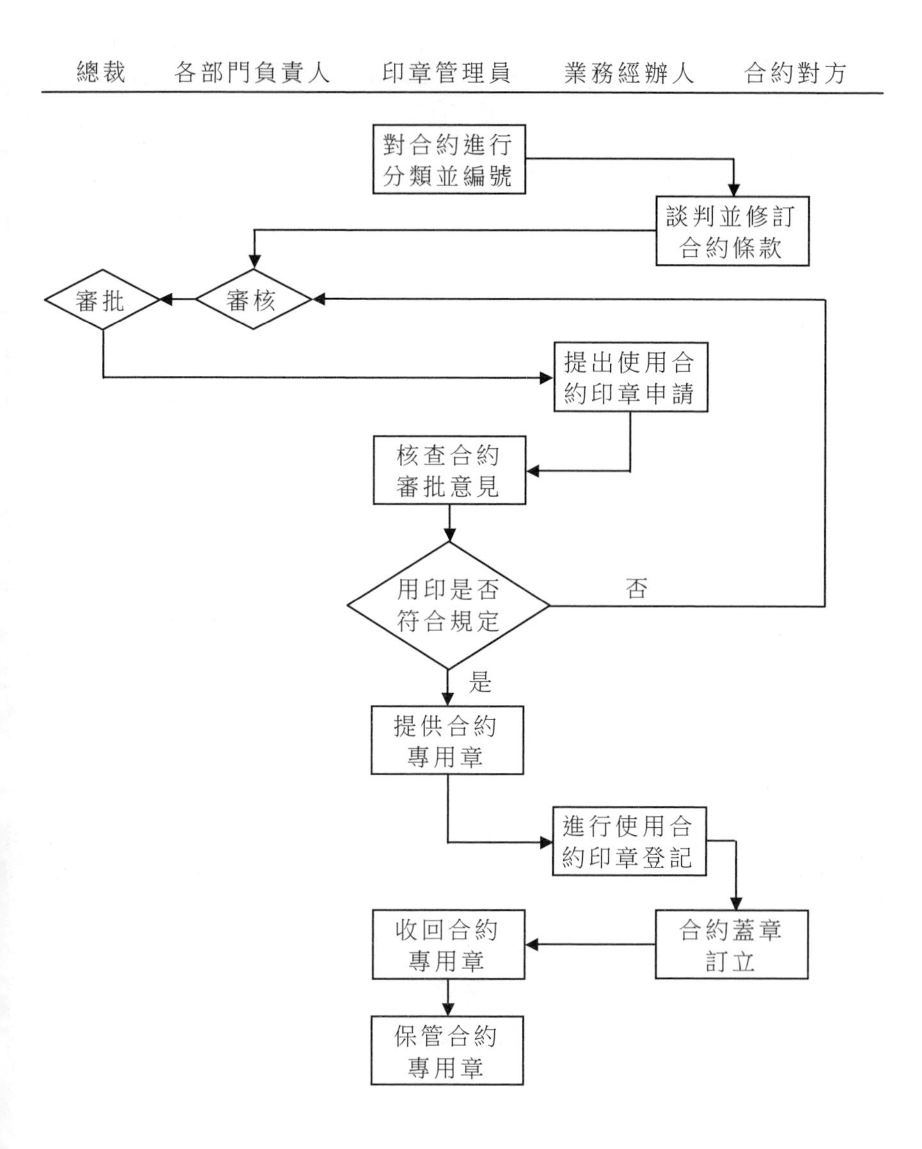

五、合約變更解除控制流程

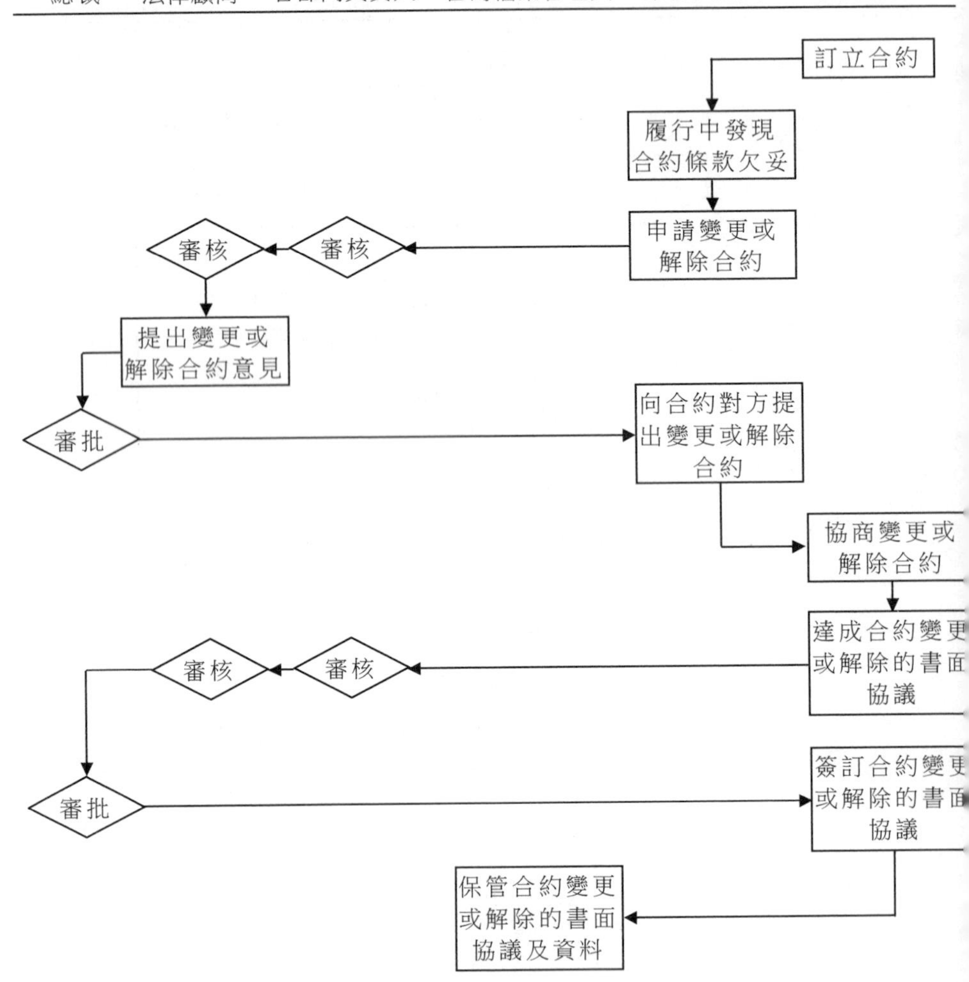

六、合約違約處理控制流程

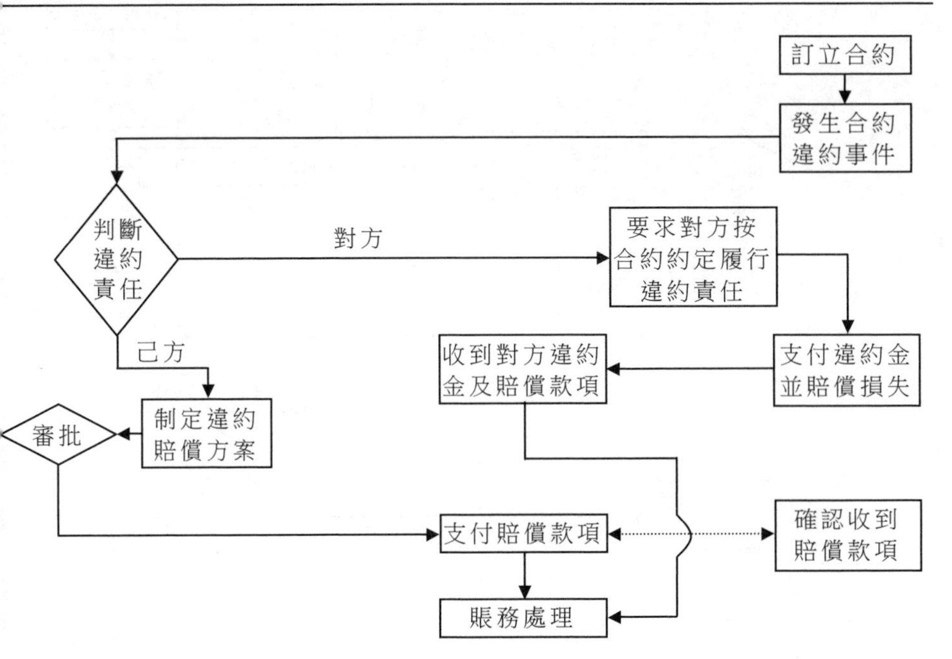

七、合約糾紛處理控制流程

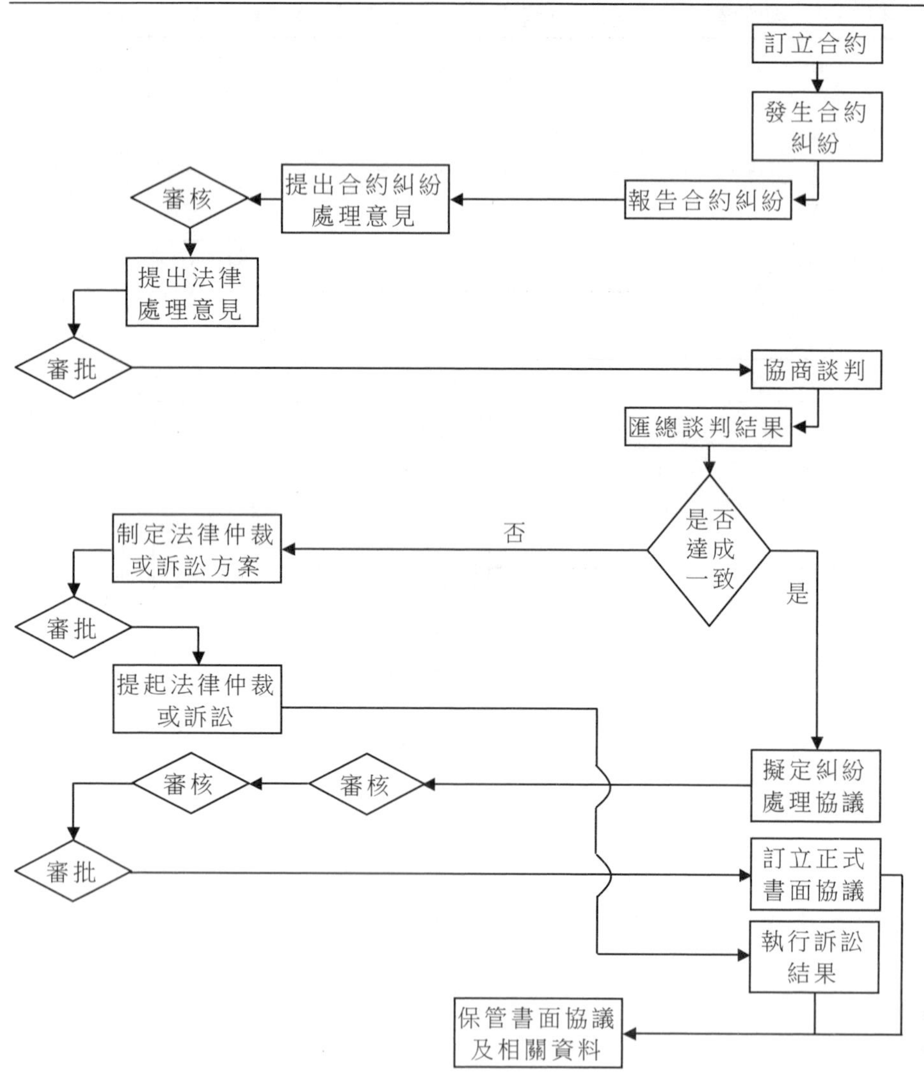

第三節　合約的內部控制辦法

一、合約授權審批制度

第 1 章　總則

第 1 條　為明確企業合約審批權限。規範企業合約訂立行為，加強對合約使用的監督，防範和降低因合約的簽訂給企業帶來的風險，特制定本制度。

第 2 條　規範企業合約的擬定、審批及簽章工作，以符合《公司法》和《合約法》等法律法規及規範性文件有關規定，確保合約的順利履行，維護企業的合法權益。

第 2 章　適用範圍

第 3 條　本制度所稱合約指企業與自然人、法人及其他組織設立、變更、終止民事權利義務的合約或協議。

第 4 條　本制度適用於企業所有的書面合約審批，包括冠以合約、合約、協議、契約、意向書等名稱的規範性文件的審批。

第 5 條　本制度中所稱部門指代表企業洽談、簽訂合約的各業務、職能部門。

第 6 條　本制度中所稱業務經辦人是合約談判、簽訂及履行的第一責任人，並有責任保證合約最終文本與經各級審批後的合約文本在條款內容上的一致性。

第 3 章　授權審批職責

第 7 條　合約分類。

1.一般性合約：合約標的在______萬元資金支出或______萬元資

金收入以下的合約。

2.重大合約：合約標的超出______萬元資金支出或______萬元資金收入的合約。

第 8 條　企業對外簽訂合約均由董事長授權總裁代表企業行使職權。

第 9 條　總裁職責。

1.審批企業所有格式合約和各部門的合約文本。

2.負責企業對外重大合約的簽章，並審核超出各部門負責人審核權限的合約。

3.授權業務經辦人員代表企業簽訂合約。

第 10 條　法務部經理審核企業格式合約和各部門合約文本。

第 11 條　各部門負責人職責。

1.負責草擬與本部門業務相關的合約文本

2.協助法律顧問擬定企業主營業務格式合約。

3.初步審核業務經辦人員與合約對方商定的合約具體條款。

第 12 條　法律顧問職責。

1.草擬企業主營業務格式合約或企業重大、特殊合約。

2.監督、指導各部門起草及修訂合約文本。

第 4 章　授權審批流程

第 13 條　原則上，在業務談判雙方達成一致意見後，各部門應盡可能使用企業制定的格式合約或部門合約文本。

第 14 條　法律顧問草擬的格式合約應經法務部經理、總裁審核批准後形成正式書面合約，變更程序亦同。

第 15 條　各部門草擬的合約文本應經法律顧問審查、法務部經理審核、總裁審批，然後形成正式書面合約，變更程序亦同。

第 16 條　業務經辦人員與合約對方擬定的一般性合約，須經所屬部門負責人初審、法律顧問審查後正式訂立合約，變更程序亦同。

第 17 條　業務經辦人員與合約對方擬定的重大合約，須經所屬部門負責人初審、法律顧問審查、法務部經理審核、總裁審批後方能訂立正式合約，變更程序亦同。

二、合約會審制度

第 1 章　總則

第 1 條　為防範和控制合約可能的風險，加強對合約制定的監督，規範企業合約制定行為，特制定本制度。

第 2 條　本制度適用於企業各類格式合約、部門合約文本的制定，以及對業務經辦人員與合約對方擬定的合約的會審。

第 3 條　本制度所稱會審，指合約在擬稿以後、正式生效之前，由合約關鍵條款涉及的其他專業部門(如技術、財務、審計等相關部門)會同企業法務部對合約文本進行審核。

第 2 章　合約的會審內容及要點

第 4 條　合約擬定。

1.法律顧問會同各部門起草企業格式合約、各部門擬定本部門合約文本以及業務經辦人與合約對方擬定合約的，分別由法律顧問、各部門負責人及業務經辦人負責合約在會審過程中的傳遞。

2.合約擬定者須按企業規定在《合約會審單》上填寫合約會審部門及人員名稱。

3.合約擬定者負責合約連同《合約會審單》在整個會審過程的傳遞，直到合約蓋上合約專用章後結束。

第 5 條　合約會審主體及內容。

1.法務部主要負責對合約對方當事人身份和資格的審查及合約爭議解決方式的審核。

2.技術部門主要負責對合約標的物是否符合各項標準（產品品質、衛生防疫等）、企業技術標準等進行審查。

3.財務部主要負責對合約對方資信情況、價款支付等的審查。

4.法務部和財務部負責對違約責任條款的審查，包括違約金的賠償及損失的計算等。

第 6 條　合約會審要點。

1.合法性。包括合約的主體、內容和形式是否合法；合約訂立程序是否符合規定，會審意見是否齊備；資金的來源、使用及結算方式是否合法，資產動用的審批手續是否齊備等。

2.經濟性。主要指合約內容是否符合企業的經濟利益。

3.可行性。包括簽約方是否具有資信及履約能力，是否具備簽約資格；擔保方式是否可靠；擔保資產權屬是否明確等。

4.嚴密性。包括合約條款及有關附件是否完整齊備；文字表述是否準確；附加條件是否適當、合法；合約約定的權利義務是否明確；數量、價款、金額等標示是否準確。

第 3 章　合約會審管理規定

第 7 條　參與合約會審的部門應根據會審職責安排人員按時參加會審工作。

第 8 條　會審人員應對合約中相關內容認真仔細審查，發現疑問之處，應及時與合約擬定部門進行溝通。

第 9 條　會審中發現合約中確有不妥之處的，應責成合約擬定部門修改或重擬，直至確認無誤。

第 10 條　各會審部門對合約的會審工作時間累計不得超過個工作日。

第 11 條　根據法律規定及企業需要，會審通過後的合約文本應及時報經有關主管部門審查或備案。

第 12 條　會審通過的合約報總裁審批後，應統一進行分類、連續編號，並由合約檔案管理人員專人保管。

三、合約專用章管理制度

第 1 章　總則

第 1 條　為加強對企業合約專用章的管理，規範企業合約專用章的使用及保管，制定本制度。

第 2 條　本制度適用於企業合約專用章的使用、保管等。

第 2 章　合約專用章的使用

第 3 條　合約專用章由企業綜合管理部統一印製，並指定專人保管。

第 4 條　企業因業務發展需要對外簽訂合約由企業董事長或其授權的人（總裁等）簽章，同時加蓋合約專用章。

第 5 條　合約專用章僅限用於有關合約的簽訂，未經法務部核准，不得在其他檔上使用。

第 6 條　業務經辦人代表企業與合約對方簽訂合約的，需填寫《合約專用章用印審批單》，經合約授權簽字人審查同意後方可用印。

第 7 條　印章管理人員對用印範圍和用印手續嚴格審查，並對用印情況進行登記，不應為以下合約提供合約專用章。

1. 未經編號的合約。

2.缺少審核及報簽文件的合約。

3.屬於代簽但缺少授權委託書的合約。

第 8 條　原則上，合約專用章不得攜帶外出使用。確因工作需要，必須帶合約專用章到異地使用的，應經總裁批准，並到印章管理員處辦理借用手續。

第 3 章　合約專用章的保管

第 9 條　合約用印後，印章管理人員應及時收回合約專用章。

第 10 條　未經批准，不得將合約專用章交給他人保管。印章管理人員因故臨時請假，應經總裁批准後指定臨時保管人員，並做好交接記錄。

第 11 條　合約專用章存放在配鎖的辦公抽屜裏，節假日放在安全處，並貼封條，重新使用時應先驗鎖和封條。

第 12 條　合約專用章內容需要變更時，應停止使用並交綜合管理部予以封存或銷毀。

第 13 條　合約專用章散失、損毀、被盜時，印章管理人員應及時報告予以處理，同時，登報掛失作廢。

第 14 條　廢止的合約專用章保存＿＿年。

第 15 條　對於違反本規定，給企業造成損失的，應當依法追究其法律責任。

四、合約違約及糾紛處理制度

第 1 章　總則

第 1 條　為監督合約的有效履行，及早發現違約情況，避免或減少因違約或糾紛給企業帶來的損失，保障本企業合法權益，根據《合約法》及企業相關規定，制定本制度。

第 2 條　本制度適用於企業所有合約違約及糾紛情況的處理。

第 2 章　合約違約處理

第 3 條　合約簽訂後進入執行階段，業務經辦人員應隨時跟蹤合約的履行情況，發現合約對方可能發生違約、不能履約或延遲履約等行為的，或企業自身可能無法履行或延遲履行合約的，應及時報告處理。

第 4 條　針對合約對方違約的情形，可採取以下措施處理。

1.要求合約對方繼續履行合約。

繼續履行合約是違約對方必須承擔的法律義務，也是本企業享有的法定權利。不論違約對方是否情願，只要存在繼續履行的可能性，本企業就有權要求違約對方繼續履行原合約約定的義務。

2.要求合約對方支付違約金。

合約對方違約的，本企業可按照合約約定要求違約對方支付違約金。

3.要求定金擔保。

合約對方違約，本企業可按照合約約定及《擔保法》向對方收取定金作為債權的擔保。違約方履行債務後，可將定金抵作價款或者收回。違約方不履行約定債務的，無權要求返還定金。

4.要求賠償損失。

合約對方因不履行合約義務或者履行合約義務不符合約定，給本企業造成損失的，本企業有權提出索賠。具體賠償金額可由業務經辦部門會同法律顧問與合約對方協商確定。

第 5 條　企業自身違約的，業務經辦部門或人員應與合約對方協商解決辦法，將解決辦法以書面形式上報總裁，經批准後承擔相應責任、履行有關義務。

第3章　合約糾紛處理

第6條　合約履行過程中發生糾紛的，業務經辦人員應在規定時效內與合約對方協商談判，並及時報告主管。

第7條　經雙方協商達成一致意見的，雙方簽訂書面補充協議，由雙方法定代表人或其授權人簽章並加蓋單位印章後生效。

第8條　合約糾紛經協商無法解決的，應依合約約定選擇仲裁或訴訟方式解決。

第9條　企業法律顧問會同相關部門研究仲裁或訴訟方案，報總裁批准後實施。

第10條　糾紛處理過程中，企業任何部門或個人未經授權，不得向合約對方做出實質性答覆或允諾。

心得欄

146	主管階層績效考核手冊	360 元
147	六步打造績效考核體系	360 元
148	六步打造培訓體系	360 元
149	展覽會行銷技巧	360 元
150	企業流程管理技巧	360 元
152	向西點軍校學管理	360 元
154	領導你的成功團隊	360 元
155	頂尖傳銷術	360 元
160	各部門編制預算工作	360 元
163	只為成功找方法，不為失敗找藉口	360 元
167	網路商店管理手冊	360 元
168	生氣不如爭氣	360 元
170	模仿就能成功	350 元
176	每天進步一點點	350 元
181	速度是贏利關鍵	360 元
183	如何識別人才	360 元
184	找方法解決問題	360 元
185	不景氣時期，如何降低成本	360 元
186	營業管理疑難雜症與對策	360 元
187	廠商掌握零售賣場的竅門	360 元
188	推銷之神傳世技巧	360 元
189	企業經營案例解析	360 元
191	豐田汽車管理模式	360 元
192	企業執行力（技巧篇）	360 元
193	領導魅力	360 元
198	銷售說服技巧	360 元
199	促銷工具疑難雜症與對策	360 元
200	如何推動目標管理(第三版)	390 元
201	網路行銷技巧	360 元
204	客戶服務部工作流程	360 元
206	如何鞏固客戶（增訂二版）	360 元
208	經濟大崩潰	360 元
215	行銷計劃書的撰寫與執行	360 元
216	內部控制實務與案例	360 元
217	透視財務分析內幕	360 元
219	總經理如何管理公司	360 元
222	確保新產品銷售成功	360 元
223	品牌成功關鍵步驟	360 元
224	客戶服務部門績效量化指標	360 元
226	商業網站成功密碼	360 元
228	經營分析	360 元
229	產品經理手冊	360 元
230	診斷改善你的企業	360 元
232	電子郵件成功技巧	360 元
234	銷售通路管理實務〈增訂二版〉	360 元
235	求職面試一定成功	360 元
236	客戶管理操作實務〈增訂二版〉	360 元
237	總經理如何領導成功團隊	360 元
238	總經理如何熟悉財務控制	360 元
239	總經理如何靈活調動資金	360 元
240	有趣的生活經濟學	360 元
241	業務員經營轄區市場（增訂二版）	360 元
242	搜索引擎行銷	360 元
243	如何推動利潤中心制度（增訂二版）	360 元
244	經營智慧	360 元
245	企業危機應對實戰技巧	360 元
246	行銷總監工作指引	360 元
247	行銷總監實戰案例	360 元
248	企業戰略執行手冊	360 元
249	大客戶搖錢樹	360 元
250	企業經營計劃〈增訂二版〉	360 元
252	營業管理實務（增訂二版）	360 元
253	銷售部門績效考核量化指標	360 元
254	員工招聘操作手冊	360 元
256	有效溝通技巧	360 元
257	會議手冊	360 元
258	如何處理員工離職問題	360 元
259	提高工作效率	360 元
261	員工招聘性向測試方法	360 元
262	解決問題	360 元
263	微利時代制勝法寶	360 元
264	如何拿到 VC（風險投資）的錢	360 元
267	促銷管理實務〈增訂五版〉	360 元
268	顧客情報管理技巧	360 元

269	如何改善企業組織績效〈增訂二版〉	360 元
270	低調才是大智慧	360 元
272	主管必備的授權技巧	360 元
275	主管如何激勵部屬	360 元
276	輕鬆擁有幽默口才	360 元
277	各部門年度計劃工作（增訂二版）	360 元
278	面試主考官工作實務	360 元
279	總經理重點工作(增訂二版)	360 元
282	如何提高市場佔有率（增訂二版）	360 元
283	財務部流程規範化管理（增訂二版）	360 元
284	時間管理手冊	360 元
285	人事經理操作手冊（增訂二版）	360 元
286	贏得競爭優勢的模仿戰略	360 元
287	電話推銷培訓教材（增訂三版）	360 元
288	贏在細節管理（增訂二版）	360 元
289	企業識別系統 CIS（增訂二版）	360 元
290	部門主管手冊（增訂五版）	360 元
291	財務查帳技巧（增訂二版）	360 元
292	商業簡報技巧	360 元
293	業務員疑難雜症與對策（增訂二版）	360 元
295	哈佛領導力課程	360 元
296	如何診斷企業財務狀況	360 元
297	營業部轄區管理規範工具書	360 元
298	售後服務手冊	360 元
299	業績倍增的銷售技巧	400 元
300	行政部流程規範化管理（增訂二版）	400 元
302	行銷部流程規範化管理（增訂二版）	400 元
303	人力資源部流程規範化管理（增訂四版）	420 元
304	生產部流程規範化管理（增訂二版）	400 元
305	績效考核手冊(增訂二版)	400 元
307	招聘作業規範手冊	420 元
308	喬・吉拉德銷售智慧	400 元
309	商品鋪貨規範工具書	400 元
310	企業併購案例精華(增訂二版)	420 元
311	客戶抱怨手冊	400 元
312	如何撰寫職位說明書(增訂二版)	400 元
313	總務部門重點工作（增訂三版）	400 元
314	客戶拒絕就是銷售成功的開始	400 元
315	如何選人、育人、用人、留人、辭人	400 元
316	危機管理案例精華	400 元
317	節約的都是利潤	400 元
318	企業盈利模式	400 元
319	應收帳款的管理與催收	420 元
320	總經理手冊	420 元
321	新產品銷售一定成功	420 元
322	銷售獎勵辦法	420 元
323	財務主管工作手冊	420 元
324	降低人力成本	420 元
325	企業如何制度化	420 元
326	終端零售店管理手冊	420 元
327	客戶管理應用技巧	420 元
328	如何撰寫商業計畫書（增訂二版）	420 元
329	利潤中心制度運作技巧	420 元
330	企業要注重現金流	420 元
331	經銷商管理實務	450 元
332	內部控制規範手冊（增訂二版）	420 元

《商店叢書》

18	店員推銷技巧	360 元
30	特許連鎖業經營技巧	360 元
35	商店標準操作流程	360 元
36	商店導購口才專業培訓	360 元
37	速食店操作手冊〈增訂二版〉	360 元

38	網路商店創業手冊〈增訂二版〉	360 元
40	商店診斷實務	360 元
41	店鋪商品管理手冊	360 元
42	店員操作手冊（增訂三版）	360 元
44	店長如何提升業績〈增訂二版〉	360 元
45	向肯德基學習連鎖經營〈增訂二版〉	360 元
47	賣場如何經營會員制俱樂部	360 元
48	賣場銷量神奇交叉分析	360 元
49	商場促銷法寶	360 元
53	餐飲業工作規範	360 元
54	有效的店員銷售技巧	360 元
55	如何開創連鎖體系〈增訂三版〉	360 元
56	開一家穩賺不賠的網路商店	360 元
57	連鎖業開店複製流程	360 元
58	商鋪業績提升技巧	360 元
59	店員工作規範（增訂二版）	400 元
61	架設強大的連鎖總部	400 元
62	餐飲業經營技巧	400 元
63	連鎖店操作手冊（增訂五版）	420 元
64	賣場管理督導手冊	420 元
65	連鎖店督導師手冊（增訂二版）	420 元
67	店長數據化管理技巧	420 元
68	開店創業手冊〈增訂四版〉	420 元
69	連鎖業商品開發與物流配送	420 元
70	連鎖業加盟招商與培訓作法	420 元
71	金牌店員內部培訓手冊	420 元
72	如何撰寫連鎖業營運手冊〈增訂三版〉	420 元
73	店長操作手冊（增訂七版）	420 元
74	連鎖企業如何取得投資公司注入資金	420 元
75	特許連鎖業加盟合約（增訂二版）	420 元
76	實體商店如何提昇業績	420 元

《工廠叢書》

15	工廠設備維護手冊	380 元
16	品管圈活動指南	380 元
17	品管圈推動實務	380 元
20	如何推動提案制度	380 元
24	六西格瑪管理手冊	380 元
30	生產績效診斷與評估	380 元
32	如何藉助 IE 提升業績	380 元
38	目視管理操作技巧(增訂二版)	380 元
46	降低生產成本	380 元
47	物流配送績效管理	380 元
51	透視流程改善技巧	380 元
55	企業標準化的創建與推動	380 元
56	精細化生產管理	380 元
57	品質管制手法〈增訂二版〉	380 元
58	如何改善生產績效〈增訂二版〉	380 元
68	打造一流的生產作業廠區	380 元
70	如何控制不良品〈增訂二版〉	380 元
71	全面消除生產浪費	380 元
72	現場工程改善應用手冊	380 元
77	確保新產品開發成功（增訂四版）	380 元
79	6S 管理運作技巧	380 元
83	品管部經理操作規範〈增訂二版〉	380 元
84	供應商管理手冊	380 元
85	採購管理工作細則〈增訂二版〉	380 元
88	豐田現場管理技巧	380 元
89	生產現場管理實戰案例〈增訂三版〉	380 元
92	生產主管操作手冊(增訂五版)	420 元
93	機器設備維護管理工具書	420 元
94	如何解決工廠問題	420 元
96	生產訂單運作方式與變更管理	420 元
97	商品管理流程控制(增訂四版)	420 元
99	如何管理倉庫〈增訂八版〉	420 元
100	部門績效考核的量化管理（增訂六版）	420 元
101	如何預防採購舞弊	420 元
102	生產主管工作技巧	420 元

103	工廠管理標準作業流程〈增訂三版〉	420 元
104	採購談判與議價技巧〈增訂三版〉	420 元
105	生產計劃的規劃與執行(增訂二版)	420 元
106	採購管理實務〈增訂七版〉	420 元
107	如何推動 5S 管理（增訂六版）	420 元
108	物料管理控制實務〈增訂三版〉	420 元

《醫學保健叢書》

1	9 週加強免疫能力	320 元
3	如何克服失眠	320 元
4	美麗肌膚有妙方	320 元
5	減肥瘦身一定成功	360 元
6	輕鬆懷孕手冊	360 元
7	育兒保健手冊	360 元
8	輕鬆坐月子	360 元
11	排毒養生方法	360 元
13	排除體內毒素	360 元
14	排除便秘困擾	360 元
15	維生素保健全書	360 元
16	腎臟病患者的治療與保健	360 元
17	肝病患者的治療與保健	360 元
18	糖尿病患者的治療與保健	360 元
19	高血壓患者的治療與保健	360 元
22	給老爸老媽的保健全書	360 元
23	如何降低高血壓	360 元
24	如何治療糖尿病	360 元
25	如何降低膽固醇	360 元
26	人體器官使用說明書	360 元
27	這樣喝水最健康	360 元
28	輕鬆排毒方法	360 元
29	中醫養生手冊	360 元
30	孕婦手冊	360 元
31	育兒手冊	360 元
32	幾千年的中醫養生方法	360 元
34	糖尿病治療全書	360 元
35	活到 120 歲的飲食方法	360 元
36	7 天克服便秘	360 元
37	為長壽做準備	360 元
39	拒絕三高有方法	360 元
40	一定要懷孕	360 元
41	提高免疫力可抵抗癌症	360 元
42	生男生女有技巧〈增訂三版〉	360 元

《培訓叢書》

11	培訓師的現場培訓技巧	360 元
12	培訓師的演講技巧	360 元
15	戶外培訓活動實施技巧	360 元
17	針對部門主管的培訓遊戲	360 元
21	培訓部門經理操作手冊（增訂三版）	360 元
23	培訓部門流程規範化管理	360 元
24	領導技巧培訓遊戲	360 元
26	提升服務品質培訓遊戲	360 元
27	執行能力培訓遊戲	360 元
28	企業如何培訓內部講師	360 元
29	培訓師手冊（增訂五版）	420 元
30	團隊合作培訓遊戲(增訂三版)	420 元
31	激勵員工培訓遊戲	420 元
32	企業培訓活動的破冰遊戲（增訂二版）	420 元
33	解決問題能力培訓遊戲	420 元
34	情商管理培訓遊戲	420 元
35	企業培訓遊戲大全(增訂四版)	420 元
36	銷售部門培訓遊戲綜合本	420 元
37	溝通能力培訓遊戲	420 元

《傳銷叢書》

4	傳銷致富	360 元
5	傳銷培訓課程	360 元
10	頂尖傳銷術	360 元
12	現在輪到你成功	350 元
13	鑽石傳銷商培訓手冊	350 元
14	傳銷皇帝的激勵技巧	360 元
15	傳銷皇帝的溝通技巧	360 元
19	傳銷分享會運作範例	360 元
20	傳銷成功技巧（增訂五版）	400 元
21	傳銷領袖（增訂二版）	400 元
22	傳銷話術	400 元
23	如何傳銷邀約	400 元

《幼兒培育叢書》

1	如何培育傑出子女	360 元
2	培育財富子女	360 元
3	如何激發孩子的學習潛能	360 元
4	鼓勵孩子	360 元
5	別溺愛孩子	360 元
6	孩子考第一名	360 元
7	父母要如何與孩子溝通	360 元
8	父母要如何培養孩子的好習慣	360 元
9	父母要如何激發孩子學習潛能	360 元
10	如何讓孩子變得堅強自信	360 元

《成功叢書》

1	猶太富翁經商智慧	360 元
2	致富鑽石法則	360 元
3	發現財富密碼	360 元

《企業傳記叢書》

1	零售巨人沃爾瑪	360 元
2	大型企業失敗啟示錄	360 元
3	企業併購始祖洛克菲勒	360 元
4	透視戴爾經營技巧	360 元
5	亞馬遜網路書店傳奇	360 元
6	動物智慧的企業競爭啟示	320 元
7	CEO 拯救企業	360 元
8	世界首富　宜家王國	360 元
9	航空巨人波音傳奇	360 元
10	傳媒併購大亨	360 元

《智慧叢書》

1	禪的智慧	360 元
2	生活禪	360 元
3	易經的智慧	360 元
4	禪的管理大智慧	360 元
5	改變命運的人生智慧	360 元
6	如何吸取中庸智慧	360 元
7	如何吸取老子智慧	360 元
8	如何吸取易經智慧	360 元
9	經濟大崩潰	360 元
10	有趣的生活經濟學	360 元
11	低調才是大智慧	360 元

《DIY 叢書》

1	居家節約竅門 DIY	360 元
2	愛護汽車 DIY	360 元
3	現代居家風水 DIY	360 元
4	居家收納整理 DIY	360 元
5	廚房竅門 DIY	360 元
6	家庭裝修 DIY	360 元
7	省油大作戰	360 元

《財務管理叢書》

1	如何編制部門年度預算	360 元
2	財務查帳技巧	360 元
3	財務經理手冊	360 元
4	財務診斷技巧	360 元
5	內部控制實務	360 元
6	財務管理制度化	360 元
8	財務部流程規範化管理	360 元
9	如何推動利潤中心制度	360 元

為方便讀者選購，本公司將一部分上述圖書又加以專門分類如下：

《主管叢書》

1	部門主管手冊（增訂五版）	360 元
2	總經理手冊	420 元
4	生產主管操作手冊（增訂五版）	420 元
5	店長操作手冊（增訂六版）	420 元
6	財務經理手冊	360 元
7	人事經理操作手冊	360 元
8	行銷總監工作指引	360 元
9	行銷總監實戰案例	360 元

《總經理叢書》

1	總經理如何經營公司(增訂二版)	360 元
2	總經理如何管理公司	360 元
3	總經理如何領導成功團隊	360 元
4	總經理如何熟悉財務控制	360 元
5	總經理如何靈活調動資金	360 元
6	總經理手冊	420 元

《人事管理叢書》

1	人事經理操作手冊	360 元
2	員工招聘操作手冊	360 元
3	員工招聘性向測試方法	360 元
5	總務部門重點工作（增訂三版）	400 元

6	如何識別人才	360 元
7	如何處理員工離職問題	360 元
8	人力資源部流程規範化管理（增訂四版）	420 元
9	面試主考官工作實務	360 元
10	主管如何激勵部屬	360 元
11	主管必備的授權技巧	360 元
12	部門主管手冊（增訂五版）	360 元

《理財叢書》

1	巴菲特股票投資忠告	360 元
2	受益一生的投資理財	360 元
3	終身理財計劃	360 元
4	如何投資黃金	360 元
5	巴菲特投資必贏技巧	360 元
6	投資基金賺錢方法	360 元
7	索羅斯的基金投資必贏忠告	360 元
8	巴菲特為何投資比亞迪	360 元

《網路行銷叢書》

1	網路商店創業手冊〈增訂二版〉	360 元
2	網路商店管理手冊	360 元
3	網路行銷技巧	360 元
4	商業網站成功密碼	360 元
5	電子郵件成功技巧	360 元
6	搜索引擎行銷	360 元

《企業計劃叢書》

1	企業經營計劃〈增訂二版〉	360 元
2	各部門年度計劃工作	360 元
3	各部門編制預算工作	360 元
4	經營分析	360 元
5	企業戰略執行手冊	360 元

請保留此圖書目錄：

未來在長遠的工作上，此圖書目錄可能會對您有幫助！！

經營顧問叢書 ㉜㉜ 售價：420 元

內部控制規範手冊（增訂二版）

西元二〇一八年十二月 增訂二版一刷

編著：陳明煌

策劃：麥可國際出版有限公司（新加坡）
編輯：蕭玲
校對：劉飛娟
發行人：黃憲仁
發行所：憲業企管顧問有限公司
電話：(02) 2762-2241 (03) 9310960 0930872873
電子郵件聯絡信箱：huang2838@yahoo.com.tw
銀行 ATM 轉帳：合作金庫銀行 帳號：5034-717-347447
郵政劃撥：18410591 憲業企管顧問有限公司

登記證：行政業新聞局版台業字第 6380 號

本圖書是由憲業企管顧問（集團）公司所出版，以專業立場，為企業界提供最專業的各種經營管理類圖書。

圖書編號 ISBN：978-986-369-076-4